普通高等教育艺术设计类
“十三五”规划教材

环境艺术设计专业

Environmental Art Modeling

环境艺术模型制作

主　编　周爱民　欧阳晋焱

中国水利水电出版社
www.waterpub.com.cn
·北京·

内 容 提 要

本教材是根据笔者多年的设计实践与设计教学经验总结出来的一本应用性较强的教学示范教材。主要内容包括：介绍了模型的概念及其用途和分类，各种模型制作工具及其使用方法，具体分析了各类模型制作材料的性质和特点以及各类材料的加工方法，重点介绍了建筑模型、建筑外环境模型和室内内视模型的制作程序与工艺。每一章都通过大量的实物图片、制作流程图加强模型制作的形象化认知。

本教材特色在于：按照模型制作的本质，深入浅出的讲解模型制作中包含的科学的工程加工制作的方法、程序、工艺和原理等，重点使学生树立正确的工程思想，培养学生严谨的工程素养。通过综合系统地探讨各种材料模型的制作方法，比较、分析各种制作方法的造型原理、限制因素和特质，培养学生对复杂问题的分析能力与发散思维能力。针对各种表现对象的形态特征，探讨模型制作的表现方法，培养学生的应变能力。针对各类手动、电动工具讲解工程加工的正确操作方法与规程，培养学生动手能力与安全生产意识。按照实验课程教学的规律探讨模型制作的教学，培养学生实验研究的素养。

本教材适用于环境艺术设计专业的模型制作课程教学，也可供风景园林、建筑学、城乡规划等专业领域的研究生和企业单位的科研和设计人员参考使用。

本教材配有相关教学课件供读者参考，需要者可登录中国水利水电出版社网站（http：//www. waterpub. com. cn/software）免费下载。

图书在版编目（CIP）数据

环境艺术模型制作 / 周爱民，欧阳晋焱主编. -- 北京 : 中国水利水电出版社，2015.9(2023.1重印)
普通高等教育艺术设计类“十三五”规划教材. 环境艺术设计专业
ISBN 978-7-5170-3683-8

Ⅰ. ①环… Ⅱ. ①周… ②欧… Ⅲ. ①建筑设计－环境设计－模型－制作－高等学校－教材 Ⅳ. ①TU-856

中国版本图书馆CIP数据核字(2015)第229394号

书　　名	普通高等教育艺术设计类“十三五”规划教材·环境艺术设计专业 **环境艺术模型制作**
作　　者	周爱民　欧阳晋焱　主编
出版发行	中国水利水电出版社 （北京市海淀区玉渊潭南路1号D座　100038） 网址：www. waterpub. com. cn E-mail：sales@mwr. gov. cn 电话：(010) 68545888（营销中心）
经　　售	北京科水图书销售有限公司 电话：(010) 68545874、63202643 全国各地新华书店和相关出版物销售网点
排　　版	中国水利水电出版社微机排版中心
印　　刷	清淞永业（天津）印刷有限公司
规　　格	210mm×285mm　16开本　12.75印张　375千字
版　　次	2015年9月第1版　2023年1月第2次印刷
印　　数	3001—4500册
定　　价	**52.00**元

前　言

Preface

每一种职业人员都会拥有一个专业的“工具箱”，“工具箱”里的各种工具正是他们解决各种专业问题的基础，模型制作正是其中不可或缺的一种。模型制作是将平面设计表现转化为立体表现的有序过程。整个过程反映了设计师的素质及其对材料科学和工艺知识的了解及掌握程度，同时也反映了其对设备制作、加工手段的熟练程度和技术水平。模型制作是一项艰辛的艺术活动，一件优秀的模型作品，其功能在于全面准确地表达设计师的创意思想，促进与建设单位的交流，提高作品的趣味性，增强人们的主观认识，合理地表达经济效益和社会效益的关系，从而展示出开发建设的目的。因此，模型制作课程的学习和掌握是从学生走向专业设计师必经的重要阶段。

模型制作兼具艺术与工程两种学科的特征属性。作为艺术属性，要求制作者富有丰富的想象力、高度的概括力、美的鉴赏力，以及艺术创作的激情与情感；作为工程属性，要求制作者富有严谨的逻辑推理能力，缜密的分析能力，精准的加工制作能力，同时还要求制作者具备“工匠精神”，精益求精、注重细节，追求完美和极致，不断改善自己的工艺，提高作品的质量。只有这样才有可能制作出技术含量高、外观新颖、工艺精巧而富有感染力的环境艺术模型。

学习没有捷径，但要讲科学，讲方法。本教材是根据笔者多年的设计实践与教学工作经验积累总结出来的一本应用性较强的教学示范教材。其特色在于：按照模型制作的本质，深入浅出的讲解模型制作中包含的科学的工程加工制作方法、程序、工艺和原理等，重点使学生树立正确的工程思想，培养学生严谨的工程素养。通过综合系统地探讨各种材料模型的制作方法，比较、分析各种制作方法的造型原理、限制因素和特质，培养学生对复杂问题的分析能力和发散思维能力。针对各种表现对象的形态特征，探讨模型制作的表现方法，培养学生的应变能力。针对各类手动、电动工具讲解工程加工的正确操作方法与规程，培养学生动手能力与安全生产意识。按照实验课程教学的规律探讨模型制作的教学，培养学生实验研究的素养。

本教材由兰州理工大学周爱民、欧阳晋焱主编，具体编写分工为：第一～三、七、八章由周爱民编写，第四～六章由欧阳晋焱编写。

感谢兰州理工大学李奋强教授、苏建宁教授对本书写作给予的指导和帮助。感谢张书涛老师对本书审定付出的辛劳。感谢中国水利水电出版社的各位编辑对本书的精心筹划和再加工。感谢石程、郁王白云、李业斌等同学在资料整理方面做出的贡献。

感谢我的父亲周福生先生、母亲夏桂华女士平凡而伟大的爱，今晚我很想念他们。

限于编者的学识，书中错误和欠妥之处在所难免，敬请学界同仁和广大读者批评指正。

周爱民

2015年1月28日于兰工坪

目　录

Contents

第一章 概述

第一节 模型的概念

人们在进行科学研究时，最可靠的方法是对实物进行观察和实验。然而，对于大桥的振动、飞船的运行、山林的火灾、地壳中水的渗透等现象，或是由于原型过大，或是由于费用昂贵，或是由于危险，或是由于变化过程太慢等缘故，使得观察和实验变得无能为力。此时，人们采用一种模型代替原型（即被模拟的对象）的方法进行模型实验，使得研究得以顺利进行。这种借助与原型相似的物质模型或抽象反映原型本质的思想模型，间接地研究客体原形的性质和规律的方法称之为“模型法”。模型法在20世纪以来的科学研究领域中得到了全面发展，通过模型实验方法可以加强人们认识客观世界的主动性。人们通过抽象、简化、类比等方法，把原型的本质特征抽象出来，构成一个实物或概念的体系，这就是建立模型的过程。人们按照某种特定目的对认识对象作出一种简化描述，围绕对象定义模型，建立关于对象的信息库，对对象进行分析、设计。

在模型的类型上可分为物质模型和思想模型两大类。物质模型就是借助于物质材料来反映原型的特性。思想模型是客体在人们思想中理想化和纯化的反映，它以纯粹的形式抽出客体内在本质的必然联系，思想模型也是用模拟手段在思想上对客观事物的特征和变化规律进行科学抽象的方法。

物质模型与思想模型的不同之处，在于思想模型不是用物质材料去设计，而是运用科学想象在头脑中进行构思。思想模型与科学假说有相似之处，所不同的是科学假说是以文字来表达，而思想模型则以形象来描绘。不管何种模型，都要通过对原型条件的抽象、简化、类比等方法，把原型的本质特征抽象出来，构成一个实物或概念的体系，这就是建立模型的过程。模型的实质是简化和典型化的介质（替代物），建立模型后的理论研究，就是对模型的研究。我们从原型出发，简化和抽象出模型；反过来，从模型可以提供对原型的解释。可以认为，模型是在某种程度上反映研究对象的主要性质的人造系统，它能合理地抽象和真实描述研究对象的有关性质。

现代设计中的环境艺术设计、建筑设计、规划设计、展示设计、家具设计、产品设计以及服装设计等都需要按一定的比例将初期设计构思或成熟的设计方案制成模型。模型制作的目的是设计师将设计的构想与意图综合视觉艺术、美学、人机工程学、结构、材料加工工艺等学科知识，对现实材料的加工处理，塑造出三维形体，通过三维的实物形体来表现设计构想与设计理念。模型作为对设计思想的具体表达成为设计师、开发商和使用者之间的交流“语言”，而这种“语言”——设计“物”的形态就是三维空间中构成的仿真实体。随着现代设计的不断发展，模型种类越来越多，并涉及其他各个领域，从建筑设计到城市规划，从航天科技到军用装备，从影视特技到舞台场景，从生物研究到智能机器人等。人们重视模型真实而直观的效果，使设计突破了传统的二维平面表现手段的局限性，将设计的平面图、效果图或虚拟的计算机三维模型表现为真实的三维空间实体，形象地表达出设计方案。设计师能在真实空间的条件下，针对环境艺术设计、建筑设计、规划设计、展示设计、家具设计、产品设计、服装设计等模型，展开分析研究它们的结构、功能、形态等各方面要素，选择合适的制作材料和相应的加工工艺，用最适当的方式制作出最适合的仿真模型，最充分地表达其设计意图。从这个意义上讲，模型使“造型”设计从方法论的意义上有了根本性的进步。

对于环境艺术设计专业而言，环境艺术模型是指设计师运用一种或几种材料及相应的加工工具将平面设计草图、效果图或者虚拟的计算机三维模型转化为现实空间中的三维环境艺术模型，用三维形体充分表现设计构思，客观地、真实地从各个方向、角度、位置来展示室内外环境的形态、空间、结构、尺度、色彩、肌理、材质等，在模型制作的过程中不断分析和研究其合理性，从而启发设计灵感，开拓设计思维，使得设计方案趋于完美，为下一步的施工阶段提供技术、结构、工艺、材料、造型等各方面的客观数据，因此模型制作的过程也是进一步完善和优化设计方案的过程。一般来讲，一个新的环境开发建设项目都要经历市场调研、确定设计方向、构思草图、概念模型、三视效果图、计算机建模、扩展模型、计算机模型调整、施工图设计、评审、展示模型、设计实施、设计评估等一系列环节。在诸多环节中，由于环境艺术模型的设计与制作处于设计方式从二维转到三维（或多维）、从纯视觉到综合感官、从抽象虚拟数据到感官实物三个方面的关键枢纽，它对于设计方案的各项指标能否最真实的转化为实际的环境艺术具有至关重要的作用。因此，环境艺术模型制作是整个环境艺术设计流程中不可或缺的设计步骤和设计语言。

第二节 模型的用途

设计师马修·维尔斯（Matthew Wells）说过：“好的模型制作师就如同建筑设计的幕后英雄，他们的作品可以填补建筑构思与建筑实体之间的空白，可以使建筑构思更加丰满、生动。”由于二维图形表现的角度单一、不连续，加之设计师在画图时的角度选择、透视、光线等多方面因素的影响，导致不论是精美的手绘草图、效果图，还是用计算机绘制的效果图，都不可能全面、真实地反映出环境艺术在三维空间中的实际情况。例如，平面草图上看上去比例合适的形态，在做成三维实体形态后可能会与设计初衷的比例不符。而计算机渲染的效果图，在环境艺术的色彩和质感方面的表达具有相当的局限性和欺骗性。另外，有些质感或色彩用计算机软件和手绘难以表达到位，有些渲染效果图通过透视、色彩、肌理、灯光、场景、艺术处理（虚化、渐变等）等方面的处理夸大了其质感和色彩视觉效果。用真实材料表现出来的模型能弥补这些方面的不足，可以较为逼真地表现出设计师的设计构想和环境艺术实际的视觉效果。因此模型制作是环境艺术设计过程中一个十分重要的阶段。

模型制作作为环境艺术设计过程的一个重要环节，使整个环境艺术设计程序的各阶段有机地联系在一起。它不是单纯的外观造型，不是模仿照搬别人的环境艺术，更不是一种多余的重复性的工作，而是以创新思维创造新的环境艺术，制作出新的完整的立体形象。模型制作也是进一步研究完善设计方案，调整设计方案，检验设计方案的合理性，为设计方案实施提供充分依据。环境艺术模型的表现手法超越了平面、立面、剖面、透视图、效果图、虚拟的计算机模型及电脑动画等所能表达的效果，是环境艺术设计师必须掌握的一门重要语言。根据环境艺术模型自身独特的优势，其用途可以概括为以下几个方面。

一、启发设计灵感，开拓设计思维

在设计构思绘制草图的过程中，有经验的设计师都有这样的体会，设计草图可以快速捕捉脑海中不断产生的新奇形象，同时根据记录下来的草图还可能启发设计师的思维，成为另一个方案的起点。在手工制作概念模型的过程中也经常出现这样的现象，许多时候不经意的动作塑造了别有意味的形态，这种意外的形态可以启发新的灵感。

模型制作实际上是“借手思考”的过程。人们常说心灵手巧，其实心灵者未必个个手巧，而手巧者则一定心灵。很多脑子动得快的人动手不一定准确利索，而能工巧匠绝不可能是个愚笨的人。这是因为从生理角度上看，手的活动和脑的思维在很大程度上是相互促进的。

中国工程院院士、上海华山医院手外科主任顾玉东教授曾指出，大脑的创造性思维离不开动手实践，手是人脑进化的动力。从大脑皮层显示的信息来看，手部在大脑皮层所占的面积最大，接近1/3。当人的手指做简单运动时，脑的血流量比不动手时增加10%，而做复杂精巧的动作时，脑的血流量可增加到35%以上。脑血流量的增加有利于思维的敏捷，因此可以说“手是人的第二大脑”，动手实践是人类获取知识和能力最重要的途径。他呼吁人们重视手脑并用，并提出：“现在一些高科技的发明部分替代了手的作用，但我要告诫大家，凡是要做前人没有做过的事，都得从动手开始。”

由此可见，模型制作有其生理意义上的理论依据，既动手又动脑，思考创意的生理本质就在于最大限度地调动整个大脑的全部开发能力，这样做才能拥有最高的创意效率。

二、设计师与其他相关人员交流的语言

设计师与客户、上级或消费者等其他相关人员进行交流时，除使用效果图外，常需要使用表现模型（或扩展模型）进行形象交流。由于他们一般并不具备良好的形象想象力，很难将效果图和造型表现简略、质感相距很大的概念模型想象成实物的效果，因此必须使用表现模型（或扩展模型）。其制作的过程是设计师将设计方案的造型大小、材质、色彩、功能要求、结构尺寸、涂饰、比例等造型要素进行具象化的系统整合的过程。在此过程中设计师不断推敲各造型要素的视觉关系，协调其中各种视觉元素的冲突，使环境艺术方案趋于完善。由于其和真实环境艺术相同或极其接近，因此用它可以直观的与施工人员进行交流、研讨、评估。尤其是在地形复杂、景点类型多样、园林建筑数量多和构造节点技术要求高的复杂环境艺术项目中，往往有一些景物要采用比较复杂的构造或者展现比较独特的效果，而施工单位在平面图、立面图上不容易看懂或者容易发生误会，由此，往往要采用实体模型的方式来展示设计的特点，以便施工单位按照设计意图进行施工。模型这种直观的表现，对于施工有良好的指导作用。表现模型（或扩展模型）还可以用它与客户进行研讨、评审，对模型进行修正，修改后的模型再由客户进行最后的论证决策，得到正式认可后，建立起环境艺术设计的技术资料档案。正是模型制作提供了一种实体的设计语言，这种表达方法，使其他相关人员能够与设计师产生共鸣，所以模型制作也是沟通设计师与其他相关人员对环境艺术设计意图理解的有效途径。

三、表现设计效果

近年来，由于市场经济的快速发展，人们的收入水平与消费观念也有了前所未有的提高，对生活环境的要求也随之提高。房地产业炙手可热，从业人员近百万人，房地产投资规模巨大，带来了房地产销售的激烈竞争，同时也出现了一大批以制作环境艺术模型为主的企业，因为房地产开发商和销售商越来越重视利用模型这种直观的展示效果来宣传自己的优势和特色。现在全国各地经常举行房地产交易会，在这些展示会上，无一例外都使用了模型来展示各自的楼盘及周边环境。虽然模型的制作造价要高于效果图，但是由于环境艺术模型是一种三维的立体表现形式，因此比二维的透视效果图更具说服力，也更易于被人接受。在项目设计的过程中，很多都要进行方案公示，实体模型是向观者展示其设计特色的一种很好的方式，可以让使用者超前预想实施后的效果，同时可以以缩微的方式展现景物与环境的关系，吸引人们的参与和使用，以获取市场反应，寻求合作或投资，从而直接影响后期的使用与销售。比如，目前建筑设计逐渐从注重建筑的朝向、通风、采光，转向注重外立面的艺术设计形式，由室内转向室外的相关环境、功能的配套，这些都无法从平面图上反映出来，因此立体地再现各个方面的联系是保证建筑设计成功的必备条件之一。多数房地产商利用各

种群体模型展示建成后的实际效果，配合环境景观、单体建筑和室内模型作为宣传品来展示楼盘环境、户内的家具布置和空间使用情况，使买主清楚、直观地了解到楼盘的各种情况，以促进卖楼效益，效果极佳。模型中逼真的色彩与材料、仿真的环境氛围、建筑空间的比较和模型细部的装饰，都为设计师提供了最有力的表现方法。

四、降低风险

环境艺术模型制作可以把设计风险降到最低，对于把握设计定位、施工生产具有实际意义。环境艺术模型制作能有效地缓解设计与施工之间的矛盾。新设计定位的方案可以通过三维模型效果来检测其中可能出现的问题，可以极大程度地避免损失，减少风险。同时为进一步降低风险与提高竞争，对于精品项目进行模型制作，为企业的宣传发挥了积极的作用，有助于客户了解企业的工作业绩和设计实力，通过模型的表现使企业以最小的风险来获取最大的市场效益。

五、提高学习效果

对环艺、景观、园林、建筑、城乡规划专业的学生而言，尽量自己动手制作模型，是培养空间概念、增强感性认识、提高动手能力的重要一环。学生通过对自己的设计方案进行模型制作来进一步推敲和完善设计方案，有助于提高学生的学习兴趣和学习效果。对于建筑结构类专业的学生而言，有必要通过制作专业的结构模型来做应力试验或结构的强度试验、抗震试验等，以研究各节点在特殊情况下的受力情况。

第三节　模型的分类

环境艺术模型的种类很多，可以从不同角度对其进行分类。按用途分类，可以分为设计模型、表现模型、特殊模型等；按设计主题分类，可以分为地形学模型、建筑主体模型；按建筑类型分类，可以分为工厂模型、住宅模型、别墅模型、写字楼模型、商场模型等；按制作工艺分类，可以分为电脑制作模型（CAM）、手工制作模型、机械制作模型等；按选用材料分类，可以分为纸质模型、塑胶模型、木质模型、吹塑模型、复合材料模型等。尽管模型的分类种类繁多，但习惯上人们还是常常把环境艺术模型按用途、设计主题与材料三方面进行分类。

一、按用途分类

环境艺术模型按用途可分为设计模型、表现模型、特殊模型。

图 1-1　设计模型

（一）设计模型

设计模型是环境艺术设计与建筑设计的一种表现手段（图 1-1）。它以建筑与环境单体的加减和群体的组合、拼接为手段来探讨设计方案，相当于完成建筑与环境设计的立体草图，只是以实际的制作代替了用笔绘画，其优越性显而易见，常被建筑师、园林设计师和室内设计师采用。

设计模型是设计师的一种工作模型。设计建筑造型时，可做“体块模型”来辅助表现；分析结构时，可做“框架模型”解剖结构；推敲内部空间时，可做“剖面模型”来展示内部结构；布置周围环境时，可做“沙盘模型”来说明布局。这类模型的设计制作，不讲究材料、工艺，也不要求有很高的精度，只求整体效果和比例准确。

要掌握设计模型的技法必须要做无题模型和有题模型的基本训练。所谓无题模型设计，就是指无确定使用要求的单纯的空间、实体的模型设计，其特点是抽象、概括和形式化。在设计过程中，要探求空间的变化、实体的加减，以及实体与实体、空间与空间、实体与空间的关系，掌握材料的选择、工具的使用、质感的处理等基本方法。在设计过程中，注重培养学生具备抽象、概括和提炼的能力，明确基本形体概念和形式构成法则的运用。无题模型设计是一种基于立体构成的应用训练，是有题模型设计的基础和准备阶段。

所谓有题模型设计，是指具有一定使用功能的模型设计，其特点是方案具体、准确和功能化。在设计中，按照一定的建筑功能要求来划分，加减空间和实体，注重每一个体面、每一个体块、每一个洞口、接口的要素，以及具体的作用和含义。进而推敲其间隔的比例、尺度和对称关系，并按适当的比例制作，使每一体块和空间的三维坐标尺寸准确无误。在设计制作过程中，不断进行加减调整、修改替换，使方案逐步成熟、完善。有题模型设计要求材料、色彩、质感、体量组合等与形式和功能紧密结合，使模型成为有主题的、生动的建筑与环境整体。

设计模型与设计进展的阶段有关，它们随时表达出设计上的可变动性。模型思维是设计师工作的一种方法，在设计过程中，所有讨论到的概念模型、扩展模型均可被称之为研究模型、工作模型。它们的目的是通过模型思维产生设计思想，同时，作为进一步研究探索的阶段，无论这些模型的形态如何，这些不同术语的设计模型，意味着设计思想是在进一步的发展和完善。

设计模型的发展一般分为三个阶段，这三个阶段和设计的三个过程相吻合。

阶段 1：草案概念草图——概念模型。

阶段 2：设计方案设计——扩展模型。

阶段 3：执行实作平面图——终结模型。

1. 概念模型

概念模型是一种立体化草图。是设计构思还处在比较朦胧的状态时，所形成的三维表现形式。人们利用模型的这种基本表现形式，可以随时随地讨论设计方案，餐桌上的调料瓶或餐具可用来快速模拟具体的设计构想，这就是所谓的概念模型。

概念模型通常都是快速地制成，用于激发灵感。一般采用简单的方法和易于加工的材料快速形成，它还具备快速修改的特点，设计对象使用的材料也被象征性地表现出来，检验建筑构思各个组成部分之间的关系。所以，从概念模型中能提炼出最基本的设计灵感，捕捉最重要的第一感觉，在产生与发展设计思想的过程中是一个不可多得的法宝。

概念模型作为研究模型、过程模型，体现出极强的概括性、示意性、随意性的特征。在建筑设计与环境设计中，概念模型伴随着模型设计思维的形成与发展，设计师可以直接在三维空间中展开设计，模型在这里尽管是小比例的，但设计概念是经过再三推敲而成型并逐步完善的，这种过程自始至终都充满着选择的余地，设计师如果只局限于二维图纸上，就不会有如此多的选择性。因此，概念模型只具粗略的大致形态，大概的长、宽、高和凹凸关系，协助设计师空间地、运动地观察、处理设计对象，感受大的体量、尺度，以此论证由概念衍生出造型的多种可能性。制作时侧重整体形态和空间体量关系，不拘细节，比例要求也不高，没有过多细部的装饰、线条、色彩。一般而言，概念模型是针对某一个设计构思而展开进行的。所以，在此过程中通常制作出多种形态各异的模型，作为相互的比较、研讨和评估之用。

由于概念模型的作用和性质，在选择材料时一般以易加工成型的材料为主，如黏土、油土、石膏、发泡塑料、模型纸材等。

概念模型的两种主要表现形式为体块模型和结构模型。

(1) 体块模型。“体块”是模型中最基本却又最抽象的单元。大小只是相对的，形状也只是一种区别，一切抽象的构思通过模块渐渐变得清晰、明朗，并且可触摸。在建立起一个模块系统后，它就提供了一个让其他制作手段与内容介入和操作的平台。体块模型是建筑造型设计与形体组合的设计模型，它是以单体的加减和群体的拼接为设计手段，推敲完善设计方案，是建筑整个形体组合的过程模型，它仅采用有限的色彩，用概括的手法刻画出外部形体。这种简化的形式深受广大设计师的钟爱。它通常采用单一的色彩和材料制成，几乎没有任何表面的细部处理，只抽象出纯粹的形象。把它和场地模型组合在一起共同发挥作用，构成三维空间的幻想图，用来研究与周围环境的相互关系以及人们在其中的活动范围。

(2) 结构模型。结构模型的作用是作为三维的实体工作图。经常表现为自然的骨架而不进行外表的装饰。将其暴露出来是为了试验目的，用来分析结构、构造、支撑系统和装配形式。在整个设计过程中，由于地形条件和构成方式的不同，结构模型可以用各种比例表现。

2. 扩展模型

扩展模型也称工作模型，通过概念模型的延伸、筛选，否定了一些不成熟、不合理的方案构思。一个新的设计形式被确定下来，由此，模型进入第二阶段，这就是设计模型环节的扩展模型。

扩展模型的使用意味着设计者已经作出了一些初步的决策，并且下一个阶段的探索正在实施中。它意味着全部的造型相对保持固定，是终结模型之前、实施探索的中间阶段。这一阶段包括了对替代性研究对象处理方法的观察，改进比例，或者设计替代性元素等几方面。比起前面的概要模型，扩展模型在尺寸、比例上明显增加了，在某些场合，也被认为是终极模型。但主要的区别是，扩展模型在本质上是对设计对象的抽象描写，同时它们仍然可以进行修改和完善。此外，它们没有被详细加工到能够反映材料厚度和工艺等方面的程度。在许多情况下，进一步的探索之后，设计对象可能以一个扩展模型来结束。

扩展模型是设计类模型中最重要、最充满刺激的一种形式。它是从概念模型中发展并被制造出来的。最初的目的是为了验证建筑与环境造型是否需要继续完善。由于它所探寻的是建筑概念的精髓，建筑与环境造型的体量关系方面、空间功能与形态方面、外观结构与细部处理方面是否符合人与空间环境等诸要素，从而提出修正意见，所以自然要产生千变万化的外形，这样做也是为了体现环境艺术设计的创新性。

扩展模型可剔除方案设计过程中的不确定因素，把建筑构思的精髓高度提炼出来，同时利于改造形体、空间绿化布置及地块细部处理，也有助于理解复杂的空间关系，以及对空间序列、尺度的完整概念的深化。环境艺术设计是一项反复提炼的思维活动，扩展模型不仅是设计方案最直接的表现手段，还是设计师之间交流的一种语言，同时更可启发设计师无尽的创意，即设计过程中的模型思维。对环境艺术设计过程本身来说，模型思维比表现模型具有更强的生命力。

3. 终结模型

终结模型作为设计过程中的一个阶段，这个术语可以和展示模型互换，是描述一个完成的设计模型，并且在制作时很注重精巧的工艺。终结模型的主要目的是用来进一步证实设计决策，以及与客户交流。

模型作为设计表现的一种手段，无论是概念模型、扩展模型还是最后的终结模型，这三种模型之间既有区别又互有联系，分开描述的主要目的是强调模型在设计过程中的不同作用，以便更好地为方案设计服务。

（二）表现模型

表现模型亦称为标准模型、终结模型和展示模型。表现模型作为环境艺术设计的重要表现方法，具有直观性突出的优点和独到的表现力。这类模型的设计制作不同于设计模型，它是以设计方案的总图、平面图、立面图为依据，按比例缩减的。其材料的选择、色彩的搭配等也要根据原方案的设计构思，适当地进行加工处理。这里需要强调的是，表现模型不是单纯的依图样复制，其目的在于表现和对设计方案的完善，是把作者意图和图纸上的方案转换为实体和空间表达，表现环境艺术设计的外在形式、环境的构思以及建筑环境的格调。表现模型常应用于建筑报建、投标审定、施工参考、售楼（房）的展示、宣传都市建设业绩等(图 1-2)。

近年来，随着设计市场的开放和活跃，出现了设计过程民主化和设计投标公开化的趋势。设计方与受众之间的交流与沟通，须克服信息传达的各种障碍才能实现，模型表现无疑要比图纸和文字的表达更直观、更完整。同时，参与标书制定与方案评定的人员和设计人员会聚一起时，他们之间能够通过模型作为中间媒介较快地达到统一。面对无尽无休的讨论与争论时，甲方（业主）能摆脱对大量图纸的束缚，直接俯视建筑物的未来形象，从模型中较容易领悟到设计者的构思意图，并提出自己的建议和决策。

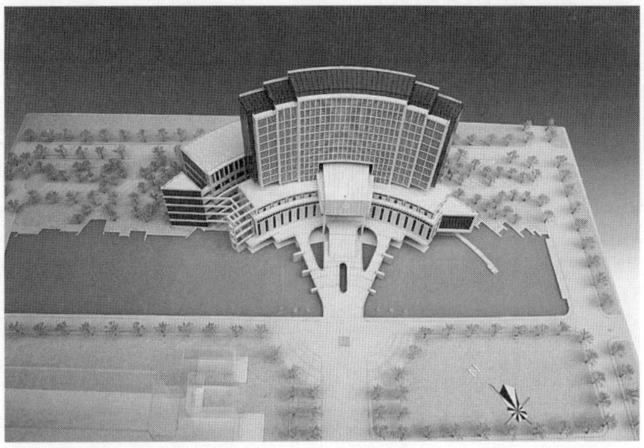

图 1-2　表现模型

表现模型在制作过程中最重要的是对准确性的把握，常常直接对设计对象作细致入微的刻画与表现，给设计者以直观的印象，并为日后检阅施工提供可参考的实体。这类模型因设计者忙于方案扩充或施工图绘制，很少可以挤出时间亲自制作模型，因此模型制作工作通常委托专业模型公司完成。

展示模型作为表现模型的一种类型，是以此为基础，按照各方面的修改意见综合成的终结模型，它通常是一个完美的、小比例的建筑复制品。展示模型可以在建筑竣工前根据施工图制作，也可以在工程完工后按实际建筑物去制作。对于材质、装饰、形式和外貌的精度和深度要准确无误的表现出来。这类模型主要用于教学陈列、商业性陈列，设计竞赛或参加展览等，如用于宣传城市建设业绩、房地产售楼展示等。

展示模型要求做工精巧，材料与色彩特别讲究，质感强烈，装饰性、形象性、真实性显著。具有强烈的视觉冲击效果和艺术感染力。展示模型一般按图纸制作，但又不受图纸所束缚。在建筑层高、空间、装饰等方面可作适当夸张强调，以求得较好的视觉效果（图 1-3）。

展示模型按制作内容通常可分为单体展示模型、室内展示模型和规划展示模型三种类型。此类模型的设计制作一般由专业模型公司完成。

（三）特殊模型

特殊模型是指特殊用途、特殊功能和特殊材料制作的模型（图 1-4）。如深圳“锦绣中华”“中华民俗村”“世界之窗”和广州“珠江新城”等都是大型特殊微缩模型，它们都是利用电子、机械及现代装饰艺术手段，使模型具有发光、发声、喷泉、流水、行车等动作景象，还配有自动控制与声光同步显示等特殊功能。

图 1-3　展示模型

图 1-4　特殊模型

特殊模型按其形式分为动态和静态两种。动态模型要表现出设计对象的运动，显示它的合理性和规律性，如船闸模型、地铁模型等；静态模型只是表现出各部件间的空间关系，使图纸上难以表达的内容趋于直观，如厂矿模型、化工管道模型、码头与道桥模型等。此外，还有部分特殊模型也能明确工程施工，如光能表现模型、压力测试模型、等样模型、风洞模型等。

（1）光能表现模型。光能表现模型是建筑模型表现的特殊形式，用它来预测建筑夜间的照明效果，在制作中采取自然照明与人工照明的效果，为了更准确地帮助预测环境气氛，光能表现模型要有精致的细部表现、色彩及表面效果的计划。这类模型常用于建筑外部灯光强度调试，也追求华丽的光影效果，主要分为自发光与投射光两种类型，在博物馆、房地产售楼处中运用最多。

（2）压力测试模型。压力测试模型是用来测试模型的抗压力与耐受力，针对不同模型来选用材料组件。材料的拼接工艺与搭配方式要记录下来，为后期批量制作提供参照。这类模型常用于批量制作的建筑规划模型，先制作一件具有代表性的模型构件，待测试合格后再批量制作。

（3）等样模型。等样模型的尺寸与建筑实体一样大，它是将设计方案直接制成实际尺寸，其中包括1：1的建筑构件、家具构件等，表现出足尺寸空间与建筑局部。当然，只有遇到复杂设计构造时才会制作局部等样模型，一般作为试验样本来研究。

（4）风洞模型。用来研究由于风压造成的建筑外壳潜在的形变以及结构选型的各部分组成。为使试验器中的环流形式能清晰可见，采用烟雾作为气源。除了用于研究气压产生的外形的负压以外，风洞模型还用于研究内部的气流和空调系统的效果。

二、按设计主题分类

环境艺术模型按设计主题可以分为地形学模型、建筑主体模型。地形学模型分为地形模型、景观模型和花园模型；建筑主体模型则分为城市规划模型、建筑物模型、构造模型、内视模型和细节模型。下面从设计过程发展的三个阶段来描述地形学模型与建筑主体模型。

（一）地形学模型

地形学模型所表现的是一个现已成形的地形，此外，还有对城市空间中游乐场、绿化场地、公园的描绘。地形学模型表现了地面地形变化以及表面，如地面街道、篱笆围墙的设置，还有按比例制作的元素，如城市建筑、车辆、人群。这些模型依照各种比例，从大的比例到细节的比例，大约是按1：2500～1：500制作而成。地形学模型强调比例上对环境以及已存在物体的描述。与之不同的是被称作为建筑物草图的景观模型、花园模型对环境的空间品质作描述。通常，我们以大比例制作园林模型，对绿化或地表地形进行描述，铺设的材质清晰可见。由此可知，在设计制作的阶段中，基地模型在地形学模型里是不可缺的。地形学模型总是被制成首先可以被变更的研究模型，它们是设计发展的基础。

（1）地形模型。地形模型表现出地形的基本情况，也就是建筑敷地的原有形式和因新的规划造成的改变。包括建筑、交通绿化、水面以及断层面等又称为基地等高线模型。

这个阶段的概念模型就如同一块“底板”一样来接纳将要描述的建筑对象。一般来说，基地等高线是通过黏接片层材料装配而成的。如软木片、泡沫板、胶合板以及各种纤维板和有机玻璃等材料。地形模型在设计过程初期制成，建造基地等高线模型可以研究地形学和一座建筑物与场地的关系。在整个概念草图的制作阶段中，最重要的则是让基地的形式能够轻易地被改变。

扩展模型在概念模型的基础上进一步对描述的对象作详细的表现。对现存基地形式尽可能按比例描绘说明，例如，交通、绿化和水平面，甚至是引人注目的树木或树丛的描绘。这个模型可以继续被深入做成终结模型，但首先必须是扩展工作模型意义的一个地形模型。

终结模型是对地形、道路指示、交通、绿化和水平面最终的描述。

（2）景观模型。景观模型是建筑场所背景的一种模型表现形式，表现出交通、绿化和水平面、树木、森林平面，而建筑主体群则是以简单的形式呈现。从地形模型衍生出来的景观模型在比例上有1：500、

1：1000、 1：2500 以及特殊情况下的 1：5000。景观模型的重点是阐明景观空间和与此相关的地形模型，还有对其特点的表现，如树木、树丛、断层面及风景里特定的建筑物，塔楼眺望的景色、堤坝和耸立的桅杆等。

景观模型的概念阶段是在地形模型的基础上，以简单的模型技术、模型材质进行表现。场地的模型设计制作必须是可以持久不变形的。

扩展模型阶段是对空间形式、空间关联性和空间大小可变动的陈述。

(3) 花园模型。花园模型通常被认为是景观模型的一部分，比例上有 1：500、1：200、1：100 和 1：50。 这样的模型与较小的住宅区或是个人建筑甚至是城市的内部空间有关。描述的对象有步道、训练小径、游戏草地、运动广场、水上运动设施和小花园设施。描述的重点则是地表的调制和塑造、绿化、道路和小广场的制作，还有相伴的镶嵌、篱笆和墙的表面。在此制作的比例元素有人群、公共设施、交通工具、照明物体等。

模型的概念阶段，重点描述地形模型、地面的塑造和道路，只和空间设计有关。我们可以用简单的材质来表现，用以研究空间关系、视野关系和可能的表现景点。

扩展模型则精确的描述与园艺艺术的关系，交通、绿化和水面的表面处理，建筑主体的细节描述和空间想象，模型在此阶段仍然是可以改变的。建筑主体和个别物体，如喷泉、纪念碑等，是模型的装饰物，也是可移动拆除的，新植物的方位仍是可选择的。

终结模型表现环境中的想象以及和基地的关联，详细地对建筑主体细节进行描述。终结模型是不可变更的，并且呈现出设计图的最后状况。

（二）建筑主体模型

建筑主体模型的类群主要分为城市规划模型、建筑物模型、构造模型、内视模型和细节模型。建筑主体展现了现已存在的建设状况，除了现存的建筑体外，还需要表现出交通、绿化的状况，这些在某种意义上似乎是为了建筑主体的外部开发而做的伏笔。模型的表现重点可视不同的目的而定，在表现过程中，可整体地把握形式、功能和构造这三个方面加以描述。

(1) 城市规划模型。城市规划模型是以地形模型为基础来制作的。一方面城市建筑的模型被当作是概况和位置规划的模型，比例为 1：1000～1：500；另一方面则是详细地描述一个部分，比例一般为 1：500～1：200。 在概念模型和大范围研究时，可应用较小的比例，如 1：1000，也可以应用 1：2500。

城市规划概念模型的任务是通过强调建筑比例、建筑比例的分配和分类以及城市空间的组成，以传达给我们直观的总体印象。可以在地形模型的基础上，用易变形的材料或成品材质在模型的空间和功能表现上做尝试。

扩展模型是可以变动再设计的部分。

终结模型以表现模型或展览模型的形式出现，精确地呈现建筑和背景关系，建筑主体在最后整合。

(2) 建筑物模型。建筑物模型通常以 1：500 或是 1：200 的比例被制作成城市建筑中地形学模型的附加模型。建筑物模型主要用以表现外观元素划分的屋顶平面、建筑主体的塑造以及与地形的关联性，部分以透明的方式表现出来，使空间的视野尽可能最佳。屋顶或外观平面可以被拆解，这样就能够展现建筑物内部的空间构造。最后是楼层能够被拆卸。这样，开闭的诠释和内部空间的划分都被表现得淋漓尽致。

建筑物的概念模型以简单的方式和易被塑造的材质呈现造型和空间，即由形式、大小、方向、位置、明暗、颜色和表面的对比来阐明。

建筑物在扩展模型中，通常是研究细节不同的设计图之间空间造型的关系。使用相应挑选出的材质并且精确制作，有时扩展模型完全可以被当作终结模型使用。

终结模型表现最后的环境艺术设计结果，主要为了展览目的而制作的。除了呈现出对地形边缘条件精确的描述外，还有与此合为一体的环境艺术设计、城市建筑的空间关系和比例的参照物（如汽车和人群）。

(3) 构造模型。构造模型是让模型的结构开放，表现的重点不在建筑的外貌。这些构造能够表现空间功能或结构。它解决了功能上的开闭和结构上的空间问题。专业工程师较了解的模型通常以地形模型或建筑物模型为基础，因为一个合适地形的前后关系直接影响着设计的构造。它们经常以 1∶200 和 1∶50 的比例制成。

构造概念模型首先呈现出对个别结构所做的针对性思考，通常是结构接连和功能分配的细节表现。它经常在设计草图一开始的阶段，阐明复杂的空间概念。

扩展模型虽然基本上是用以表现决定的设计构思，但在这里通常要大体展现出最后的状况。在扩展模型里细节问题会被继续研究。

终结模型是准确描述构造，为了展览和交流的目的而被制作出来。

(4) 内视模型。内视模型是用来研究和表现室内的建筑空间及空间秩序。设计者应该意识到，一座建筑物的内部空间应该被给予同外部形态一样的考虑。通过展开建筑物并“走入”空间之中，在三维状态下观察它，可以产生许多设计思路。为了观察内部的方便，模型应保持敞开。屋顶可以被去除，以便观察模型空间的内部，侧面也可以拿掉以获得水平视角。

内视模型是为了展示并解决空间上、功能上和视觉上的问题而制作。为了能让眼睛更能接近作品的内部，内视模型在制作时，无论采用何种比例，首要的问题就是能让楼板层、外墙面甚至整个楼层都能移开。

这类模型一旦按大比例制作，比如 1∶20 或 1∶10，它就承担了令人兴奋的特殊角色，也就是说它变成了局部剖开模型，就像剖面图的作用那样，剖开的部分形成一个剖开构架，经常制成淡色，这样它内部的空间便一目了然地展现出来。这种模型在比例上和剖开处都经过精心选择，内部的墙面也经过装饰。当在正常的视觉高度观察它时，人的视线被吸引到它的内部空间景观而不是一个笼统的空间框架，使人们对建筑内部空间有一种身临其境的感觉。

内视概念模型的制作是为了以尽可能简单的方式思考内部空间的状况。此外，就是使用可直接被支配的材质，这种材质通常只能够用来描述布景装配方面的空间关系。

内视扩展模型依据概念构思设计图具体实现并修整决定空间状况。扩展模型在这个工作阶段中已被确定，然而对于材质、家具、装饰、光线、视野指标的设计依然是可变动的。

内视终结模型是为了呈现最终的设计结果而制作的。依据这样的模型，一般的家具陈设将由设计师和空间使用者共同讨论。

(5) 细节模型。设计模型环节的结构细节模型，主要用来帮助展现空间框架和结构体系。梁的确切位置、负荷的传递以及其他技术性考虑均可以通过这种模型而确定。当我们建造大比例模型的时候，细节模型可以用来研究复杂连接的细节设计。这种模型类型，也可以用来研究创新性的结构设计，比如：桥、桁架，它将细节回馈给设计者，对负载情况进行测试。

结构细节模型可以探索建筑物内部和外部的细节，例如：结构的结合处、窗子的处理、栏杆和招牌等。这些模型按照相似的方式进行处理，作为完整建筑物的局部模型，按照更大的比例进行制作，产生了结构和连接更精细的效果。细节模型在解决设计构想和表现建筑细节以及和客户交流等方面都具有很大的帮助作用。

在这个工作阶段里，细节模型是为了解决主要结构和形式而被制造。除此之外，在细节模型中还涉及颜色、形式以及材质的研究。细节模型的主要范围涵盖结构的交点和连接方式、空间关系和外观局部、装饰物和摆设等。

模型在设计过程中采用的比例、材料、细节和结果的表现程序都是千差万别的；有的被用于建筑构思的产生，有的被用于细节和结构的研究和推敲。设计过程也就是借助上述各类模型最终形成设计定案。简而言之，环境艺术设计的过程可以用不同类别的模型来阐明，模型在设计活动进行过程中相当于催化剂的作用。

三、按材料分类

环境艺术模型按制作材料可分为纸质模型、木质模型、有机玻璃模型、吹塑模型、胶片模型、复合材料模型等。

（一）纸质模型

纸质模型是利用各种不同厚薄和不同质感的纸张，经过剪、刻、切、折、黏、拼、喷画等手段制作而成的（图 1-5）。其材料简便经济，效果也好。现代造纸工业的发达，给纸质模型的发展带来良好的前景。各种卡纸、墙纸、玻璃纸、刚古纸、布纹纸、镭射卡纸、彩虹纸、水彩纸、瓦楞纸、牛油纸以及特种装饰用纸的出现和利用，使纸质模型的质地色彩和纹理日新月异，是模型制作中得心应手的材料。

图 1-5 纸质模型

图 1-6 木质模型

（二）木质模型

木质模型是 20 世纪 80 年代前被广泛采用的一种模型（图 1-6）。主要采用木材与胶合板制作，用一般木工工具就可以加工，但加工工艺要求精细，有的还要精雕细刻后喷涂饰漆。这种模型还可以在表面装贴各种仿真质量的材料，如胶片、特灵珑、镭射玻璃等。由于做成后真实感强，与建成的建筑十分相像。

（三）有机玻璃模型

有机玻璃模型是 20 世纪 80 年代末开始流行的。这种模型具有材质高档、色彩丰富、表面光洁、易于加工、制作精确、效果优美等特点，目前已被广泛采用，尤其在一些大型的建筑项目和投标的建筑与环境设计中受到普遍的重视（图 1-7）。

图 1-7 有机玻璃模型

（四）吹塑模型

吹塑模型采用吹塑脂材料如吹塑纸、吹塑板、苯板等制作，加工比有机玻璃容易，造价便宜，效果一般，其精度不高，适用于大中小学美术教学与工艺设计教学。

（五）胶片模型

胶片模型是常采用质轻易卷曲折的 PVC 胶片和亚克力胶片制作。这种材料耐腐蚀，色彩与光泽好，且坚硬、光滑，易于加工成型。有些品种的胶片具有玻璃幕墙、透光镀膜镜面等视觉效果（图 1-8）。

（六）复合材料模型

现代环境艺术模型的设计制作，一般都采用多种材料复合制作而成（图 1-9）。如在卡纸上复涂（贴）一层印有砖纹、石纹、水纹、木纹的薄膜的纸塑复合材料，在透明有机玻璃片下印有花岗石纹和木纹的仿花

图 1－8　胶片模型

图 1－9　复合材料模型

岗石板材等。至于模型的表现形式也不是固定的几种，设计制作者可以根据需要自己综合选定，创造出一种既经济、快速、加工方便，又效果良好、表现精美、富有时代感和装饰性的模型。

第四节　模型制作的特点与原则

一、模型制作的特点

模型制作作为一种设计研究方法与设计表现语言在环境艺术设计领域被广泛运用，它涉及艺术学、工程学等多门科学的知识，具体有如下的特点。

（一）直观性

环境艺术模型是传递、解释、展示设计项目和设计思路的重要工具和载体。所以，在设计制作时应根据不同模型的用途选取适宜的材料和工艺进行制作，同时要考虑符合美学的原则和处理技术，以加强环境艺术模型的可视性和可交流性。以模型形式把环境艺术设计的构思表现得更加深入和完善，以至接近于真实的环境艺术实物。由于环境艺术模型展示的是直观实体在三维空间的形象，因而便于人们研究某个环境艺术要素与环境的关系，以做出可行方案。环境艺术模型的直观性还表现在模拟环境艺术的完整感方面，它能够让观者通过模型来评价、欣赏环境艺术的完整空间形式和整体环境。

（二）时空性

环境艺术模型的时空性在于其能为观赏者提供一个模拟真实环境艺术的动态观赏机会。环境艺术模型作为环境艺术设计师的专业语言，借助于立体三维模型，使人们能够对原环境艺术设计中的功能与形态、布局与结构、肌理和色彩、体与体、面与面、体与面、空间和环境的组合关系以及环境艺术的各种角度和整体全貌等有更清晰全面的认识，有利于人们多角度、多层次地分析和解决环境艺术设计中的问题。环境艺术模型的制作代表了一种创造性构思的发展过程。

（三）表现性

环境艺术模型的表现性体现在形象性、真实性和完整性等各个方面。与其他表现形式相比，其形象化特点更为明显，并且始终贯穿于环境艺术设计和表现之中。环境艺术模型的真实性在于它是以三维的立体形式直观地反映于人的视觉之中，即使不具备专业思维和想象力的观者也可直接欣赏、评价环境艺术，不必担心自己由于缺乏相关专业知识而对平面图、立面图的把握不足，以致不敢评判和研讨环境艺术的整体设计。环境艺术模型不但能通过视觉传递设计的内涵，还可以让观者通过触觉来体验，这就使它比平面表现图具有更强的表现力。因此在环境尚未建成之前，设计者往往通过一个模拟现实的模型给观赏者一个欣赏、评价的机会。模型的完整性在于它不同于只能单纯地表现环境艺术的二维平面表现形式，模型能表现环境艺术的整个实体空间和环境。尤其是对于投标、大型公共环境绿化、区域规划、展示说明、归档和收藏等特殊用途来说，这种立体表现形式往往是必不可少的，它可以为设计师、业主和审批人员带来方便。

（四）艺术性

模型制作是设计师在设计过程中为了研究室内外环境的形态、空间、结构、尺度、色彩、肌理、材质等造型特征和表现设计构思而采用的一种运用实体材料来进行设计表现的手段。在此过程中，设计师展开丰富的艺术想象进行造型构思，分析造型的表现力，通过各种艺术处理和艺术表现手段来表达设计师赋予设计作品的情感。其作品形象的具体性和典型性，形态结构的严谨性和完整性，表现语言的准确性和鲜明性，表现手法的创新性和多样性等艺术特征都将在模型制作的过程中得到完美的体现。

（五）科学性

模型制作作为一种科学的实验研究方法，在环境艺术设计领域有着独特的优势。一方面，模型用作模拟研究的方法，在实验测试研究中所得到的实验数据可以为工程设计和施工生产提供可靠的依据，节约大量的开发成本，如：光能表现模型、压力测试模型、等样模型、风洞模型等。通过模拟试验，大大提高了建筑设计的效率与质量，降低了研究的成本。另一方面，环境艺术模型制作的原理、程序、方法、工艺等必须是按照科学的方法进行，模型制作的数据应当尽量准确，满足实验要求。在形态构思阶段，设计师用概念模型来探讨构思方案，是不必受条件限制的，而除此以外的其他模型制作都要求设计师运用科学的手段清楚、准确、客观、可靠的表现设计方案，一般不允许有主观的变形、夸张和失真现象。因此模型制作特别重视表现的科学性，强调理性的逻辑。

（六）工艺性

模型制作归根到底是在实体材料上进行的材料加工活动，其加工工艺性是模型制作最为重要的方面之一。从划线到最后涂饰的每一个步骤都必须要按照正确的工艺方法来加工，否则，轻则局部重做，重则前功尽弃。可以说不经过正确的培训是不可能加工出符合规格要求的模型的。因此模型制作的各个环节，包括：工具抓握的力度、方向、角度、加工量的选择、加工程序的安排、装配机制的选择、涂饰的环境、涂饰的材料选择和涂饰的程序等都要求符合正确的加工工艺方法。

（七）超前性

环境艺术设计本身是一种超前的创造活动，设计的目标是指向未来而不是当下。因此模型制作也是一种创新活动，考察设计师对于新的形态中出现的矛盾冲突因素的协调能力，如协调线面转折的过渡关系、细部与整体的关系、外观形态与内部结构的关系等。模型制作的超前性要求在制作之初对整个制作的各个环节有系统、周密的计划，否则会带来诸多麻烦，还会增加无谓的费用。

（八）学科知识的综合性

模型制作涵盖了多门学科的知识，要熟练掌握模型制作必须具备一定的数学、物理、机械学、动力学、工程学、材料学、材料加工工艺学、电工学、人机工程学、色彩学和美学等相关学科的基本知识，如果相关知识储备不足则会影响模型制作的顺利进行。

二、模型制作的原则

（一）经济性原则

模型制作需要表现的内容很多，涉及多种材料、元件等，因此其花费也较高，尤其是对于学生而言。因此在模型制作之初就必须要计划好合适的材料、工具与需要使用的元件。一方面，各种材料成本差异很大，所需的工具也不同，这需要根据各自的实际条件来选择。而各种材料都各有所长，在通常情况下，要表现一种效果有多种材料可以选择，只要是加工方式选择得当，一般可以达到殊途同归的效果，因此不建议一味地追求价格昂贵的材料和工具来表现。另一方面，模型制作是超前的活动，材料需要数量只能估计，对于许多初学者或经验不足的设计师来说，通常出现在制作的过程中发现材料不够的问题，再次购买产生的交通费用等无疑导致成本的增加。总的来说，经济性是模型制作必须要考虑的问题，尤其是大型的产品模型制作，成本控制是非常必要的。

（二）易实现性原则

模型制作是一种模拟真实的科学研究方法，这种模拟要表现出选定环境的关键特性。模拟的关键问题包括有效信息的获取、关键特性和表现手段的选定、近似简化和假设的应用以及模拟的有效性。而为了达到这些要求可以选择的材料和加工工艺方法是多样的，各种材料加工性能上存在巨大差异，其加工难度与加工周期等也相去甚远。为了提高设计效率，节约开发成本，我们尽量选择较容易实现的材料和工艺方法，尤其是对于学生模型制作实践而言，选择如卡纸、泡沫塑料等材料来制作可以达到非常好的训练效果，而木材、工程塑料等材料因不易实现而不太适宜学生制作模型。

（三）适用性原则

模型制作通常需要根据设计的不同表现阶段及需求选用所需的模型材料与加工工艺方法进行制作。例如：概念模型主要选用成型速度快、便于加工、价格较便宜、易于表现的材料，如卡纸、泡沫塑料等。展示模型以表现环境艺术的外观为主，应当尽量选用能够体现展示效果并易于长期保存的材料。制作中根据要求灵活机动地使用设计所需的真实材料或替代材料，目的是体现逼真的外观效果。常用的展示模型材料有塑料、玻璃钢、木材、金属等。所选材料应尽量能够反映材质自身特性及加工处理后的色彩、肌理、质感等特征，能够表现视觉感受、接触感觉，结构关系和使用性能等综合设计内容。

（四）真实性、可靠性原则

模型制作虽然是一种模拟真实的方法，但其模拟的真实性和可靠性是此方法有效的前提。数据的缺省或存在较大误差、细节的忽略都可能会导致实验结果的失真，影响设计的结果。环境艺术设计通常都是全新的创造活动，遇到的许多问题的可能都没有先例，也没有可以参考的依据，此时需要设计师设法用模型去还原真实的情况。对于工程实验模型的真实性与可靠性则要通过可靠性的评价来保证。对于展示模型、结构模型等的真实性则要通过模型检测与评价来保证。模型检测与评价的方法主要包括目视分析法、量具测量法、性能检测和艺术效果评价等。

（五）不可逆原则

模型制作的过程绝大多数情况下是不可逆的。材料经过切削加工，如锯、割、钻、雕、磨等工艺加工过以后都会发生形状与性能上的改变，通常无法再回到未加工以前的状态。对一些构件有多个加工步骤的，加工步骤的先后不同会导致后续加工步骤失去定位基准而使得加工过程变得复杂。材料经过热加工后，如塑料模型的热压等，材料形状、性能发生巨大变化，经过此加工过程的材料无法再回到未加工以前的状态。在模型装配的过程中很多步骤也是不可逆的，尤其是黏接工艺，黏接过后的部件一般无法再分离。在模型涂饰的过程中，各部件涂饰的步骤也是不同的，错误的步骤会导致施工复杂，还容易出现涂饰缺陷，有些情况是先涂饰后装配，而有些则要先装配后涂饰，这些需要根据具体情况来确定涂饰的步骤。总之，由于模型制作的过程通常是不可逆的，因此需要在制作之初，科学、合理、详细地计划出制作的程序，尤其是容易出现问题的步骤，避免因程序操作不当导致前功尽弃。

（六）安全性原则

模型制作所使用的材料，如木材、纸材、塑料，黏接用的黏胶剂、稀释溶剂、油漆与涂料等，大多数均系易燃和有毒物质。因此，必须特别注意防火防毒的安全问题。各种油漆涂料稀释溶剂，属于有机化学材料。按其类别不同，分别含有苯、铅、氨基、硝基等对人体极其有害的成分。长期接触上述物质，会使人食欲减退、损坏造血系统和发生慢性中毒。在其他涂料中，也含有有毒物质，如颜料中的红丹、铅、铬黄等，所以在使用时应有一定的预防措施，以防止某些涂料可能引起的急性和慢性铅中毒。在设计制作模型时，特别是大型模型，需要用到较多的设备和工具。为了防止事故发生，必须严格强调安全操作规程。操作规程是根据设备的性能、使用特点和方法制定的安全规范，是依据客观规律所制定的法规。严格遵守操作规程，就可避免事故的发生，否则就可能会发生不必要的事故。重者会伤残人体，或者损坏设备，轻者也会发生拉伤皮肉，或者碰伤筋骨。当然我们不必因为上述的这些不安全因素而产生一种畏缩情绪，只要按操作规程去做，集中精力操作，不蛮干，提倡胆大细心，以严谨的工作作风，完全可以避免发生事故或少发生事故。

第五节 模型总体设计

环境艺术模型总体设计是依据模型制作的内在规律及工艺过程所进行的模型制作的总体策划和设计。模型总体设计的内容包括：项目分析、方案图样（包括下料图样）绘制、比例选择、形体分析、材料选择、色彩效果设计、加工工艺设计、制作流程设计等几个环节。其中，方案图样绘制是基础，材料的合理选择和制作工艺的准确把握是关键。

一、项目分析

环境艺术模型项目有着多种功能用途，要根据项目来源、背景、制作资金投入以及综合展示效果等进行项目的合理定位。模型项目来源一般有两种：一种是受开发单位或业主委托的项目，另一种是自选模型项目。

（一）受业主委托项目

受业主委托的项目一般会有设计图纸或者建成的成品，无论哪种形式的委托制作业务，制作时都要有模型的平面图、立面图和剖面图等。业主提供图纸的项目会比较好确定制作内容；如果景物已建成，只有平面图或什么图纸都没有的情况下，模型的设计制作者可以用测量或参阅图片的方法来取得平面图和立面图，也可到实地对景物进行拍摄，并通过推算画出模型的平面图和立面图。

对于委托项目，模型制作效果要求较高，因此需成立专题模型小组。制作人员先要分析模型用途、总体创意、展示效果要求等，然后制定总体计划，包括材料选择、工艺选择、工时工期控制、成本预算等主要内容。对于古建筑模型制作，制作人员还需进行古建筑图片资料收集、实景测绘资料整理等工作，并且认真分析项目的难点和要点，根据操作难易程度、技术水平等进行合理分工。一套完整的项目任务分析可以为后续环节提供有益的指导。

（二）自选模型项目

自选项目有两种：一种是作为有助于环境艺术设计进行深入构思的概念模型，另一种是依据环境艺术中景物建成前或建成后的图纸来制作的展示模型。

对于概念模型的制作，用材以聚苯乙烯泡沫板和卡纸类为主，便于上手操作，锻炼基本制作技能。对于展示模型的制作，首先要理清模型中各个造型元素的功能、形态、结构和材料之间的关系，还要校正平面图和立面图的尺寸。其次要对模型制作工具、制作工艺、制作方法和制作人员的操作能力等进行比较分析，除了考虑材料成本之外，还必须对制作方法的难易程度、耗费工时以及制作人员技术等进行认真选择，合理分工。

总之，前期的项目分析与策划是模型制作中十分必要的环节，可以避免后续阶段的随意性、无序性操作带来的效率低、废品多、效果差的不良后果。

二、方案图样绘制

环境艺术模型的总体构思要依赖于模型图样的设计。环境艺术模型图样的类型很多：既有正规的 CAD 电子版文件图，如建筑工程与环境艺术工程的方案图或施工图，也有尺规绘制的平面图、立面图、剖面图，还有设计师方案构思型的徒手概念草图（如铅笔或墨线徒手草图）；既有规划设计的方案图样，也有实景实物测绘图样。环境艺术模型图样不管是详细的、复杂的，还是粗放的、简单的，最终都要转化为模型的下料图来实现体块的分解、立面的展开以及各大小构件的独立放线切割等。环境艺术模型下料图的绘制实质上是解读环境艺术、建筑工程以及具体细部节点大样的过程。

三、比例选择

模型比例是指环境艺术模型与环境实景相应要素的线性尺寸之比。模型的比例涉及它的面积、精度、经济等综合问题，很难对其提出统一的要求。一般来说，区域性的都市模型，宜用 1：1000～1：3000 的比例；群体性的小区模型，宜用 1：250～1：750 的比例；单体性的大建筑模型，宜用 1：100～1：200 的比例；别墅性的小建筑模型，宜用 1：50～1：75 的比例；室内性的剖面内构模型，宜用 1：20～1：45 的比例。

确定模型尺寸大小之前首先要确定下列几个指标。包括：销售处的大小、功能布局、参观者的动线、模型的数量、模型摆放区域的大小以及入口大门的高度和宽度等，大模型可能会被分成两块以上。最简单的办法就是对照上述几项指标，在三维空间中大致模拟出希望的模型大小，再用该尺寸去除模型实际要表现的用地的大小即得到了比例尺，再用该比例尺去推算建筑的高度，这样一来就能有大致的概念，最后比例尺调整到一个整数，表现范围也作相应取舍，就得到了确定的模型沙盘的尺寸大小及比例尺。有些经验不足的制作商，不能够提醒客户，在较大规模的模型制作完成后，才发现在运输、进门等方面存在问题。因此，一般说来模型的一边尽可能地控制在 1.8m 以内，否则就要切块或适当调整表现内容。

模型的真实性来源于正确的比例，这是建筑模型反映实体建筑的重要依据之一，同时也是模型区别于工艺品、玩具的主要特征。要对建筑模型做精确计算，前提是绘制详细的设计图，将模型尺寸与建筑尺寸同步标注在图纸上，在制作时就一目了然了，通过两组数字之间不断比较，加深制作人员对模型尺度的印象，即使少数细部尺寸没有标注，也能通过比较得出相应的数据。

在实际操作中，还会遇到更广泛的比例问题。例如，原计划将模型定为 1：40，在制作过程中，却发现家具、树木、车辆等配件都没有 1：40 的成品件，这就需要采用各种材料来制作，并且要时刻以 1：40 的模型原样为基础，不能随意缩放。这样制作出来的模型产品才具有指导意义与商业价值。

不同比例的环境艺术模型应该有不同的精度要求，以建筑门窗的模型表现为例。

（1）1：3000 的模型。每层楼宇的层高仅 1mm 左右，无法表现具体的门窗，一般都采用线描来表现一排门窗，横线表示同层异位门窗，竖线表示同位异层门窗。

（2）1：1000 的模型。层高仅为 3mm 左右，刻印 1.5mm 左右的门窗已具相当精度了；1：500 的模型，层高已有 6mm 左右，可用刻制的方法表现门窗。

（3）1：250 的模型。层高有 12mm 左右，门窗的表现除了刻制外，还应表现主要窗架饰线。

（4）1：100 的模型。层高达 30mm 左右，门窗的表现应细微精致，除刻制窗口和窗线外，还应表现窗框、窗台和窗帘。

（5）1：50 的模型。层高达 60mm 左右，除按上述要求表现外，还要用镶嵌、贴边的方法表现门窗的厚薄感和层次感，显现出立体的效果。当然，有的模型设计制作师对自己的要求很高，对于小比例的模型也可以做到精度比较高。

四、形体分析

真实景物缩小后在模型外观上展示出来的重点会发生转移，特别是建筑部分。如小尺度亭台楼阁的栏杆、座椅可能微缩成为示意性的构件，而大面积的屋顶，如江南园林灰瓦屋顶会呈现出坡屋顶优美的曲线和典雅的灰色调。因此，环境中的建筑模型，如观景亭、休息廊等要以塑造形体为重点，重点展示出四角、六角攒尖顶或双坡顶、歇山顶等独特的建筑形体美。环境绿化在模型外观上展示出来的往往是要看总体的绿化效果和色彩，而不限于几株乔木、灌木或几丛花卉的形体，事实上绿化配景模型，人们更关注总体的植物占地比例、绿量大小和四季色彩配置的环境效果。如楼盘花园模型，人们更看重小区中心花园绿地、组团绿地、宅间绿地大小、广场活动用地大小和总体环境的舒适度，若建筑容积率太高、楼间距偏小、绿地面积覆盖率偏小，即使树木配景模型制作得再漂亮也会让人们感觉到绿化的拥挤、局促和美中不足。环境艺术模型的总体外观，一定要把握大的形体关系，既要处理好建筑选址、体量、形体的关系，又要协调好绿化配景与建筑的关系，二者相辅相成。有时以建筑为中心，周围绿景衬托；有时以大面积绿化为主，适当以小型建筑小品来点缀空间环境。

五、材料选择

对材料的了解和对工艺技术的掌握是学习设计和模型制作的重要环节。从模型制作材料的选用来看，一方面传统材料仍在使用，另一方面新材料、新工艺的不断出现，促成制造行业分工的细化，形成造物活动的多样性和复杂性，都对设计师应掌握的材料知识提出了新的要求。这种要求有别于材料科学家和工艺工程师。从模型制作的角度来讲，对材料运用的过程既是对物质世界的认识过程，也是对设计方案的提升过程。模型材料与使用目的和工作环境、加工性能、表面涂饰工艺性能、使用性能及经济效益等因素有密切关系。模型材料选择的基本原则是要求模型材料既能在色彩、质感、肌理等方面表现现实中环境艺术的真实感和整体感，又能具备加工方便、便于艺术处理的品质。

当今的装饰材料工业为模型表现提供的新材料是过去任何时代都无法比拟的。例如岗纹板的出现，原本用于家具的装饰，但用于室内外环境模型，可以做出“印度红”“大花绿”等花岗石地坪的效果。又如银色电化铝即时贴的出现，原本是用于展示设计，但用于建筑模型后，可以做出铝合金门窗框架和不锈钢雕塑的效果。还比如利用墙纸做出室内地毯的效果；自行车钢丝、钢珠做成旗杆、栏杆效果；草坪地毯做出植被效果；海绵做出植物效果；镭射纸做成扣板墙面效果等。模型材料的综合开发利用，不仅发掘了材料的多种用途，而且可以创造出各种不同的质地美，实现“一材多用”“低材高用”“碎材巧用”。因此，设计师要经常关注新材料的使用。新型材料的涌现，必然会给模型制作带来新的风貌。

六、色彩效果设计

色彩与表面处理是环境艺术模型制作的重要内容之一。模型色彩要在模拟真实建筑的基础上注意视觉艺术的运用，尽可能应用色彩构成、组合的原理，把握色彩的对比与协调的总体效果。模型表现中，对色彩的表现要注意以下几点：一是处理好整个模型底盘的色调，拟定好主色、配合色、对比色的色相、明度、纯度以及面积大小比例关系；二是对原材料或半成品的模型“零部件”的“天然”色彩进行合理搭配，使之与模型色调相配合；三是用人工的方法对自制“零部件”进行喷涂色彩，使之增强对比或调和效果。

现代光学的迅速发展，使色彩美冲破了传统的概念与感觉。光导纤维、光学动感画、石英射灯、频闪蛇管灯、发光二极管、霓虹灯等新型电光源在模型中的应用，不仅使现代环境艺术模型的面目为之一新，而且给现代环境艺术模型提供了无可置疑的启迪。富有表现力的色光所产生的动势、声音和音乐般的节奏，使模型色彩的情感更为丰富。

七、加工工艺设计

将原材料加工制作成为环境艺术模型，需要有一定的工艺技术和方法。传统手工艺中的剪、刻、撕、切、锯、锉、钻、编、雕、黏、焊、烫、串、扎、镶、铸、卷、插、接、折、捏、绣、钉、拍、染、喷、绘等都是各种模型材料加工成型的技术和方法。模型工艺技术虽然大多是比较简单的手工操作，但一定是要符合要求与规范的加工制作方法和技术。

古语说："工欲善其事，必先利其器。"模型制作加工的设备和工具，是发挥工艺技巧的重要保证。先进的工艺设备是现代环境艺术模型制作提高工作效率和质量的重要条件，必须予以充分重视。

在模型制作过程中，设计者和组织者合理安排制作工序，把握工艺流程，使人力、物力、时间、顺序调配合理，也是提高模型制作工效和质量的因素。从看图识图、起骨架到建筑物表面装饰、环境布置的整个过程，都要合理安排先后主次，尽可能做到人工专门化和流水操作。

八、制作流程设计

对于制作内容复杂，工序较多，工艺要求高的展示模型制作，其流程较复杂（图 1－10）。对于要求相对简单，小型的方案性模型的可以根据具体情况进行简化。大中型环境艺术模型的制作，讲究工作小组的分工协作，将工作任务分解为"底盘制作、建筑制作、植物制作、硬地铺装、水景制作、环境小品制作、动感装置制作"等工作小组，最后完成模型的整体组装和后期配景装饰。不管采用何种流程设计，都要按技术难度、工作经验或技术熟练程度把握具体环节的工时分配，争取达到比较合理的流程设计。

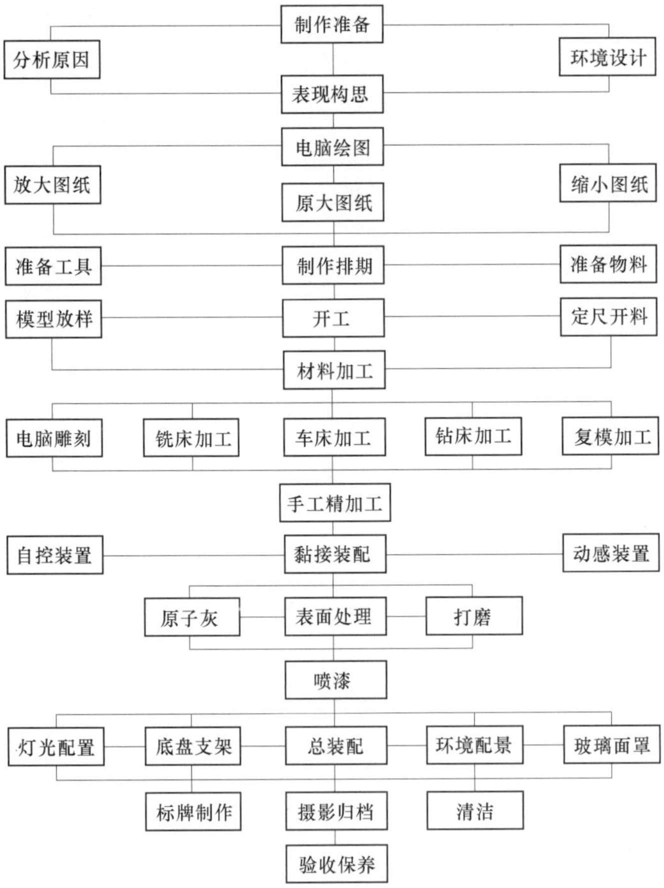

图 1－10　模型制作流程

九、模型制作计划书

设计好模型制作方案以后，要制定模型制作计划书，计划书的内容包括：模型比例、尺寸、材料、工具与时间进程等方面内容（表 1-1）。模型制作作品的成败和材料有着直接的联系，用材不当，工具不当，即使构思很好，往往也无法达到理想的效果。至于模型的制作工艺，这个需要很多年的经验积累和对手工制作的锻炼。对于初学者来说，着重强调的是对空间的感受和动手能力的训练。

表 1-1　　某小区户型室内环境模型制作计划书

比例	1∶25	
尺寸	60cm×120cm	
材料	模型胶、镊子、铅笔、美工刀、精雕机、双面胶、灌装喷漆、5mm 厚的亚克力、5mm 的 PVC 板、0.8mm 厚的 ABS 板、墙纸若干、布料	
工具	直尺、三角板、铅笔、美工刀、勾刀、镊子、锉刀、砂纸、砂轮机、热风枪、电脑雕刻机、注射器	
时间进程	第一周	完成图纸调整工作、购买工具、材料
	第二周	主体部分的制作，包括：墙体、铺地、外墙、门窗
	第三周	家具的制作：柜子、床、椅子和书桌等主要家具
	第四周	完成模型的细部，包括家居装饰品电视、装饰画等，配合模型的风格制作基座

第六节　模型制作教学

一、模型制作课程属性

模型制作是环境艺术设计专业的一门专业实验课程，系统地介绍环境艺术设计中模型的作用，模型制作有关材料成型原理、材料的选用、加工工艺、加工程序、加工方法以及模型的检测评价与安全防范等知识。模型制作是环境艺术设计师必须掌握的基本专业技能，通过模型制作教学可以帮助学生建立空间概念、学习形态处理手法、认识环境结构、训练动手能力等。模型制作既是设计教学的基础，也是设计的方法与手段，在课程教学中应倡导学生自主学习、合作学习、研究性学习。模型制作作为设计实验课程有三个特点。

（一）实验与其他教学内容紧密结合

设计专业一般不必规定“必做”实验，凡是课程要求通过实验教学的内容都应安排实验。将传统实验中的演示实验和学生实验融合在各课程内容之中，使它们成为有机的整体，不再单独列出。以艺术设计实验理论和方法为主线，建立起各课程既有独特性又有交叉性以及具备引导型、基础型、提高型、设计综合型、创新型实验组成的实验教学体系。

（二）实验内容与形式多样化

设计实验的形式有示范性实验、演示性实验、验证性实验、设计性实验、综合性实验、研究探索性实验、研究创新型实验等。另外还有必要设计以实验为背景的“问题与练习”和“课题研究”栏目，而且学生分组实验和研究探索性实验完全安排在课堂教学中进行，进一步确立了设计知识体系与实验的依赖关系，凸显实验教学的重要性。真正做到还给学生实验探索空间，由静态变为动态，由独立变为合作，由观察者变为探索者，由单纯动脑变为手脑并用，激发学生的求知欲和创新欲。在这种开放式的实验教学过程中，实验内容的预约和实验前的资料查阅、实验方案设计等均充分体现了学生的自主性。从而实现实验内容由“单一型”向“综合型”转变；实验方法由“示范型”“验证型”向“参与型”“开发型”“研究型”转变。

（三）实验手段自主性

设计实验教材不必对实验的具体做法、使用的器材等做硬性的规定，这样便于因地制宜开展实验教学，便于提出不同实验方法，有利于实验设计，使师生更注重实验的科学思想，而不是记忆实验器材、步骤等条文。不过分强调实验数据的精确和操作技能，而是更注重实验设计，因为实验设计的思想更能提高学生的心智技能。

设计实验教学的目标、性质和模式应该从单纯为了学习知识验证理论及学习操作技能，转变为以全面地培养学生科学素养为目标的课程，实验教学对于实现“知识与技能、过程与方法、情感态度与价值观”三维教学目标有独特作用。

二、学习模型制作的意义

学生通过模型制作的学习可以更全面理解、掌握、运用环境艺术设计专业知识并培养良好的专业素养，具体体现在如下方面。

（一）培养正确使用量具、加工工具、加工设备的技能

模型制作根据加工材料的不同需要使用大量不同种类的量具、工具与加工设备，这些是我们完成模型制作的基础。正确合理的使用量具、工具与设备可以大大提高我们的加工效率，也可以使得加工出来的模型更符合设计要求。不论是量具、手动工具、电动工具还是加工设备，都有相应的操作方法与操作规程。正确的使用工具，包括抓握工具的姿势、工具与工件应保持的角度、操作的力度、运功的方向，同时还要注意身体的位置和手、脚的姿势正确。在操作加工设备时，尤其要严格遵守安全操作规程。如果采用错误的操作方式会导致加工精度降低，效率降低，加工出不合要求废品，严重时导致量具、工具或设备的毁坏，引发安全事故等。

此外，正确使用量具、加工工具、加工设备还包括对其的维护与保养。学生要养成爱护工具的习惯，在工具使用完后，要及时擦拭干净。有些工具要涂抹防锈油以防生锈，然后分类放入工具箱内。为防止设备性能劣化或降低设备失效的概率，实验室管理人员需要制定设备维护与保养计划。当设备出现故障时，操作者需要第一时间迅速通知设备维护人员前来维护。因此对于学生而言，比制作出一个光鲜的模型更为重要的是掌握正确的使用量具、加工工具、加工设备的方法，认识工程生产的实质。

（二）培养环境艺术设计制图、识图的技能

环境艺术设计制图是环境艺术设计师必须掌握的一门设计表达语言，要求设计师具备良好的空间形象思维能力、空间几何问题的图解能力、分析能力、空间形体的图示表达能力、绘制和阅读工程图样的基本能力等。环境艺术设计制图的主要对象是环境艺术工程的方案图或施工图，平面图、立面图、剖面图等环境艺术设计专业用图。环境艺术设计的学科交叉性要求设计师熟练掌握制图技能，除教科书的理论学习外，可以通过模型制作实践积累经验。在模型制作过程中，要求学生自己设计、自己制图，然后将设计方案根据图样进行表现。此外，还要掌握在平面图上进行放样的技能等。通过这些实践可以大大提高制图、识图技能，熟悉和理解制图原理、制图方法、制图规范等。

（三）培养景观环境测绘的技能

景观环境测绘是环境艺术设计师必须掌握的一种方法。通过对现有景观环境的测绘与分析，从而印证、巩固和提高课堂所学的环境艺术设计思想、原理及方法，加深对景观环境形态、结构、施工工艺及创新思维的理解，培养与提高学生科学实验基本素质，逐步培养提出问题、分析问题和解决问题的能力。在此基础上通过查阅相关文献，再进行具有研究性或创新性的设计实践是比较科学的方法。景观环境测绘综合了量具使用、环境艺术设计制图、设计分析等技能要素，而景观环境测绘与模型制作在上述技能要素的要求方面具有

很多共通性，因此通过模型制作实践可以很大程度上提高景观环境测绘的能力。

（四）准确理解建筑结构

结构模型制作要求将建筑各构件的造型、内部结构、外部结构、连接结构、配合方式、形状尺寸、位置尺寸、过渡形式等清晰的表达出来。制作这类模型时，学生首先要对建筑结构的功用、成型原理、形式、尺寸、结构强度、刚度等有全面的理解，然后根据建筑结构知识运用适合的材料与工艺亲手制作产品结构。因此，通过模型制作实践可以深切理解建筑结构的本质。

（五）培养综合能力

模型制作代表着设计师对形态的观察与思考，对视觉信息的反应和处理的方式。所谓“观察”，其实质是一种思考方式，是对自然物象的数率、构造、机能、明暗等造型现象的一种特殊的认识方式。这些都要求我们从视觉思维的角度去认识模型制作。模型制作是眼、脑、心、手四者默契配合下的合奏曲。因此要求在模型制作学习的过程中培养这四方面的能力，即：培养视觉的敏锐反应，增强接受视觉信息的能力，即敏锐的观察能力（眼）；培养分析、洞悉、理解的心智思维，形成对事物的特征的深刻把握，即富于心智的认识能力（脑）；培养应用和开发想象的能动性，形成对未知领域的自觉探求，即创造意识（心）；培养技能的熟练掌握，达到对于视觉信息的有效表达，即富于技能的适应能力（手）。这些对于模型制作教学来说，是根本的、本体性的东西。

（六）培养安全生产意识

模型制作所使用的材料，如木材、纸材、塑料，黏接用的黏胶剂、稀释溶剂、油漆与涂料等，大多数均系易燃和有毒物质。因此，必须特别注意防火防毒等安全问题。在设计制作模型时，特别是大型模型，需要用较多的设备和工具，为了防止事故发生，必须严格强调安全操作规程。模型制作中的安全问题是关系到生命安全的大事，绝对不能马虎，因此在学生阶段就必须要培养这种意识。

（七）培养耐心、细致、严谨的工作态度

模型制作的过程是一个艰苦、有序和复杂的工作过程，需要设计制作者具有认真、耐心、细致、严谨、持之以恒、精益求精的工作态度。既要有艺术和美学素质，又要掌握动手制作的技能；既要善于创造性工作，又要善于群体协作，共同配合。

总体来说，模型制作是一项艰苦而充满挑战的工作，但是只要我们拥有乐观的心态、正确的工作态度、吃苦耐劳的精神，我们可以在此课程的学习过程中会收获很多知识，体验到辛勤劳动的乐趣与成就感。这样，模型制作课程教学会变得有意义、有意思！

第二章
模型制作工具及其使用方法

第一节　量具及其使用方法

一、量具

量具是控制工件尺寸、形状、位置的工具，是工程制造品质的保证。模型制作过程中，从前期的放样、下料，到制作过程中的零部件加工，直至最后的安装和调整，整个过程中都必须使用各种量具对模型的尺寸、位置、形状不断的进行测量，以保证其加工精度。量具使用的是否合理，不但影响量具本身的精度，而且直接影响零件尺寸的测量精度，甚至发生质量事故造成不必要的损失。所以，我们必须重视量具的正确使用，对测量技术精益求精，务必获得正确的测量结果，确保模型质量。模型制作所使用到的量具多种多样，学生一方面要学会正确使用量具，另一方面要能够正确灵活地测取所需要的尺寸。正确使用量具测量包括适合量具的选择、合适的测量的位置、测量的角度、视线的角度、测量的力度、夹持方式等。如果采用错误的操作方式会导致测量精度降低，损坏量具或工件等。正确使用量具还包括对其的维护与保养，学生要养成爱护工具的习惯。在量具使用完后，要及时擦拭清洁，然后将清洁后的量具涂上防锈油，存放于柜内。量具的拆卸、调整、修改及装配等，应由专门管理人员实施，不可擅自施行。按规范操作量具有助于培养学生注重科学、一丝不苟的良好作风。模型制作中常用的量具如下。

（一）钢直尺

钢直尺是最简单的长度量具，它的长度有150mm、300mm、500mm 和 1000mm 四种规格。常用的是 150 mm 钢直尺（图 2－1）。钢直尺可以用来测量长度、宽度、外径、内径、厚度、螺距、深度等，还可以用来划线，应用范围很广。

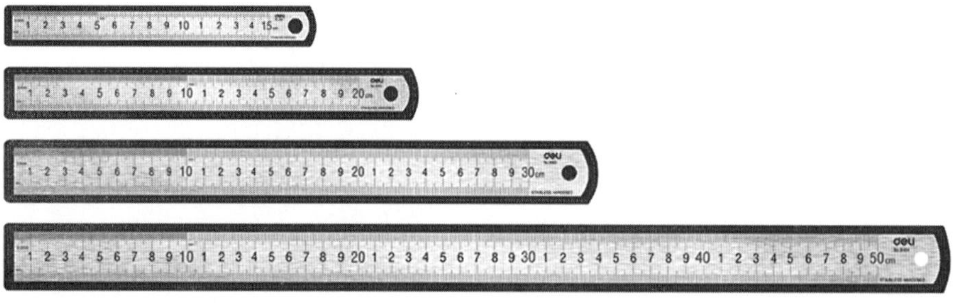

图 2－1　钢直尺

钢直尺用于测量零件的长度尺寸，它的测量结果不太准确。这是由于钢直尺的刻线间距为 1mm，而刻线本身的宽度就有 0.1～0.2mm，所以测量时读数误差比较大，只能读出毫米数，即它的最小读数值为 1mm，比 1mm 小的数值，只能估计而得。

（二）直角尺

直角尺是具有至少一个直角和两个或更多直边的，用来画直角或检验直角的工具，亦称矩尺、角尺，在有些场合还被称为靠尺（图 2－2）。直角尺适用于模型的垂直度检验、加工定位、划线等，它的特点是精度高，稳定性好，便于维修。

（三）三角板

三角板是用于测量及绘制平行线、垂直线、直角与特殊角的量具（图 2－3）。一般常用的是 300mm。三角板由两块组成一付，其中一块是两锐角等于 45°的直角三角形，另一块是两锐角各为 30°和 60°的直角三角形。三角板与丁字尺配合使用，可以画出竖直线及 15°、30°、45°、60°、75°等倾斜直线及它们的平行线。两块三角板互相配合，可以画出任意直线的平行线和垂直线。塑料三角板不耐磨，不宜长时间在模型材料上划线、测量，否则容易损坏三角板，且影响模型制作精度。

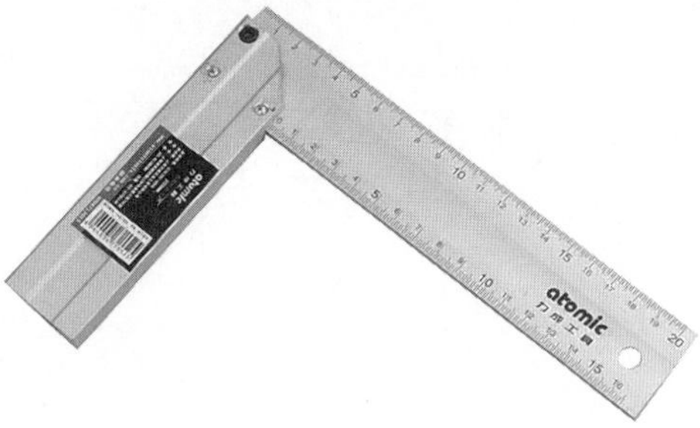

图 2－2　直角尺

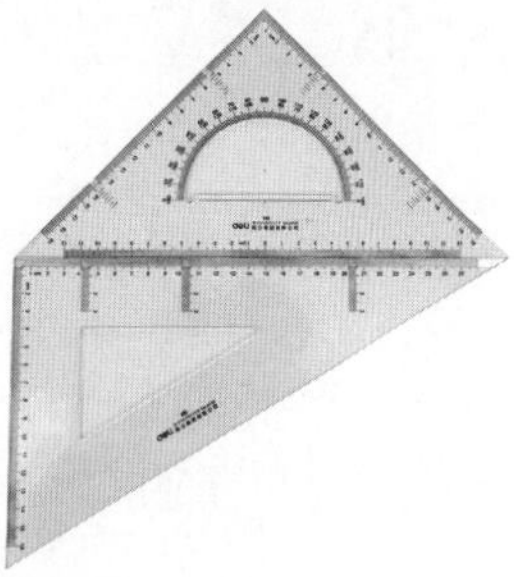

图 2－3　三角板

（四）比例尺

比例尺也称三棱尺，是测量、换算图纸（放大或缩小实际尺寸）比例尺度的主要工具（图 2－4）。其测量长度与换算比例多样，使用时应根据实际情况进行选择。百分比例尺有 1：50、1：100、1：150、1：200、1：250、1：300、1：500 等规格，千分比例尺有 1：1000、1：2000、1：5000 等规格。此外还有多功能比例尺。三棱比例尺又能作定位尺，在对稍厚的弹性板材作 60°斜切割时非常有用。

（五）卷尺

卷尺易于携带，使用方便，主要用于测量比较长的材料（图 2－5）。一般选用 3m 或 5m 长度的卷尺，以便携式钢卷尺为宜，主要用于底盘及面罩制作等。

图 2－4　比例尺

图 2－5　卷尺

（六）丁字尺

丁字尺又称T形尺，为一端有横档的“丁”字形直尺，由互相垂直的尺头和尺身构成，一般采用透明有机玻璃制作，常在工程设计上绘制图纸时配合绘图板使用（图2-6）。在模型制作中，丁字尺主要用于测量及绘制平行线、长线条和辅助切割的工具。常用的丁字尺是900mm和1200mm规格的。

（七）游标卡尺

游标卡尺是一种常用的量具，具有结构简单、使用方便、精度中等和测量的尺寸范围大等特点，可以用它来测量零件的外径、内径、长度、宽度、厚度、深度和孔距等，应用范围很广。

1. 游标卡尺的结构

通常游标卡尺由尺身、上量爪、尺框、紧固螺钉、深度尺、游标、下量爪组成（图2-7）。游标是一个整体，游标与尺身之间有一弹簧片，利用弹簧片的弹力使游标与尺身靠紧。游标上部有一紧固螺钉，可将游标固定在尺身上的任意位置。尺身和游标都有量爪，利用内测量爪可以测量槽的宽度和管的内径，利用外测量爪可以测量零件的厚度和管的外径。深度尺与游标尺连在一起，可以测槽和筒的深度。

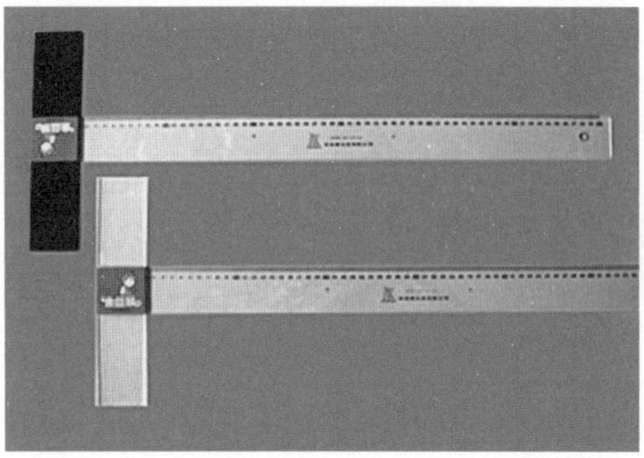

图2-6　丁字尺

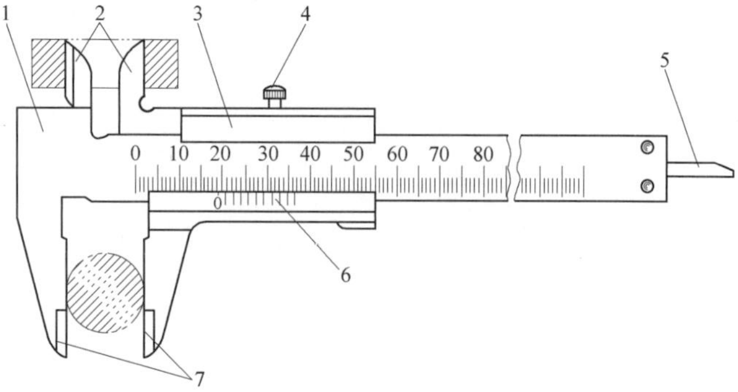

图2-7　游标卡尺的结构形式之一

1—尺身；2—上量爪；3—尺框；4—紧固螺钉；5—深度尺；6—游标；7—下量爪

2. 游标卡尺的使用方法

使用游标卡尺测量零件尺寸时，必须注意下列几点：

（1）测量前应把卡尺擦干净，检查卡尺的两个测量面和测量刃口是否平直无损，把两个量爪紧密贴合时，应无明显间隙，同时游标和主尺的零位刻线要相互对准。这个过程称为校对游标卡尺的零位。

（2）测量时用软布、软纸轻轻擦去测量面污物，并将游标卡尺归零。移动尺框时，活动要自如，不应有过松或过紧，更不能有晃动现象。用固定螺钉固定尺框时，卡尺的读数不应有所改变。在移动尺框时，不要忘记松开固定螺钉，且不宜过松，避免丢失。

（3）卡尺两测量面的连线应垂直于被测量表面，不能歪斜。测量时，可以轻轻摇动卡尺，放正垂直位置。否则，量爪若在错误位置上（图2-8），将使测量结果a比实际尺寸b要大。

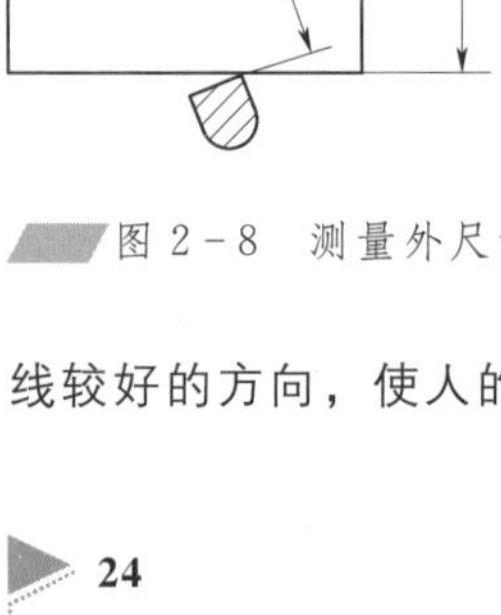

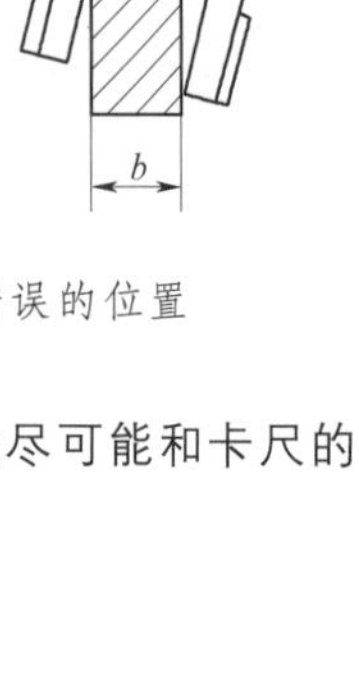

图2-8　测量外尺寸时错误的位置

（4）用游标卡尺测量时，先把活动量爪张开，使量爪能自由地卡进工件，然后移动尺框，用轻微的压力使活动量爪接触零件。不允许过分施加压力，所用压力应使两个量爪刚好接触零件表面。如果测量压力过大，不但会使量爪弯曲或磨损，且量爪在压力作用下产生弹性变形，使测量到的尺寸不准确（外尺寸小于实际尺寸，内尺寸大于实际尺寸）。

（5）在游标卡尺上读数时，应把卡尺水平的拿着，朝着光线较好的方向，使人的视线尽可能和卡尺的刻线表面垂直，以免由于视线的歪斜造成读数误差。

(6) 为了获得正确的测量结果，可以多测量几次。即在零件的同一截面上的不同方向进行测量。对于较长零件，则应当在全长的各个部位进行测量，务必获得一个比较正确的测量结果。

(7) 使用后清洁、润滑、防锈（加油），归位保管。

(8) 不可用于其他用途（如画圆等）。

(9) 卡尺与包装盒一一对应，携带过程中必须放在盒内，避免摔伤、碰伤。

(八) 高度游标卡尺

高度游标卡尺用于测量模型的高度和精密划线（图 2-9）。它的结构特点是用质量较大的基座 4 代替固定量爪 5，而移动的尺框 3 则通过横臂装有测量高度和划线用的量爪，量爪的测量面上镶有硬质合金，提高量爪使用寿命。高度游标卡尺的测量工作，应在平台上进行。当量爪的测量面与基座的底平面位于同一平面时，如在同一平台平面上，主尺 1 与游标 6 的零线相互对准。所以在测量高度时，量爪测量面的高度，就是被测量模型的高度尺寸，它的具体数值，与游标卡尺一样可在主尺（整数部分）和游标（小数部分）上读出。应用高度游标卡尺划线时，调好划线高度，用紧固螺钉 2 把尺框锁紧后，也应在平台上进行先调整再进行划线。

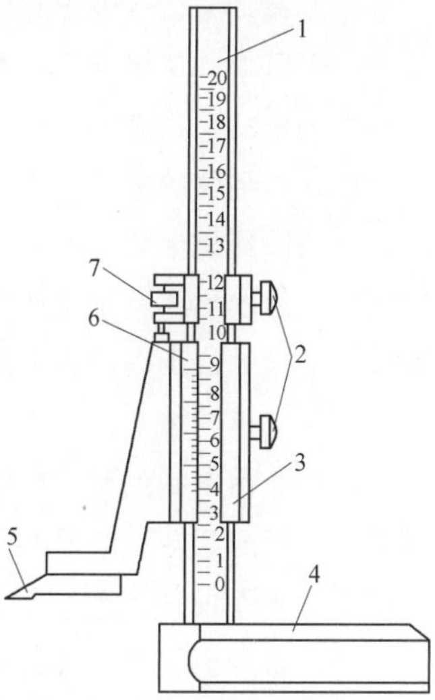

图 2-9 高度游标卡尺

1—主尺；2—紧固螺钉；3—尺框；4—基座；5—量爪；6—游标；7—微动装置

(九) 万能角度尺

万能角度尺主要用于测量一般的角度、长度、深度、水平度以及在圆形工件上定中心等。又称万能钢角尺、万能角度尺或组合角尺。它由钢尺、活动量角器、中心角规、固定角规组成（图 2-10）。其钢尺的长度为 300mm。

(1) 钢尺是万能角尺的主件，使用时与其他附件配合。钢尺正面刻有尺寸线，背面有一条长槽，用来安装其他附件。

(2) 活动量角器上有一转盘，盘面刻有 0°～180°的刻度，当中还有水准器。把这个量角器装上钢尺以后，可量出 0°～180°范围内的任意角度。扳成需要角度后，用螺钉紧固。

(3) 中心角规的两条边成 90°。装上钢尺后，尺边与钢尺成 45°角，可用来求出圆形工件的中心。

(4) 固定角规有一长边，装上钢尺后成 90°。另一条斜边与钢尺成 45°。在长边的一端插一根划针作划线用。旁边还有水准器。

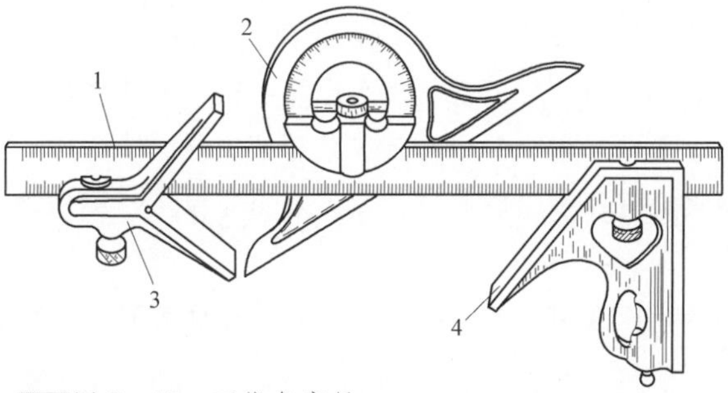

图 2-10 万能角度尺

1—钢尺；2—活动量角器；3—中心角规；4—固定角规

图 2-11 水平仪

(十) 水平仪

水平仪是测量角度变化的一种常用量具，主要用于测量模型相互位置的水平位置和设备安装时的平面度、直线度和垂直度，也可测量模型的微小倾角。水平仪由金属主体和水准器组成（图 2-11）。水准器由封闭的玻璃管组成，内装有酒精或乙醚，并留有一小气泡，外表面上有等分刻度。使用时，将水平尺放在模型工件的平面上，如果模型表面为水平状态，则水准器的气泡应该静止在刻度线中间位置。

水平仪的使用有以下几种方法：

(1) 水平仪的测量面是测量精度的基准，在测量中不能与工作的粗糙面接触或摩擦。安放时必须小心轻放，避免因测量面划伤而损坏水平仪和造成不应有的测量误差。

(2) 用水平仪测量模型的垂直面时，不能用力向工件垂直平面推压，这样会因水平仪的受力变形，影响测量的准确性。正确的测量方法是使水平仪平稳、垂直地（调整气泡位于中间位置）贴在工件的垂直平面上，然后从纵向水准读出气泡移动的格数。

(3) 使用水平仪时，要保证水平仪工作面和工件表面的清洁，以防止脏物影响测量的准确性。测量水平面时，在同一个测量位置上，应将水平仪调过相反的方向再进行测量。当移动水平仪时，不允许水平仪工作面与工件表面发生摩擦，应该提起来放置。

(4) 当测量长度较大工件时，可将工件平均分若干尺寸段，用分段测量法，然后根据各段的测量读数，绘出误差坐标图，以确定其误差的最大格数。

二、量具的维护和保养

正确地使用精密量具是保证产品质量的重要条件之一。要保持量具的精度和它工作的可靠性，除了在使用中要按照合理的使用方法进行操作以外，还必须做好量具的维护和保养工作。

(1) 在机床上测量零件时，要等零件完全停稳后进行，否则不但使量具的测量面过早磨损而失去精度，且会造成事故。

(2) 量具在使用过程中，不要和工具、刀具如锉刀、榔头、车刀和钻头等堆放在一起，以免碰伤量具。也不要随意放在机床上，避免因机床振动而使量具掉下来损坏。尤其是游标卡尺等，应平放在专用盒子里，避免使尺身变形。

(3) 量具是测量工具，绝对不能作为其他工具的代用品。例如拿游标卡尺划线，拿百分尺当小榔头，拿钢直尺当螺丝刀旋螺钉，以及用钢直尺清理切屑等都是错误的。

(4) 温度对测量结果影响很大，零件的精密测量一定要使零件和量具都在20℃的情况下进行测量。一般可在室温下进行测量，但必须使工件与量具的温度一致，否则，由于金属材料的热胀冷缩的特性，造成测量结果不准确。温度对量具精度的影响亦很大，量具不应放在阳光下或床头箱上，因为量具温度升高后，同样量不出正确尺寸。更不允许把精密量具放在热源（如电炉等）附近，以免使量具受热变形而失去精度。

(5) 不要把精密量具放在磁场附近，以免使量具感磁。

(6) 发现精密量具有不正常现象时，如量具表面不平、有毛刺、有锈斑以及刻度不准、尺身弯曲变形、活动不灵活等，使用者不应自行拆修，更不允许自行用榔头敲、锉刀锉、砂布打光等粗糙办法修理，以免反而增大量具误差。发现上述情况，使用者应当主动送计量站检修，并经检定量具精度后再继续使用。

(7) 量具使用后，应及时擦拭干净，除不锈钢量具或有保护镀层者外，金属表面应涂上一层防锈油，放在专用的盒子里，保存在干燥的地方，以免生锈。

(8) 精密量具应进行定期检定和保养。长期使用的精密量具，要定期送计量站进行保养和检定精度，以免因量具的示值误差超差而造成产品质量事故。

第二节　手动工具及其使用方法

模型制作根据加工材料的不同需要使用到大量不同种类的工具与加工设备，这些是我们完成模型制作的基础。正确合理的使用工具与设备可以大大提高我们的加工效率，也可以使加工出来的模型更符合设计要求。不论是手动工具、电动工具还是加工设备，都有相应的操作方法与操作规程。正确的使用工具包括抓握工具的姿势、工具与工件应保持的角度、操作的力度，运功的方向等，同时还要注意身体的位置和手、脚的姿势正确。在操作加工设备时，尤其要严格遵守安全操作规程。如果采用错误的操作方式会导致加工精度降低，效率降低，加工出不合要求废品，严重时导致工具或设备的毁坏，引发安全事故等。正确使用加工工具、加工设备还包括对其的维护与保养。学生要养成爱护工具的习惯，对于学生而言，比制作出一个外表光鲜的模型更为重要的是掌握正确的使用加工工具与加工设备的工艺方法，认识模型制作的实质，这方面素养的训练对以后工作实践大有裨益。

一、划线工具

根据图样要求，在模型加工材料、毛坯或工件上，用划线工具划出待加工图形、加工界限，或作为找正、检查依据的辅助线，称为划线。所谓找正，就是利用划线盘、角尺等工具使工件的待加工表面相对于基准（不加工面）处于适当的位置。模型划线一般可分为平面划线和立体划线。只在模型制作的平面材料上进行的划线，称为平面划线。直接在三维模型上（如黏土模型、石膏模型等）进行的划线，称为立体划线。就划线操作的复杂性而言，立体划线一般要比平面划线复杂。因为平面划线只需划一次，而立体划线往往要划多次，既可能在毛坯表面上进行，也可能在已加工表面上进行，需要考虑的有关因素也比平面划线多。通常一个工件的划线次数取决于它的加工工艺。我们把毛坯划线称为第一次划线；待第一道工序加工完后，再在其表面进行的划线，则称为第二次划线，以此类推。

模型划线的作用不仅能确定工件的加工余量，使加工有明显的尺寸界限，还能及时发现和处理不合格的模型毛坯。

模型划线除了要求划出的线条清晰均匀以外，最重要的是要保证尺寸准确。划线发生错误或精度太低时，都有可能造成加工错误。由于划出的线条总有一定的粗细，以及在使用工具和量取尺寸时难免存在一定的误差，所以不可能达到绝对的准确。一般划线精度要求在 0.25～0.5mm 范围内。因此，通常不能仅依靠划线直接来确定加工时的最终尺寸，而在加工时仍要通过测量才能确定工件的尺寸是否达到了图样的要求。

为了保证既准确又迅速地进行模型划线，必须首先熟悉各种划线工具，并能正确使用它们。模型制作中常用的划线工具如下。

（一）划线平板

划线平板又称划线平台（图 2－12），用铸铁制成。平板表面的平整性直接影响划线的质量。它的工作表面经过精刨或刮削等精确加工和时效处理后用手工研磨而成为光滑平整的划线平板。平台规格多样，模型工作室采用以 1000mm×1500mm 规格的平台为宜。

为了长期保持平板表面的平整性，应注意以下一些使用和保养规则。

（1）安装划线平板，要使上平面保持水平状态，以免倾斜后在长期的重力作用下发生变形。

（2）划线平板应按有关规定进行定期检查、调整、研修（局部），使其经常保持水平状态。

（3）使用时要随时保持划线平板表面清洁，因为在有铁屑、灰砂等污物时，划线工具或工件的拖动时要刮伤平板表面，同时也可能影响划线精度。

（4）工件和工具在划线平板上都要轻放，尤其要防止重物撞击平板或在平板上进行较重的敲击工作而损伤表

图 2－12 划线平板

面。大平板不应经常划小工件，避免局部表面磨损。

(5) 划线结束后要把平板表面揩擦干净，并涂上机油，以防生锈。

(二) 各种画线笔

用于在各种材料上画线或写记号。应该根据材料的质地和颜色的不同进行选择。如材料是浅色用深色笔，反之则用浅色笔。

特种铅笔包括玻璃铅笔、陶瓷铅笔等，可在胶片、有机玻璃片上划线做记号。

鸭嘴笔是常用的画墨线的工具。

(三) 圆规、分规

圆规是用于测量、绘制圆形的常用工具。圆规的一脚是尖针，另一脚是铅芯（图 2－13)。分规的两脚均是尖针，经常用于量取距离和等比的分割划线（图 2－14)。

图 2－13　圆规

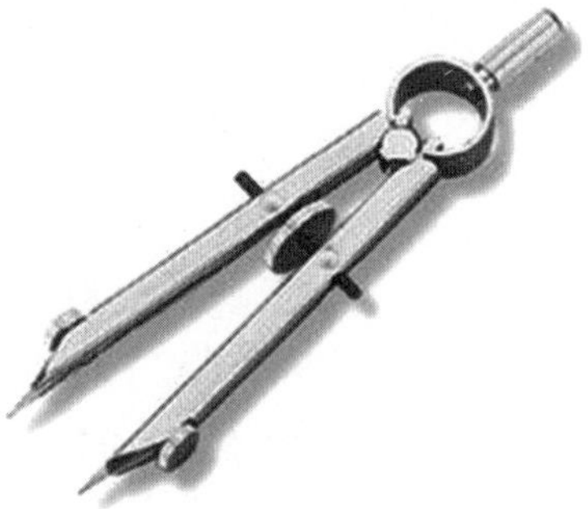

图 2－14　分规

(四) 模板

模板是一种测量和绘图的工具。它可以测量、绘制不同形状的图案，主要有曲线板（图 2－15)、绘圆模板、椭圆模板（图 2－16)、建筑模板（图 2－17)、工程模板等。

图 2－15　曲线板

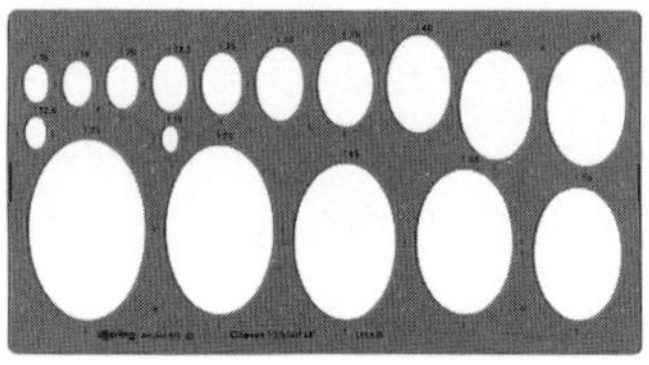

图 2－16　椭圆模板

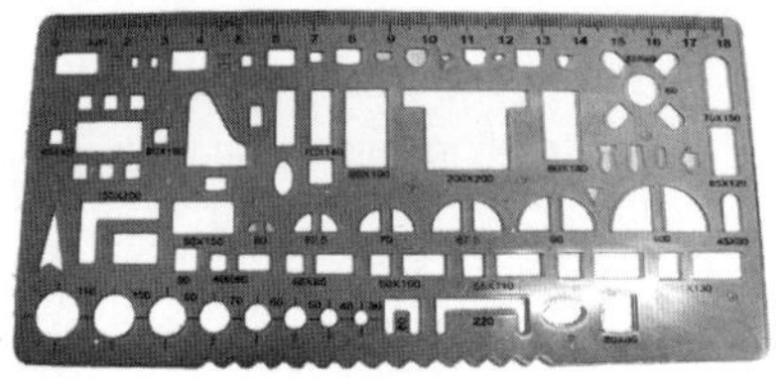

图 2－17　建筑模板

(五) 蛇尺

蛇尺是一种可以根据曲线的形状任意弯曲的测量、绘图工具（图 2－18)。质感为橡胶状，尺身长度为 300mm、600mm、900mm 等多种规格。

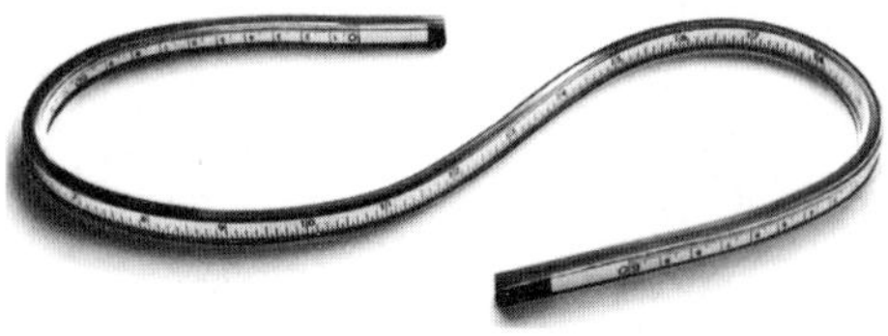

图 2－18　蛇尺

(六) 划针

划针是用来划线条的，常与钢直尺、直角尺或划线样板等导向工具一起使用。对已加工面划线时，应使用弹簧钢丝或高速钢划针（图 2－19)，直径为 3～6mm，尖端磨成 15°～20°，并经淬硬，这样就不易磨损变钝。划线的线条宽度应在 0.05～0.1mm 范围内。对金属材料划线时，应使用焊有硬质合金的划针尖，以便保持长期锋利，其线条宽度应在 0.1～0.15mm 范围内。钢丝制成的划针用钝后重磨时，要不断浸入水中冷却，以防针尖过热而退火变软。

平面划线时，划针的握持方法与用铅笔划线时相似。左手要压紧导向工具，防止其滑动而影响划线的准确性，划针尖要紧靠导向工具的边缘，上部向外侧倾斜约 15°～20°，沿划线前进方向倾斜 45°～75°（图 2－20）。

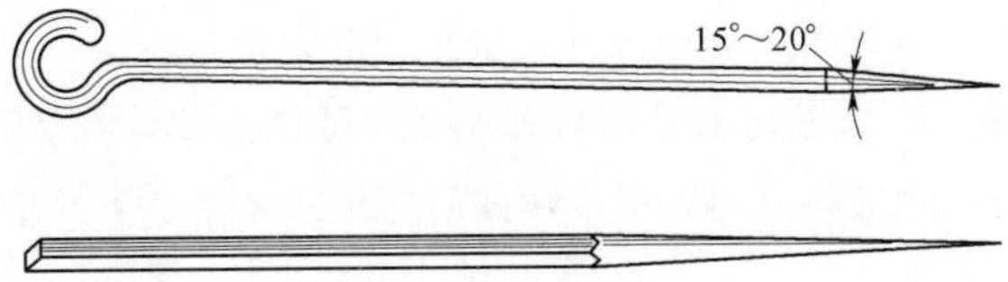

图 2－19　弹簧钢丝划针与高速钢划针

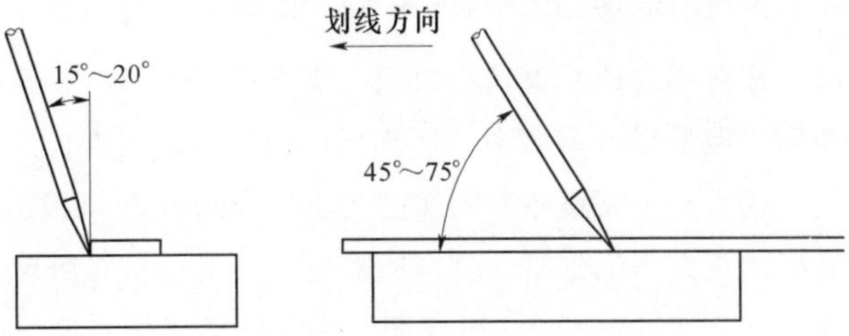

图 2－20　用划针划线的方法

用划针划线要做到一次划成，不要重复地划同一根线条，否则线条变粗或不重合，反而模糊不清。

（七）划规

划规可以用作划圆和圆弧、等分线段、等分角度以及量取尺寸等。它用中碳钢或工具钢制成，两脚尖端部位经过淬硬并刃磨，有的在两脚端部焊上一段硬质合金，以减小其在金属材料上划线过程中的磨损而使得尖端变钝。

模型制作使用的划规有普通划规（图 2－21）、扇形划规（图 2－22）、弹簧划规（图 2－23）和长划规（图 2－24）等几种。最常用的是普通划规，它结构简单，制造方便，适用性较广，但其两脚铆合处的松紧要恰当：太紧，调节尺寸费劲；太松，则尺寸容易变动。扇形划规上带有锁紧装置，当调节好尺寸后拧紧螺钉，尺寸就不易变动，适用在粗糙的毛坯表面上划线。弹簧划规的优点是调节尺寸很方便，但划线时作圆弧的一只脚容易弹动而影响尺寸的准确性，因此仅适用在较光滑的表面上划线，而不适宜在粗糙表面上划线。长划规是专门用来划大尺寸圆或圆弧的，在滑杆上移动两个划规脚，就可得到一定的尺寸。

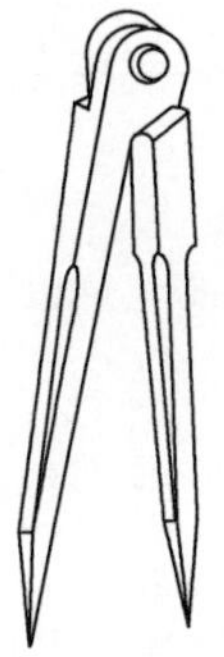
图 2－21　普通划规

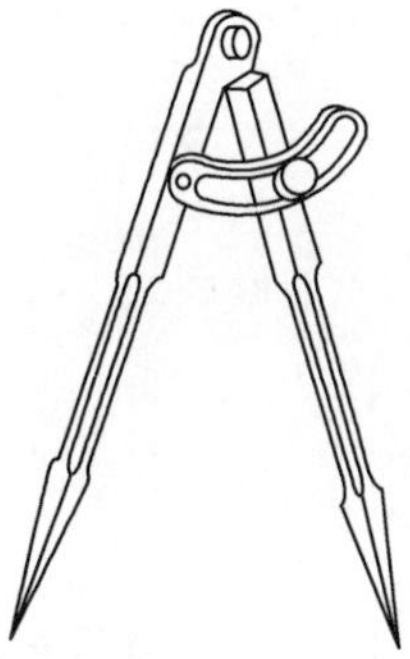
图 2－22　扇形划规

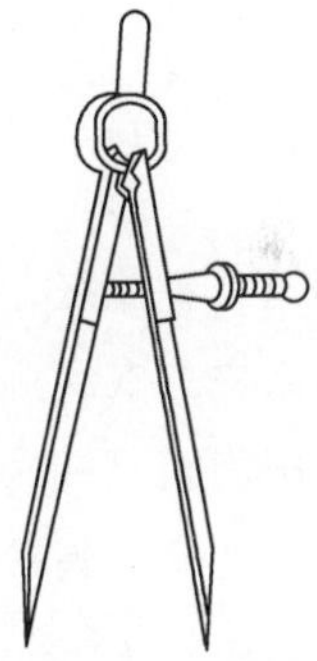
图 2－23　弹簧划规

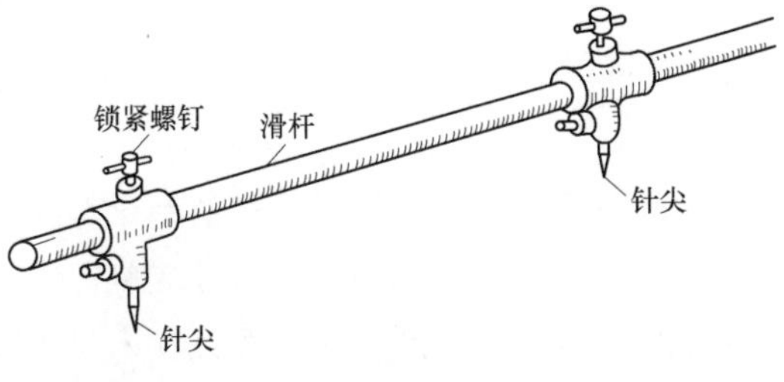

图 2－24　长划规

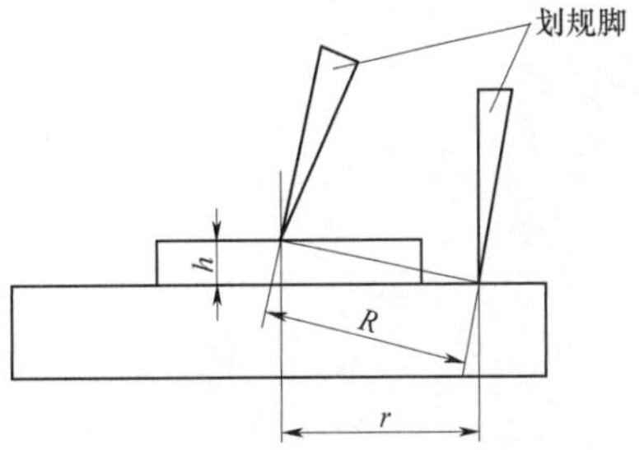

图 2－25　在阶梯表面上划圆

除长划规外，其他几种划规的两脚都要磨成长短一样，而且两脚合拢时脚尖能靠紧，这样才可划出尺寸较小的圆弧。脚尖要保持锋利，以保证划出的线条清楚。

用划规画圆时，作为旋转中心的一脚应施以较大的压力，对另一脚则施以较小的压力，这样可使中心不致滑移。划规画圆后会在材料上留下印痕，对于需要保护的材料表面或者是软质材料如黏土、石膏等，通常在模型材料表面垫上一块保护料，此时，两脚尖不在同一平面上，两脚尖间的距离就不是所划圆的半径，此时应把两脚尖的距离调整为 R，使 $R=\sqrt{r^2+h^2}$（图 2－25），r 为所划圆的半径，h 为两脚尖高低差的垂直距离。但是当 h 较大时，所划出的圆很可能不准，应仔细核对或重新调整尺寸，直至划准为止。

通常对于硬度不高的薄型（小于 3mm）塑料板、木板、纸板等，也可以将划规当作裁圆刀用，裁切时，最好选用大号的划规，这样比较省力。由于材料厚度、划规脚尖斜度的关系，裁剪后的尺寸会略小于两脚尖的距离，情况与图 2－25 相同，因此需要调整好尺寸后再裁剪。

（八）划线用 V 形铁

划线用 V 形铁主要用来支承有圆柱表面的工件（图 2－26）。V 形铁用铸铁或碳钢制成，相邻各面互相垂直，V 形槽一般呈 90°或 120°夹角。在安放较长的圆柱工件时，需要选择两个等高的 V 形铁（它们是在一次装夹中同时加工完成的），这样才能使工件安放平稳，保证划线的准确性。这种成对 V 形铁不允许单个使用。

（九）样冲

样冲也称尖冲子（图 2－27），是在已划好的线上冲眼用的，以便保持牢固的划线标记，因工件在搬运、加工安装过程中可能把线条擦模糊。在使用划规划圆弧前，也要用样冲先在圆心上冲眼，作为划规脚尖的立脚点。

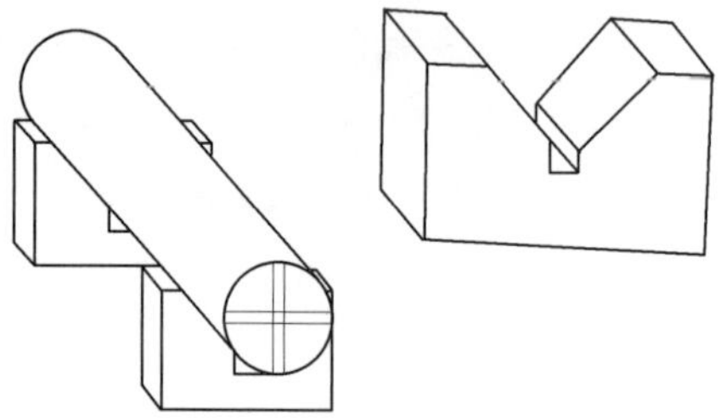

图 2－26　划线用 V 形铁

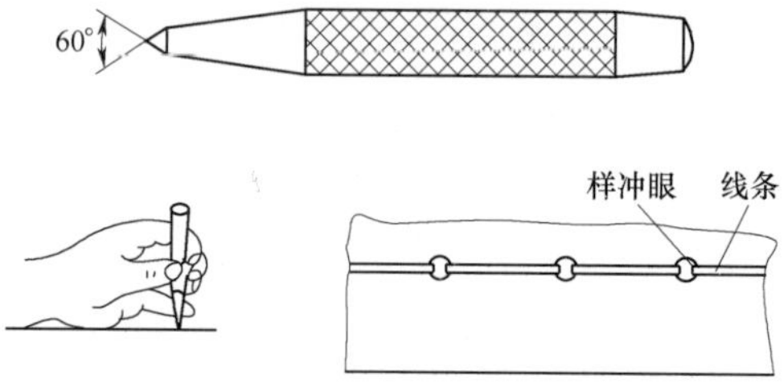

图 2－27　样冲及其应用

样冲用工具钢制成，并经淬硬。样冲的尖端一般磨成 45°～60°。用样冲冲眼时，要注意以下几点：

（1）冲眼应打在线宽的正中，不偏离所划的线条。

（2）冲眼间距可视线段长短决定且基本均布。一般在直线段上冲眼的间距可大些；在曲线段上间距要小些；而在线条的交叉转折处则必须要冲眼。

图 2－28　墨斗弹线

（3）冲眼的深浅要掌握适当。薄壁工件冲眼要浅些，以防工件损伤和变形；较光滑的表面冲眼也要浅，甚至不冲眼；而粗糙的表面可冲得深些。

（4）中心线、找正线、检查线、装配对位标记线等辅助线，一般应打双样冲眼。

（十）墨斗

墨斗的原理是由墨线绕在活动的轮子上墨线经过墨斗轮子缠绕后，端头的线拴在一个定针上。使用时，拉住定针，在活动轮的转动下，抽出的墨线经过墨斗沾墨，拉直墨线在木材上弹出需要加工的线（图 2－28）。

墨斗多用于木材下料，墨斗可以用作圆木锯材的弹线，或调直木板边棱的弹线，还可以用于选材拼板的打号弹线等其他方面。如木板打号或弹线中，墨斗有时还用作吊垂线，衡量放线是否垂直与平整。

墨斗弹线的方法：左手拿墨斗，拇指掌还要靠住线轮或是放开线轮来控制轮子的转动或是停止。右手先把墨斗的定针固定在木料的一端点。这时左手放松轮子拉出沾墨的细线，拉紧靠在木料的面上，右手在中间捏墨线向上垂直于木面提起，即时一丢，便可弹出明显而笔直的墨线。

墨斗使用中，弹线一定要注意，右手在中间捏墨线提起弹线，保证垂直，不能忽左忽右，避免弹出的墨线不直，形成弯线或是弧线的形式，造成下料的板材出现弯度。

（十一）划线的步骤

(1) 看清楚图样，根据工艺要求弄清划线部位，选定划线基准。

(2) 正确安放模型、工件，选用划线工具。

(3) 检查模型、工件的加工余量。

(4) 划线。

(5) 检查划线部位的划线是否划全。

（十二）划线工艺及其注意事项

1. 划线前的准备

(1) 工具的准备。

根据图样要求和模型、工件形状，合理地选择划线及检查校验所需要的各种工具。

(2) 材料的选择与清理。

模型制作要选择质地均匀的材料，对于石膏、黏土、油泥等材料中夹杂的杂质要予以清理，没有办法清理的需要更换材料。对于木材中的树节、裂纹等，划线时要避开，模型材料上的粉尘、毛刺、飞边、污垢等都需要清理。

2. 划线基准的确定

所谓“基准”就是“依据”之意。它用来确定工件上几何要素间的几何关系所依据的那些点、线、面。设计图样上所采用的基准称为设计基准。划线时，也要选择工件上某个点、线或面作为依据，用它来确定工件其他的点、线、面尺寸和位置，这个依据称为划线基准。划线基准应包括划线时确定尺寸的基准（它应尽可能与设计基准一致）、划线工件在平板上放置或找正的基准，前者是主要的，后者是辅助的。

平面划线时一般要划两个互相垂直方向的线条，立体划线时一般要划三个互相垂直方位的线条。因为每划一个方位的线条，就必须确定一个基准。所以，平面划线时要确定两个基准，而立体划线时通常要确定三个基准。

确定平面划线时的两个基准，一般可参照以下三种类型来选择。

(1) 以两条互相垂直的边线作为基准。

零件上有垂直两个方向的尺寸时（图 2－29）。可以看出，每一方向的许多尺寸大多是依照它们的外缘线确定的（个别尺寸除外），此时，就可把这两条边线分别确定为这两个方向的划线基准。

(2) 以两条互相垂直的中心线作为基准。

该零件上两个方向的许多尺寸分别与其中心线具有对称性（图 2－30），其他尺寸也从中心线起始标注。此时，就可把这两条中心线分别确定为这两个方向的划线基准。

(3) 以互相垂直的一条直线和一条中心线作为基准。

该零件上高度方向的尺寸是以底线为依据而确定的（图 2－31），此底线就可作为高度方向的划线基准。而宽度方向的尺寸对称于中心线，故中心线就可确定为宽度方向的划线基准。

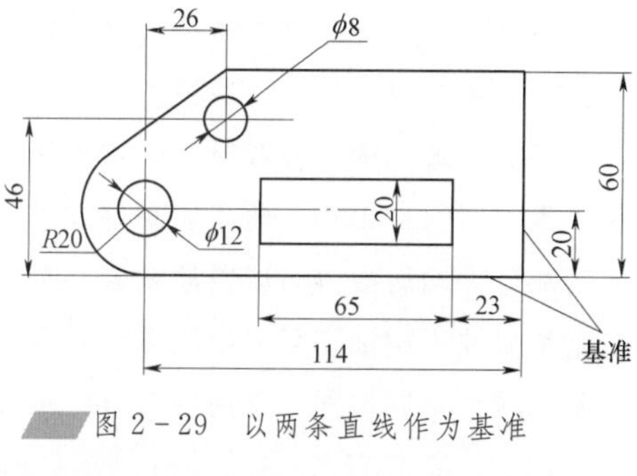

图 2－29 以两条直线作为基准

一个工件有很多线条要划，究竟从哪一根线开始呢？通常都要遵守从基准开始的原则，否则将会造成划线误差增大，尺寸换算麻烦，有时甚至使划线产生困难和工作效率降低。正确地选择划线基准，可以提高划

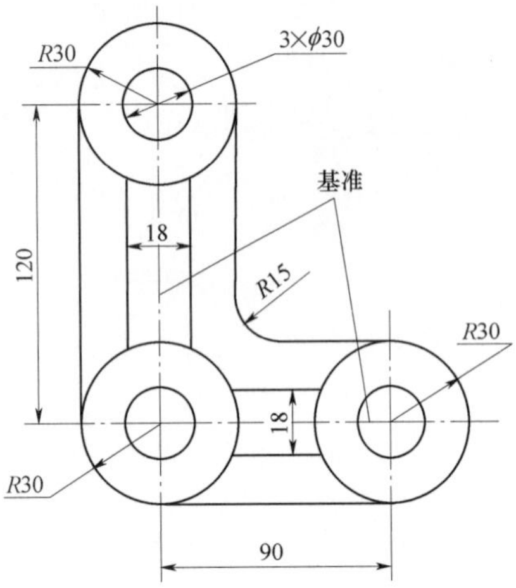

图 2-30　以两条中心线作为基准

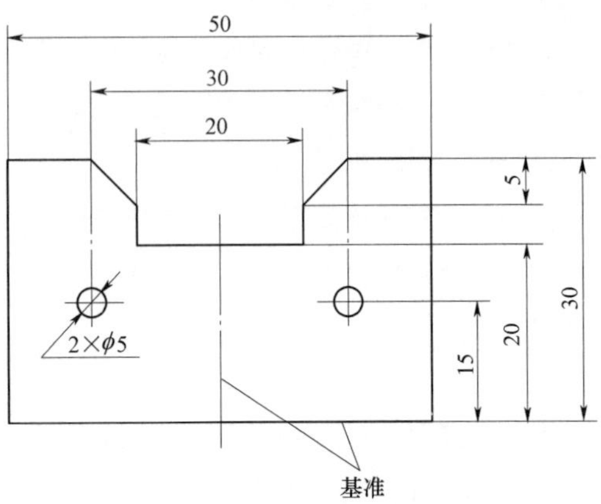

图 2-31　以一条直线和一条中心线作为基准

线的质量和效率。当工件上有已加工面（平面或孔）时，应该以已加工面作为划线基准，因为先加工表面的选择也是考虑了基准确定原则的。若工件上没有已加工面时，首次划线应选择最主要的（或最大的）不加工面为划线基准，但该基准只能使用一次，在下一次划线时必须用已加工面作划线基准。

无论立体划线还是平面划线，它们的基准选择原则是一致的，都首先应考虑与设计基准保持一致。不同的只是把平面划线的基准线变为立体划线的基准平面或基准中心平面。

（十三）样板划线

对于形态比较复杂模型，直接划线比较困难，因此适宜用样板划线。由于计算机的普及，为样板制作提供了很大的方便，我们只需将计算机模型的各个视图，按比例换算好尺寸，将其缩放到所需的比例尺寸打印出来，然后将图纸黏贴于 1～3mm 的纸板、澳松板或三合板上，然后沿轮廓线切割、打磨后即可得到所需的划线样板。

使用样板划线时，应尽量均匀留足模型各部位的加工余量，如有十字中心线或基准线要注意对准，曲面样板上的各条曲线要与模型曲面相吻合。

二、切割工具

用金属刃口分割模型材料或工件的加工方法称切割，用来进行切割加工的工具称为切割工具。切割工具都是利器，使用时务必按照正确的方法操作，以免伤害自己、他人、工具及工件。模型制作中常用的切割工具如下。

（一）切割垫

切割垫在用刃具切割时使用（图 2-32）。切割垫具有一定的硬度，这样可以保证被切割物体的平整，但是硬度又不是过大，可以保护刀刃。

相比于玻璃板、胶合板、瓷砖等垫板而言，使用切割垫切割时，不易跑偏，切割顺畅，切割面整齐美观，且可以保护刀刃。通常切割垫有 3 层基材和上下 2 层外层，厚度在 3mm 左右，外层一般 0.75mm，有自愈功能，刀切后痕迹可以自动愈合。内层一般 1.5mm，可以防止刀切透。同时外层上通常印刷有尺度格线。切割垫只要不碰油，可以使用很长时间。如果脏了只要冷水清洗后阴干就可以继续使用。切割垫根据幅面宽度不同分为不同型号，常用的有 A2、A3、A4 等。

（二）美工刀

美工刀也称多用刀、墙纸刀（图 2-33），多为塑料刀柄和刀片两部分组成，为抽拉式结构。也有少数为金属刀柄。刀片多为斜口，用钝后可顺着刀片上的刻线折断，出现新的刀锋，方便使用。美工刀有大小多种

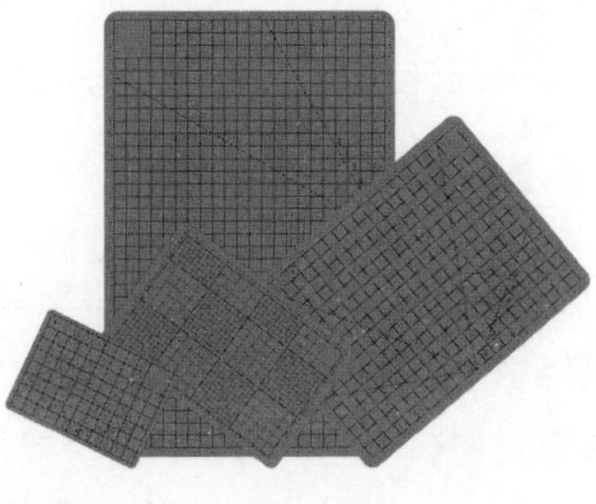

图 2-32 切割垫

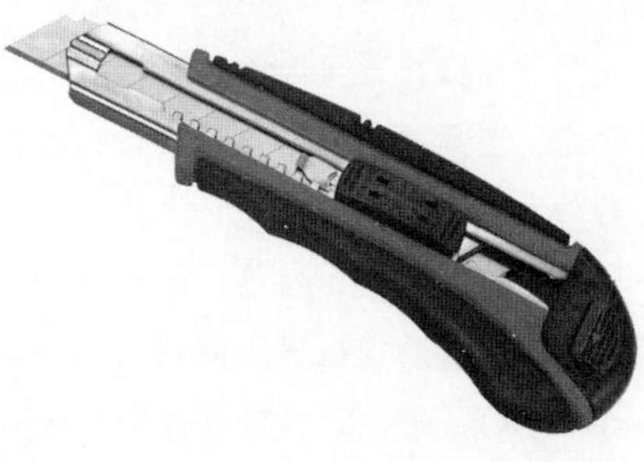

图 2-33 美工刀

型号。美工刀常用于划线，切割薄型纸板、木板、塑料板等，使用美工刀时通常只使用刀尖部分，但在切割塑料板时，由于塑料板的塑性与黏性，用刀尖切割时容易滞刀，而用刀背切割可以在切割过程中去除部分材料，使得切割更流畅，这与勾刀的使用方法相同。

美工刀刀身很脆，使用时刀身不能伸出过长。刀柄的选用也应该根据手型来挑选，握刀手势通常都会在包装背后有说明。需要注意的是，很多美工刀为了方便折断都会在刻线工艺上做处理，但是这些处理对于惯用左手的人来说可能会比较危险，使用时应多加小心。

需要注意的是，所有的手动工具在使用的过程中，工具运动的方向不要对着自己和他人的身体部位，防止用力过猛后，工具超出控制范围而伤人。

（三）勾刀

勾刀与美工刀的构造基本相同（图 2-34），不同的是勾刀的刀尖部位的斜角在运动方向的反方向，在运动方向一侧有约 0.5mm 的厚度，这种形状有利于在切割材料时勾去部分材料，使得切割非常流畅，常用于切割厚度小于 5mm 的有机玻璃板及其他塑料板。它可以按直线和弧线切割，还可以用于平面划痕。勾刀刀片可以更换，备用刀片存于刀柄之中。用勾刀切割板材时，用定位尺作为靠模。将勾刀沿所划线的边缘用力拉切，当切割深度达到约 1/2 时，将加工板放到工作台上，将板的一端悬空，未悬空的一端用丁字尺或其他板材沿线压住，对悬空的一端用力下压即可断开。

（四）笔刀

笔刀是模型制作中必备的工具（图 2-35），主要用于模型零件、细部的切割。它具有笔一样的外形，在其笔头部分有小巧锋利的刀片，刀刃有 30°、45°两种，刀刃很容易破锋，要随时准备更换刀片。因为笔刀刀片小巧灵活，使用方便，比美工刀修割模型的效果更好，所以非常受模型师的欢迎。

图 2-34 勾刀

图 2-35 笔刀

（五）圆规刀

圆规刀用来做圆形切割的特殊刀具（图 2-36）。形状有圆规形和游标尺形、圆形等各种，适合裁切纸材，或者薄塑料片，不能用于切割塑料板。

（六）划规

划规不仅可以用于划线，还可以对塑料板、纸板、木板等材料做圆形切割（图 2－21～图 2－24），但是裁切的精度不是很高，还需要对切割边缘进行打磨修整。

（七）手术刀

手术刀是外科手术用的工具，也是用于模型制作的一种主要工具。刀刃锋利，广泛用于即时贴、卡纸、赛璐珞、发泡板、ABS 板、航模板等不同材质、不同厚度材料的切割和细部处理（图 2－37）。尤其是建筑门窗的切、划离不开手术刀。手术刀的规格品种较多，有圆刀、尖刀、斜口刀等。切割门窗一般用 3 号刀柄 11 号斜口手术刀比较理想，切割弧线则用圆口手术刀比较方便。使用手术刀时应顺刀口方向呈 45°角握笔姿势进行切割。

图 2－36　圆规刀

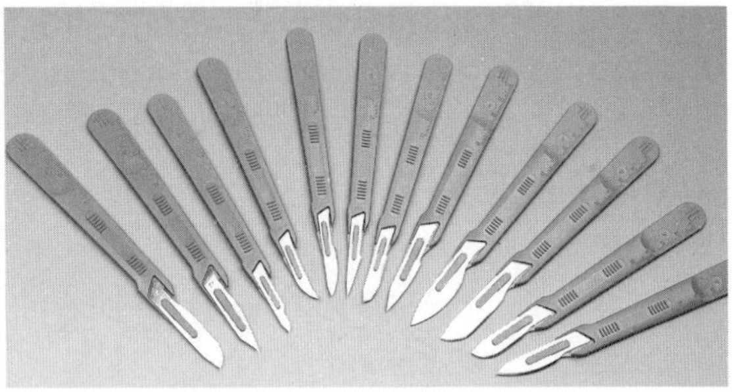

图 2－37　手术刀

（八）45°切刀

45°切刀是用于切割 45°斜面的一种专用工具（图 2－38）。主要用于纸板、聚苯乙烯泡沫板、ABS 板等材料的切割，切割厚度不超过 5mm。

图 2－38　45°切刀

（九）剪刀

剪刀是剪裁各种材料的必备工具。剪刀的形状、大小、长短多种多样，可分为剪切软质材料的普通剪刀和剪切薄金属板材的铁剪刀（图 2－39、图 2－40）。铁剪刀有直剪口和弯剪口之分，需按用途选用。剪刀是常用于剪裁纸张、双面胶带、薄型胶片和金属片等。剪刀的选用要注意刀口锋利，铰接松紧适当。不可使用铁剪刀来剪金属线，因为这样容易造成小缺口，之后将无法完成干净利落的切割。

（十）管子割刀

管子割刀由工具钢经淬火硬化而成，可切割 $\phi3$～30 的塑料管材，又称为割管器（图 2－41）。

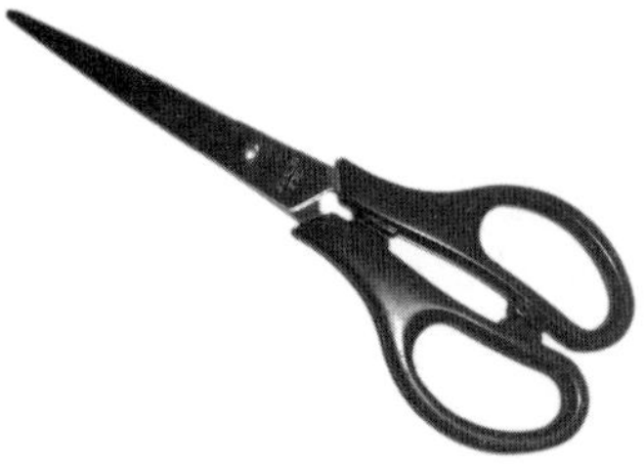

图 2－39　剪刀

图 2－40　铁剪刀

图 2－41　管子割刀

三、锯削工具

用锯子分割模型材料或工件的加工方法称锯削，用来进行锯削加工的工具称为锯削工具。模型制作中常用的锯削工具如下。

(一) 钢锯

钢锯由锯弓和锯条两部分组成 (图2-42)，锯弓的作用是安装和张紧锯条，有活动式与固定式两种。锯弓两端各有一个夹头，锯条孔被夹头上的销子插入后，旋紧翼形螺母就可把锯条拉紧。锯条一般用渗碳钢冷轧而成，也有用碳素工具钢或合金钢制成，并经热处理淬硬。钢锯适用于金属、塑料、木材等多种材料的切割。在制造锯条时，全部锯齿是按一定的规则左右错开，排列成一定的形状，称为锯路。锯路有交叉形和波浪形等。锯条有了锯路后，可使工件上被锯出的锯缝宽度大于锯条背的厚度。这样，锯削时锯条不会被卡住，锯条与锯缝的摩擦阻力也较小，因此工作比较顺利，锯条也不致过热而加快磨损。

钢锯是在向前推进时进行切削的，所以锯条安装时要保证锯齿的方向正确 (图2-43)。如果装反了，切削会变得很困难。锯条的松紧在安装时也要控制适当，太紧会使锯条受力太大，在锯削中稍有卡阻而受到弯折时，就很容易崩断；太松则锯削时锯条容易扭曲，也很可能折断，而且锯缝容易发生歪斜。装好的锯条应使它与锯弓保持在同一中心平面内，这对保证锯缝正直和防止锯条折断都比较有利。

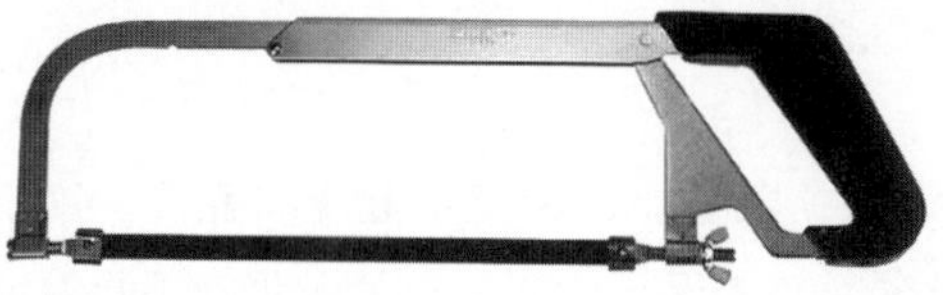
图2-42 钢锯

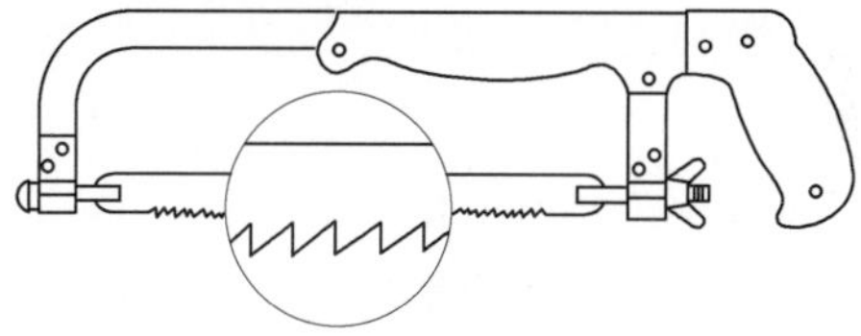
图2-43 锯条的正确安装

(二) 钢丝锯

钢丝锯的锯条很细 (图2-44)，可用于复杂曲线切割，也可用于开各种直径的孔。钢丝锯适用于薄纸板、木板、塑料板等材料的曲线切割，常用于切割镂空部件。曲线切割时，先在板材上钻一个孔，将锯条从孔中穿过，再将锯条安装在锯框上，然后沿线锯削。

(三) 木框锯

木框锯是木材锯削的主要工具之一 (图2-45)。框锯的握手柄1和锯梁2是用不易变形的硬质木料制成。锯条7的两端用两个可以转动的扭柱5拉牢，利用绞板4和张紧绳3的作用，将锯条拉直张紧。木螺丝6的作用是保护框锯的张紧绳，防止框锯放在地上时绳子与地面摩擦。木框锯又可分为阔锯、窄锯、小锯三种，其结构相同，只是锯齿的齿锯及距条的宽窄、长短不同而已。

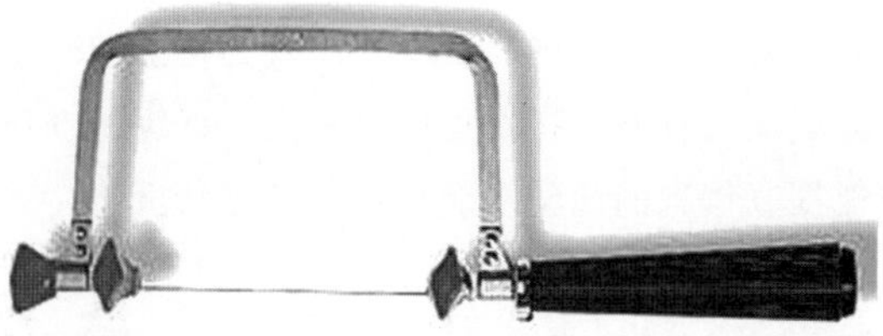
图2-44 钢丝锯

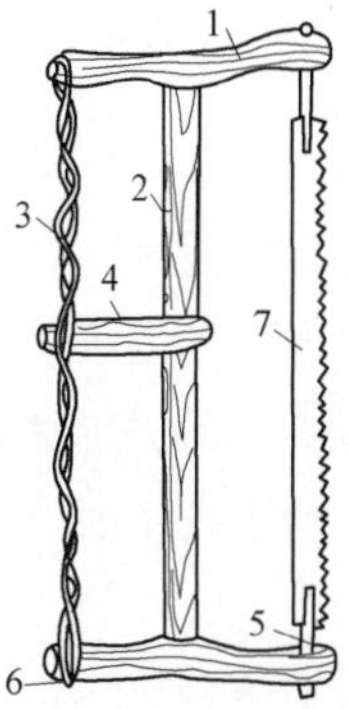

图2-45 木框锯的构造

锯子不用时，最好将张紧绳放松，以免绳子崩断，可延长框锯的使用寿命。

（四）板锯

板锯的锯片薄而宽（图2－46），是专门用来直接锯削比较宽，而木框锯不能锯的木料。它的特点不仅使用方便，并且锯削出来的木板很直。

（五）圆规锯

圆规锯又称鸡尾锯（图2－47），主要用于木材的切割。其结构与板锯相同，锯条由宽渐窄，适用于在板材上开内孔和大曲线弧的锯削。

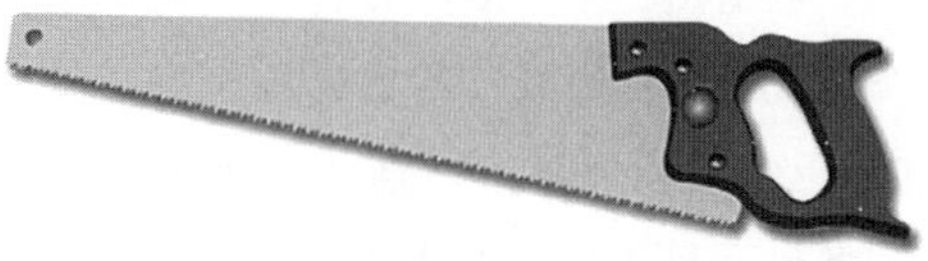

图2－46　板锯

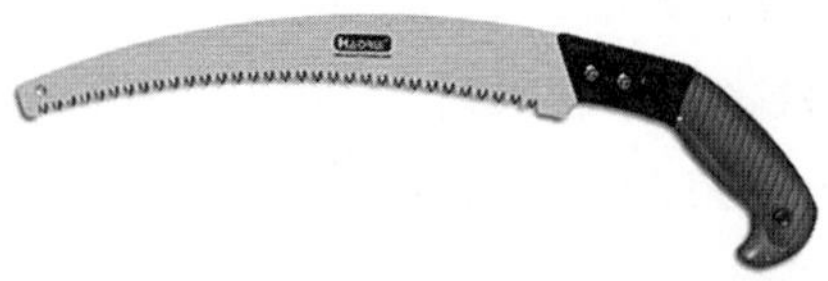

图2－47　圆规锯

使用时，先在工件上钻出一个圆孔，将圆规锯伸入孔内，锯削时，要注意锯条与所锯的工件轮廓线相适应，若遇到绕不过时，应立即停止前进。用锯条在原处上下锯几次，开出一条较宽的锯路，这样才能顺利地按照轮廓线继续锯削，绝对不能硬扭，以免损坏锯条或工件。

（六）锯削工艺

1. 起锯

起锯是锯削工作的开始，起锯质量的好坏直接影响锯削的质量。起锯有远起锯（图2－48）和近起锯（图2－49）两种。一般情况下采用远起锯比较好，因为此时锯齿是逐渐切入材料的，锯齿不易被卡住，起锯比较方便。如果用近起锯且掌握不好时，锯齿由于突然切入较深，容易被工件棱边卡住甚至被崩断。无论用哪一种起锯法，起锯角 α 最好小于15°。若起锯角太大，则起锯不易平稳；但起锯角也不宜太小，否则，由于锯条与工件同时接触的齿数较多，反而不易切入材料，使起锯次数增多，锯缝就容易发生偏离，造成表面被锯出多道锯痕而影响锯削质量。为了起锯平稳和准确，可用左手拇指挡住锯条，使锯条保持在正确的位置上起锯（图2－50）。起锯时施加的压力要小，往复行程要短，速度要慢。

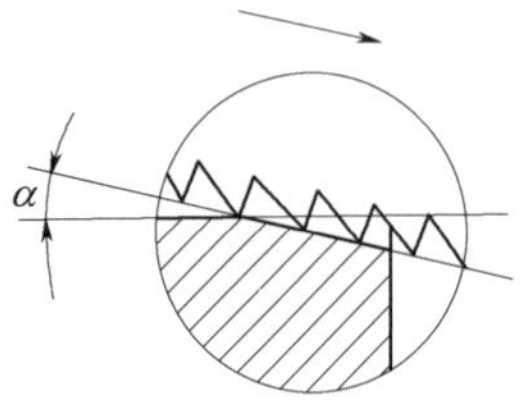

图2－48　远起锯

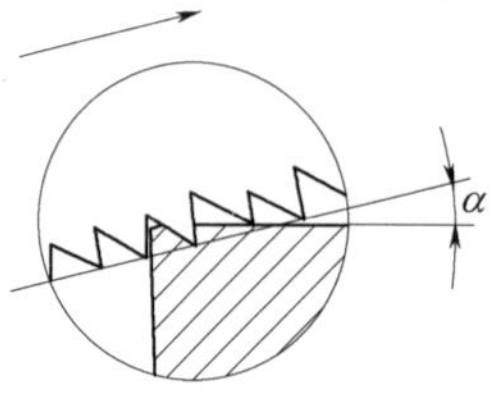

图2－49　近起锯

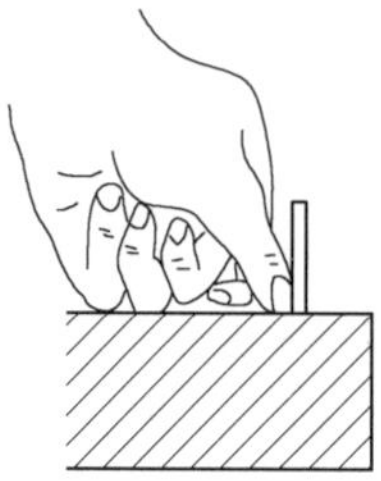

图2－50　起锯方法

2. 锯削时锯弓的运动

锯削时，锯弓前进的运动方式有两种：一种是直线运动，两手均匀用力，向前推动锯弓；另一种是弧线运动，在前进时右手下压而左手上提，操作自然，可减轻疲劳。一般锯缝底面要求平直的槽子和薄壁工件适用前一种运动方式，而锯断材料时大都采用后一种运动方式。两种方式在回程中都不应对钢锯施加压力，否则会加快锯齿的磨损。锯削时，用力要平稳，这样不但能提高锯削的质量，而且能避免锯条折断。

3. 锯削速度

锯削速度以每分钟20～40次为宜。锯软材料可以快些，锯硬材料应该慢些。速度过快，锯条发热严重，容易磨损。必要时可加水、乳化液或机油进行冷却润滑，以减轻锯条的发热磨损。速度过慢则工作效率太低，且不易把材料锯掉。

锯削时要尽量使锯条的全长都用到，若只集中于局部长度使用，则锯条的使用寿命将相应缩短。因此，一般锯削的行程应不小于锯条全长的2/3。

4. 各种材料的锯削方法

(1) 棒料的锯削。棒料的锯削断面如果要求比较平整，应从起锯开始连续锯到结束。若对锯出的断面要求不高，可改变几次锯削方向，使棒料转过一个角度再锯，这样，由于锯削面变小而容易锯入，可提高工作效率。

(2) 管材的锯削。锯削管材时，首先要把管材正确地装夹好。对于薄壁管和加工过的管件，应夹在有V形或弧形槽的木块之间（图2-51），以防夹扁或夹坏表面。锯削时必须选用细齿锯条，一般不要在一个方向直接锯完，因为锯齿容易被管壁钩住而崩断。正确的方法是锯到管材内壁处，把管材转过一个角度，再锯到管材的内壁处，再转过一个角度，依次类推，直至锯断为止。改变薄壁管方向时，应使已锯的部分向锯条推进方向转动，否则锯齿仍有可能被管壁钩住。

(3) 薄板料的锯削。锯薄板料除选用细齿锯条外，还应该把薄板夹在两木块之间，连木块一起锯下，也可避免锯齿钩住，同时也增加了板料的刚度，锯削时不会弹动；或者，把薄板料夹在台虎钳上，用钢锯作横向斜推锯，使锯齿与薄板接触齿数增加，避免锯齿崩裂（图2-52）。

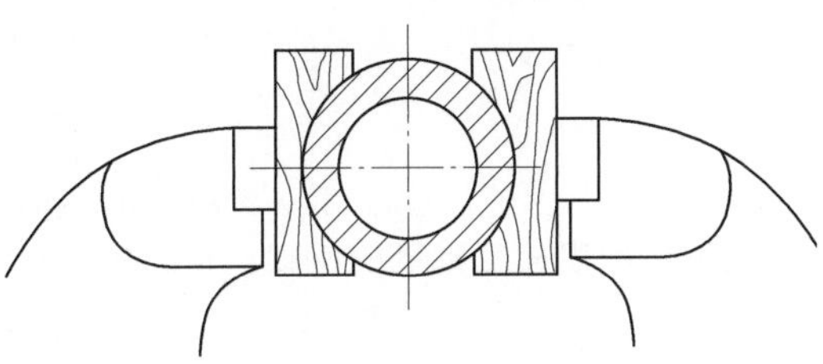

图2-51 管子的装夹

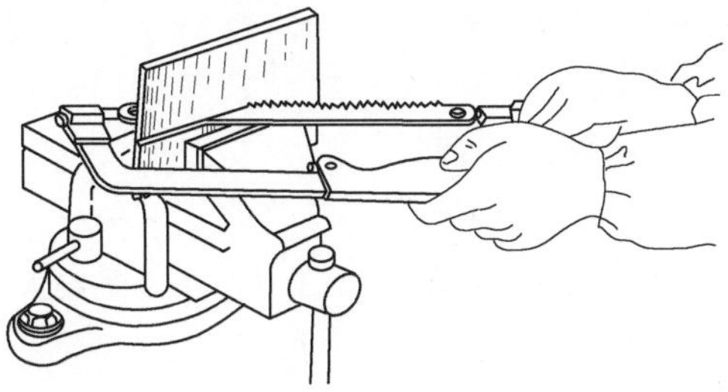

图2-52 横向斜推锯

四、锉削工具

用锉刀在模型工件表面进行处理，使其达到所要求的尺寸、形状和表面粗糙度的加工方法叫锉削。模型制作中常用的锉削工具如下。

(一) 钢锉

钢锉用高碳工具钢制成，并经淬火处理（图2-53）。常用锉刀长度有100mm、150mm、200mm、250mm、300mm等。锉刀形状有方形锉、平板形锉、三角形锉、圆形锉、半圆形锉、菱形锉、椭圆形锉等。

锉齿形式有单齿纹和双齿纹两种。按齿纹粗细程度分为粗齿、中齿、细齿三种。

(二) 整形锉

整形锉相对钢锉体积较小、种类多样，故又称什锦锉（图2-54），每套（组）以6～20支形状不同的细齿锉组成，锉身的长度从3～7in不等，用于修整金属或塑料工件的细小部位。

图2-53 钢锉

图2-54 整形锉

（三）木锉

木锉是锉削木材的工具，主要用于对木制模型的加工（图 2-55）。锉身从手柄处至锉尖由宽渐窄，锉身横断面为弧形，锯齿尖锐锋利，适用于木质模型工件的局部加工。

（四）锉片

锉片（图 2-56）常见于自行车修理摊点。用于补内胎时锉毛漏洞周围的胎面以增加黏结牢度。模型制作中主要用于对泡沫塑料制模型的加工。锉片是用薄铁片扎孔制成，在一般五金工具商店可以购买。将锉片边缘钉在平整的矩形木棒上即可使用。木棒端头也可以做成弧形使锉片呈弧状，以便锉削凹下的弧形。锉片面上不能钉钉子以免划伤模型表面。

图 2-55　木锉

图 2-56　锉片

（五）锉刀的选择

1. 锉齿粗细的选择

锉齿粗细的选择决定于工件加工余量的大小、尺寸精度的高低和表面粗糙度的粗细。粗、中、细三种锉刀适用于不同场合（表 2-1）。

表 2-1　锉齿粗细的选择

锉　刀	适　用　场　合		
	加工余量后/mm	尺寸精度/mm	表面粗糙度 R_a/um
粗齿锉	0.5～2	0.2～0.5	10.0～25
中齿锉	0.2～0.5	0.05～0.2	12.5～6.3
细齿锉	0.05～0.2	0.01～0.05	6.3～3.2

2. 按工件材质选用锉刀

锉削非铁金属等软材料工件时，应选用单纹锉刀，否则只能选用粗锉刀。因为用细锉刀去锉软材料，易被切屑堵塞，对于堵塞后的锉刀应当用铜丝刷及时清理。锉削钢铁等硬材料工件时，应选用双齿纹锉刀。

3. 按工件表面形状选择锉刀断面形状

如锉平面用平板形锉；锉燕尾槽和三角孔用三角形锉；锉凹弧面和锉小圆弧用圆形锉或半圆形锉等。

4. 选择锉刀规格

按工件加工面的大小和加工余量多少来选择锉刀规格。加工面尺寸和加工余量较大时，宜选用较长的锉刀，反之则选用较短的锉刀。

（六）锉刀的保养

合理使用和保养锉刀可以延长锉刀的使用期限，否则将过早地损坏。为此，必须注意下列使用和保养规则：

（1）不可用锉刀来锉毛坯的硬皮及工件上经过淬硬的表面。

（2）锉刀应先用一面，用钝后再用另一面。因为用过的锉齿比较容易锈蚀，两面同时都用则会使总使用期缩短。

(3) 锉刀每次使用完毕后，应用钢丝刷刷去锉纹中的残留铁屑，以免加快锉刀锈蚀。

(4) 锉刀放置时不能与其他金属硬物相碰，锉刀与锉刀不能互相重叠堆放，以免锉齿损坏。

(5) 防止锉刀沾水、沾油。

(6) 不能把锉刀当作装拆、敲击或撬动的工具。

(7) 使用整形锉时用力不可过猛，以免折断。

(8) 放置木锉刀时，不要使其露出工作台面，以防锉刀跌落伤脚。

(七) 锉削工艺

1. 工件的装夹

工件装夹得正确与否，直接影响锉削质量，因此，装夹工件要符合下列要求：

(1) 工件尽量夹在台虎钳钳口宽度的中间。

(2) 装夹要稳固，但不能使工件变形。

(3) 待锉削面离钳口不要太远，以免锉削时工件产生振动。

(4) 工件形状不规则时，要加适宜的衬垫后夹紧。例如夹圆柱形工件要衬以V形铁或弧形木块。

(5) 装夹精加工面时，台虎钳口应衬以软钳口（铜或其他较软材料），以防表面被夹坏。

2. 平面的锉法

(1) 顺向锉法。顺向锉法（图2-57）是最普通的锉削方法。不大的平面和最后锉光都用这种方法，它可得到正直的刀痕。

(2) 交叉锉法。交叉锉法（图2-58）时锉刀与工件的接触面较大，锉刀容易掌握平稳。同时从刀痕上可以判断出锉削面的高低情况，所以容易把平面锉平。为了使刀痕变为正直，当平面将锉削完成前应改用顺向锉。

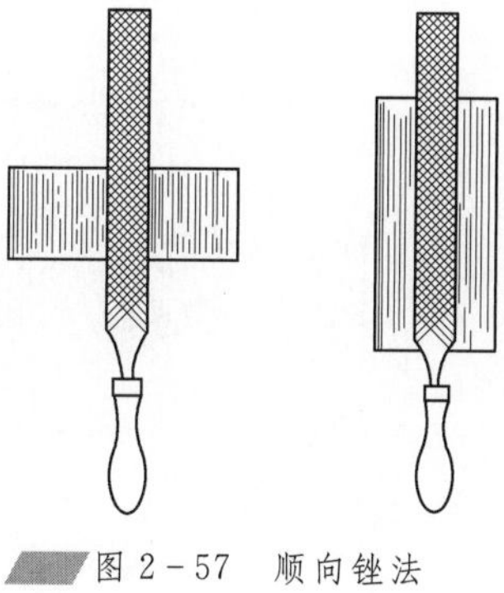

图2-57 顺向锉法

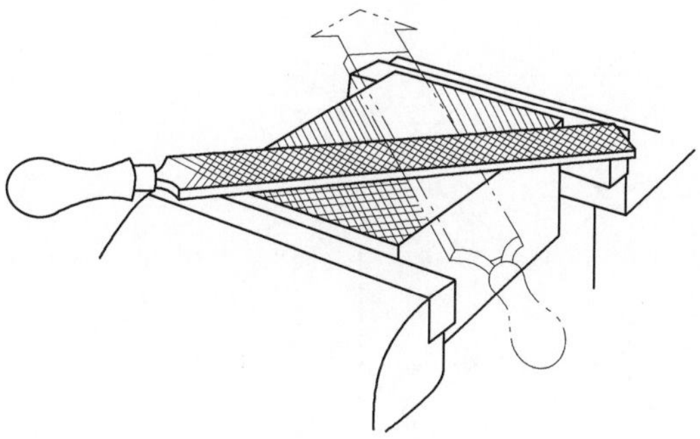

图2-58 交叉锉法

不管采用顺向锉法还是交叉锉法，为了使整个平面都能均匀地锉到，一般应在每次抽回锉刀时向旁边略作移动。

(3) 推锉法。推锉法（图2-59）一般用来锉削狭长平面。若用顺向锉法而锉刀运动有阻碍时也可采用。推锉法不能充分发挥手的力量，锉齿切削效率也不高，故只适用于加工余量较小的场合。

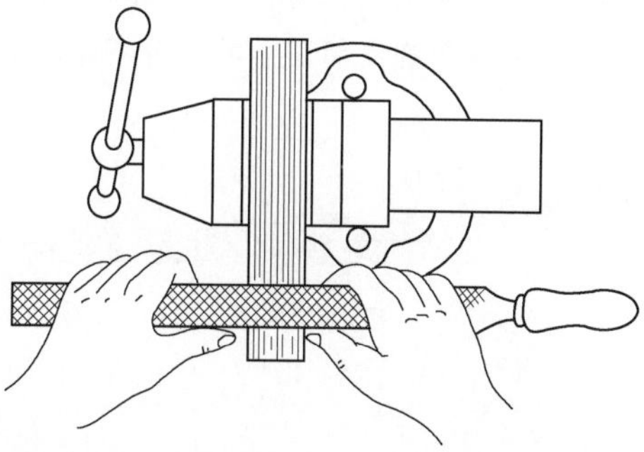

图2-59 推锉法

平面锉削时常要检验平面度误差。一般可用钢直尺或刀口形直尺以透光法来检验（图2-60）。刀口形直尺沿加工面的纵向、横向和对角线方向多处进行检验，以判定整个加工面的平面度误差。如果检验处透光微弱而均匀，表示此处较平直；如果透光强弱不一，则表示此处高低不平。其中，光线强处比较低，光线弱处比较高。当每次改变刀口形直尺的检验位置时，刀口形直尺应先提起，然后再轻放到另一位置，而不应在平面上拖动，否则直尺的边缘容易因磨损而降低测量精度。

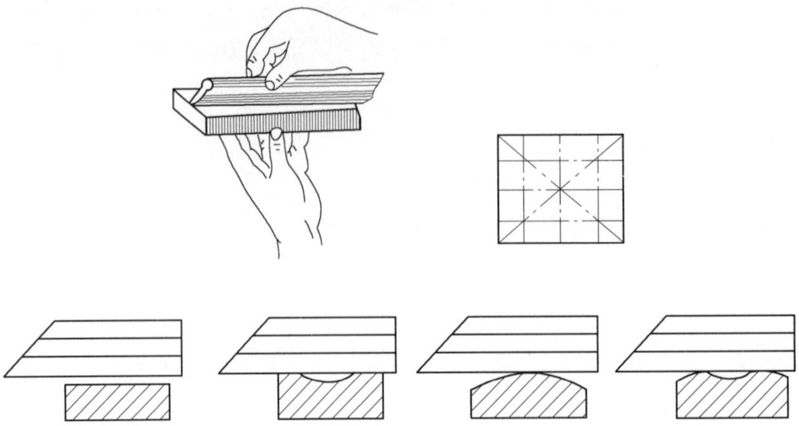

图 2-60　检验平面度误差

3. 曲面的锉法

(1) 凸圆弧面的锉法。

锉凸圆弧面一般采用顺向滚锉法（图 2-61），在锉刀作前进运动的同时，还绕工件圆弧的中心作摆动，摆动时右手把锉刀柄部往下压，而左手把锉刀前端向上提，这样锉出的圆弧面不会出现带棱边的现象。但这种方法不易发力，锉削效率不高，故适用于加工余量较小的情况。

当加工余量较大时，可采用横向滚锉法（图 2-62），由于锉刀作直线推进，便于发力，故效率较高。当粗锉成多棱形后，再用顺向滚锉法精锉成圆弧。

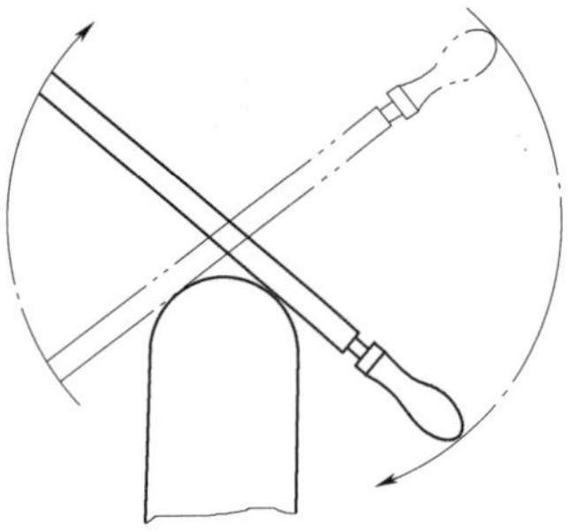

图 2-61　顺向滚锉法

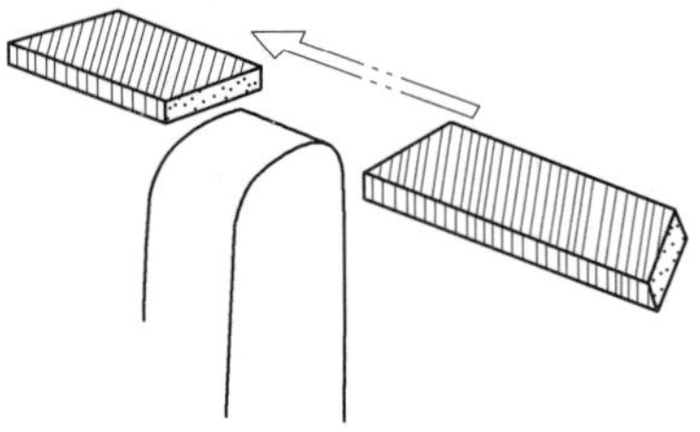

图 2-62　横向滚锉法

(2) 凹圆弧面的锉法。

锉凹圆弧面时锉刀要同时完成三个运动，即前进运动、向左（或向右）移动（约半个到一个锉刀直径）和绕锉刀中心线转动（顺时针或逆时针方向转动约 90°）。

如果只有前进运动，锉出的凹圆弧就不正确；如果只有前进运动和向左（或向右）移动，凹圆弧也锉不好，因为锉刀在圆弧面上的位置不断改变，若锉刀不转动，手的压力方向就不易随锉削部位的改变而改变，切削不顺利。只有三个运动同时协调进行，才能锉好凹圆弧面。

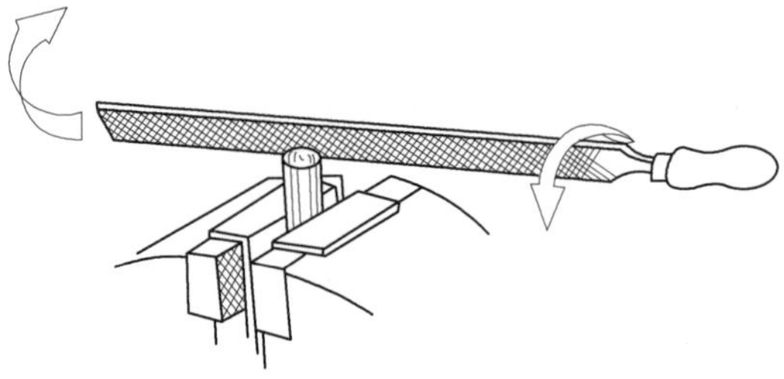

图 2-63　凸球面的锉法

4. 凸球面的锉法

锉圆柱端部球面的方法是：锉刀在作凸圆弧面顺向滚锉法动作的同时，还要绕球面的中心作周向摆动（图 2-63）。

5. 直角面的锉法

锉内外直角面不仅要使平面锉平，而且要使两直角面保证一定的垂直度要求。

(1) 检查各部分尺寸、垂直度和平行度的误差情况，合理分配各面的加工余量。

(2) 锉基准面至平面度与表面粗糙度达到图样要求。不允许在未达要求前就急于去锉其他平面。

(3) 锉与基准面相垂直的面至平面度、表面粗糙度和垂直度达到图样要求。垂直度误差可用90°角尺以透光法检验。经过反复的检验和修锉，最后便可达到要求。

用90°角尺检验时，短边与基准面必须始终保持紧贴，而不应受其他面的影响而松开，否则检验结果不会准确。此外，90°角尺在改变检验位置时，不允许在工件表面上拖动，而应提起后再轻放到新的检验位置，以免90°角尺磨损而造成精度降低。

由上述加工方法可知：有几个面都要锉削时，一般尽可能选择较大的或较长的平面为基准，把它先加工好。因为这种平面容易锉准，而且作为检验时的基准也较可靠。内外表面都要锉削时，尽量先锉外表面，因为外表面的加工和检验都比较容易。

五、夹持工具

能夹紧固定材料和工件以便进行加工的工具称为夹持工具。模型制作中常用的夹持工具如下。

(一) 台虎钳

台虎钳主要结构有活动钳身、固定钳身、底座，丝杆等 (图2-64)。台虎钳是用来夹持较大工件的通用夹具。可分为固定式和回转式两种。装置在工作台上，用以把加工的工件夹稳。转盘式的钳体可旋转，能够把工件旋转到合适的工作位置。台虎钳是模型制作必备工具，模型制作的许多工作都需要在台虎钳上完成的，比如锯、锉、磨以及零件的装配和拆卸等。台虎钳以钳口的宽度为标定规格，常见规格为60mm、100mm、150mm、200mm等。

在模型加工中常遇到很多硬度较低的材料，如石膏、塑料、木材等。在夹持这些材料时，为了保护工件表面不被损坏，需要在工件和台虎钳钳口之间垫上一层保护层，如纸、布、软金等来增大接触面积，减小压强。此外，加紧力量不宜过大，以免损伤模型材料。

图2-64　台虎钳

台虎钳的正确使用和维护方法如下：

(1) 台虎钳安装在工作台上时，必须使固定钳身的钳口工作面处于钳桌边缘之外，以保证夹持长条形工件时，工件的下端不受钳桌边缘的阻碍。

(2) 台虎钳必须牢固地固定在工作台上。两个夹紧螺钉必须扳紧，使钳身在工作时没有松动现象，否则容易损坏台虎钳和影响工作质量。

(3) 夹紧工件时只允许依靠手的力量来扳动手柄，决不允许用锤子敲击手柄或随意套上长管子来扳手柄，以防丝杆、螺母或钳身因过载而损坏。

(4) 在进行强力作业时，应尽量使作用力朝向固定钳身，否则将额外增加丝杆和螺母的载荷，从而造成螺纹的损坏。

(5) 不要在活动钳身的光滑平面上进行敲击作业，以免降低它与固定钳身的配合性能。

(6) 丝杆、螺母和其他活动表面上都要经常加油并保持清洁，以利润滑和防止生锈。

(二) 桌虎钳

桌虎钳与台虎钳相似，但钳体安装更加方便，适用于夹持小型工件。有固定式和活动式两种 (图2-65)。

(三) 手虎钳

手虎钳又叫手拿钳，夹持轻巧工件以便进行加工的一种手持工具。使用起来非常方便（图 2－66）。

图 2－65　桌虎钳

图 2－66　手虎钳

(四) C 形钳

C 形钳由铁板冲压或铸铁制成，钳身呈英文字母 C 形，一端装有丝杠和手柄，可用于固定和夹紧材料（图 2－67）。在板材上进行划线、下料、锯削、钻孔等加工时，为了防止板料滑动，可用 C 形钳将板材固定在桌面上，方便操作。另外，在塑料板黏接时，为了黏接牢固，通常需要给板与板之间施加一定的压力，此时用 C 形钳紧固非常合适。

(五) 手钳

手钳是一种用于夹持、固定加工工件或者扭转、弯曲、剪断金属丝线的手工工具。手钳的外形呈 V 形，通常包括手柄、钳腮和钳嘴三个部分（图 2－68）。

图 2－67　C 形钳

图 2－68　手钳

手钳一般用碳素结构钢制造，先锻压轧制成钳胚形状，然后经过磨铣、抛光等金属切削加工，最后进行热处理。钳的手柄依握持形式而设计成直柄、弯柄和弓柄 3 种式样。手钳使用时常与电线之类的带电导体接触，故其手柄上一般都套有以聚氯乙烯等绝缘材料制成的护管，以确保操作者的安全。钳嘴的形式很多，常见的有尖嘴、平嘴、扁嘴、圆嘴、弯嘴等样式，可适应对不同形状工件的作业需要。

六、凿削工具

用锤子打击凿子对工件进行切削加工的方法，叫凿削。它的工作范围主要是去除毛坯上的凸缘、毛刺、分割材料等。在进行凿削加工时要集中注意力并用力适度，以免误伤身体。模型制作中常用的凿削工具如下。

(一) 木工凿

木工凿是一种木工用来凿削的工具（图 2－69），用低碳钢锻制而成，刃口须熔镶高碳钢。由凿柄、凿箍、凿裤、刃口组成。常用的有平凿、圆凿、宽刃凿（扁铲）等。

木工凿的操作方法：木工凿常用于木材上凿削榫眼（又称打眼、凿孔或凿眼）。操作时先划好眼的墨线，木料放在垫木或工作凳上，打眼的面向上，人可坐在木料上面，如果木料短小，可以用脚踏牢。打眼时，左手紧握凿柄，将凿刃放在靠近身边的横线附近（约离横线3～5mm），凿刃斜面向外。凿要拿垂直，用斧或锤着力地敲击凿顶，使凿刃垂直进入木料内，这时木料纤维被切断，再拔出凿子，把凿子移前一些斜向打一下，将木屑从孔中剔出。之后就如此反复打凿及剔出木屑，当凿到另一条线附近时，要把凿子反转过来，凿子垂直打下，剔出木屑。当孔深凿到木料厚度一半时，再修凿前后壁，但两根横线应留在木料上不要凿去。打全眼时（凿透孔），应先凿背面，到一半深，将木料翻身，从正面打凿，这样眼的四周不会产生撕裂现象。

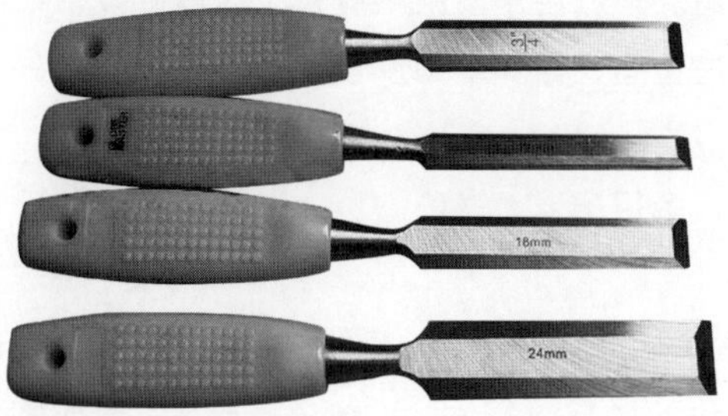

图 2-69 木工凿

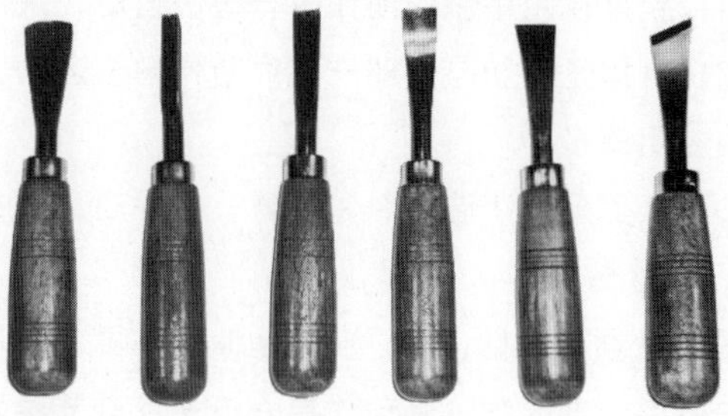
图 2-70 木刻雕刀

（二）木刻雕刀

木刻雕刀是一种美工工具（图 2-70），所用材料和制作方法与木工凿相似，规格小于木工凿。雕刀形状多样，用途较广，手柄端部呈圆形，无铁箍，适用于木质模型的雕刻加工，也常用于刻字或切割薄型的塑料板材。

（三）刨刃

刨刃即木刨的刀刃（图 2-71），是一种比较好用的凿削石膏的工具，刨刃的刃口比木工凿的刃口宽，加工速度更快，线更整齐，而且，刨刃刃口的厚度与斜角都比木工凿的厚度与斜角小，凿削时不易偏离，更容易抓握。

图 2-71 刨刃

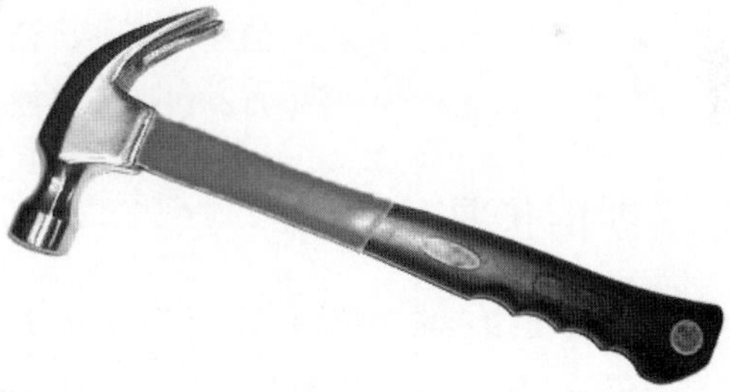
图 2-72 手锤

（四）手锤

手锤又称榔头（图 2-72），由锤头、木柄和楔子（或斜楔铁）组成。锤头用碳素工具钢 T7 制成，并经热处理淬硬。木柄长约为 350mm 左右。木柄用硬而不脆，比较坚韧的木材制成，如檀木等。手握处的断面应为椭圆形，以便锤头定向，准确敲击。木柄安装在锤头中，必须稳固可靠，安装木柄的孔做成椭圆形，且两端大，中间小。楔子木柄敲紧装入锤孔后，再在端部打入带倒刺的铁楔子，用楔子楔紧，就不易松动，可以防止锤头脱落造成事故。

手锤的种类较多，一般分为硬头手锤和软头手锤两种。硬头手锤用碳素工具钢 T7 制成。软头手锤的锤头是用铅、铜、硬木、牛皮或橡皮制成的，多用于装配和矫正工作。手锤的规格以锤头的重量来表示，有 0.25kg、0.5kg 和 1kg 等。

手锤的操作方法如下。

1. 手锤的握法分紧握法和松握法两种

(1) 紧握法用右手五指紧握锤柄，大拇指合在食指上，虎口对准锤头方向（木柄椭圆的长轴方向），木柄尾端露出约15～30mm。在挥锤和锤击过程中，五指始终紧握。

(2) 松握法只用大拇指和食指始终握紧锤柄。在挥锤时，小指、无名指、中指则依次放松；在锤击时，又以相反的次序收拢握紧。这种握法的优点是手不易疲劳，且锤击力大。

2. 挥锤方法有腕挥、肘挥和臂挥三种方法

(1) 腕挥仅用手腕的动作进行锤击运动，采用紧握法握锤。一般用于凿削余量较小或凿削开始或结尾。

(2) 肘挥是手腕与肘部一起挥动作锤击运动，采用松握法握锤，因挥动幅度较大，故锤击力也较大，这种方法应用最多。

(3) 臂挥是用手腕、肘和全臂一起挥动，其锤击力最大，多用于强力凿削。

3. 挥锤要求

挥锤要求准、稳、狠，准就是命中率要高；稳就是速度节奏为40次/min；狠就是锤击要有力。凿削时的锤击要稳、准、狠，其动作要一下一下有节奏地进行，一般在肘挥时约40次/min左右，腕挥时约50次/min左右。手锤敲下去应是加速度，可增加锤击的力量。

4. 锤击要领

挥锤时做到肘收臂提，举锤过肩；手腕后弓，三指微松；锤面朝天，稍停瞬间。锤击时做到目视錾刃，臂肘齐下；收紧三指，手腕加劲；锤錾一线，锤走弧形；左脚着力，或右腿伸直。

图2-73 斧头

（五）斧头

斧头（图2-73）主要用来劈削木料，使其粗略地符合所要求的形状，或者修削不整齐的木材表面，也可以当作榔头来敲击凿头。一般的斧头都是锻造而成，刃口处熔镶钢材，在磨削时，靠近刃口里面的一段需平直，外面的斜面要多磨掉一些。

用斧头劈削木料时，右手握斧，左手将木料扶直，除了须按预先划好的线砍削外，还应顺着木材的纹理进行，同时每隔100mm左右截砍几处缺口，以便分段砍削，否则容易开裂。

七、刨削工具

刨子是木加工中最常使用的工具，它可以将木料的表面刨成各种需要的形状。工件经过刨削后，表面平整光滑，具有一定的精度。模型制作中常用的刨削工具如下。

（一）平底刨

平底刨是应用最广的一种刨子（图2-74），专门用来刨平木材的平面。主要由刨身、镶口铁、楔木、手柄、刨刃、刨刃盖等组成。平底刨有粗平刨、细平刨和短刨之分。粗平刨是用来第一次粗略地刨削木料的，经过粗略刨削后的毛坯，再用细平刨来平整。短刨则专门用来修光刨削面积较大或凸凹不平的工作物。

使用平底刨刨削时，用两手的中指和无名指紧握手柄，食指紧抓住刨的前身，大拇指推住刨身的手柄，用力向前推进。这时操作者的两脚必须立稳，上身略向前倾，刨身要坚持平稳，尤其是当刨到木料的前端时，刨身不能翘起或卧下，退回时要将刨身后半部提起，以免刨刀的刃口在工件上磨损。

刨平面时，选用木材平直和不翘曲的一面，用粗平刨和细平刨刨平，以直尺校验合格后，即作为基准面。刨直角面时，根据已经刨好的基准面，用角尺检验，将高出的地方刨平。刨端面时，先要在端面的边缘处倒角，用粗刨刨到基本平直，然后用细刨从两头朝中间刨，这样做的目的是防止木材劈裂。

（二）圆底刨

圆底刨专门用来刨削内圆形的工件（图2－75），它的构造基本上与平底刨相同，只是刨底和刨刃为半圆形，手柄用椭圆形的小硬木棒横穿刨身，可以活动装卸。

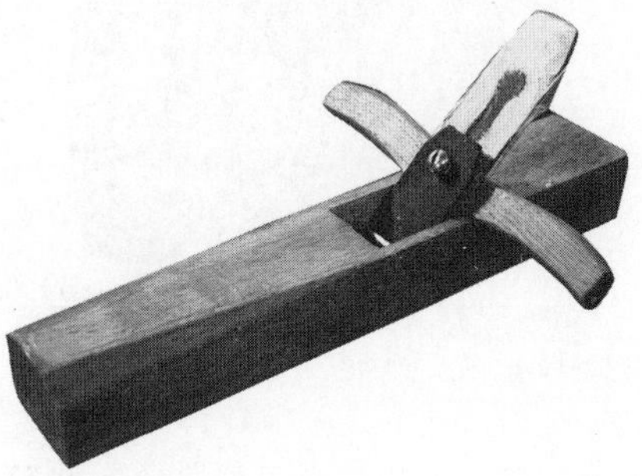

图2－74 平底刨

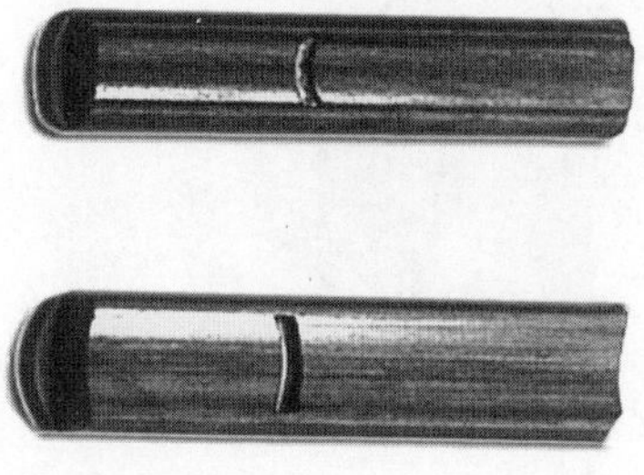

图2－75 圆底刨

圆底刨的操作也和平底刨差不多，只是在刨削较小的圆弧时，要抽出手柄，这样可以避免与工件相干涉。

（三）轴刨

轴刨又称绕刨，一字刨，滚刨（图2－76）。专门用来刨削曲面的工件，它的特点是轻巧，使用方便，轴刨的刨身短小，手柄左右摆开成“一”字形，一般用金属或硬木制成。

轴刨根据刨底的形状分为以下三种。

（1）平轴刨：专门用来刨削工件的外圆弧。

（2）圆轴包刨：专门用来刨削工件的内圆弧。

（3）双重轴刨：刨底上带有两个圆面，可同时刨出工件上的两个圆弧。

（四）平槽刨

平槽刨专门刨削工件上的沟槽（图2－77），它的构造与平底刨很相似，只是刨身较狭窄，刨刃是从下部向上伸入的，并且没有手柄。还有两种与平槽刨很相似的内圆槽刨和外圆槽刨，它们主要的区别是在刨底上。平槽刨的刨底是平的，内圆槽刨的刨底是凸圆的，而外圆槽的刨底是凹圆的。

图2－76 轴刨

图2－77 平槽刨

（五）边刨

边刨专门刨削工件上的企口及预定大小且不穿通的沟槽（图2－78）。它比平槽刨长，刨刃从下部向上伸入，底部装有一架活动的木档子，用来控制刨削的宽度。

（六）马牙子

马牙子作为刨削时的辅助工具，将其钉在工作台上用来抵挡木料，防止木料滑动。

（七）磨石

磨石作为刨削时的辅助工具用于磨砺刨刃（图2－79），它比建筑用的砖头细致而无砂粒等杂质。选择时以软硬适中为宜，太软了磨的速度虽快，但刃口锋利性不强；太硬了磨的速度较慢，但锋利性强。磨石也需要经常校验，砖面力求保持平直，用毕后再放在背阴处，不可暴晒或乱丢，防止折断或损坏。

磨刨刀时，右手紧握刨刀，左手的食指和中指紧压刨刀，使刃口贴紧磨石，磨砺时应保证刃口与磨石完

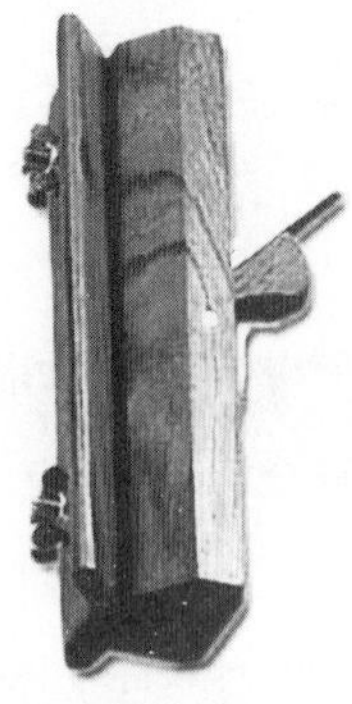

图 2-78 边刨

图 2-79 磨石

全贴合，平稳地来回推磨，并须经常加水，以冲洗刀砖上的泥浆。还应注意不要集中在磨石的一处磨，要经常移动位置，使磨石保持平整。此外，刃口应该保持原来的斜度与几何形状，不可将平的刃口磨歪斜或将尖角磨成圆角。

（八）刨子的保养和校验

敲刨身时要敲尾部，不能乱敲，打楔木也不能打得太紧，以免损坏刨身。刨子用完以后，应将底面朝上，不要乱丢，以免与其他工具碰击而导致损坏刨底与刃口。如果长期不用，应将刨刃退出。在使用时不能用手指去摸刃口或随便去试其锋利与否。

刨子经过较长时间使用后，刨底会因磨损而不平，刨刀刃口也会变钝，这时必须重新校验和磨砺，否则就不能保证加工的工件达到平整光滑的效果。当刨底不平时，可用细砂纸放在平整的铁平板上，以手按住刨身，在砂纸上来回摩擦，即可恢复平整。这一工作也可以在平整的磨石上进行，不过磨时应稍加水。

八、打磨工具

打磨是模型制作中必不可少的一个环节，常用的打磨工具是砂纸，根据打磨需要还要用砂纸自己制作打磨各种形状的工具。模型制作中常用的打磨工具如下。

（一）砂纸

砂纸是用以研磨金属、木材、塑料、玻璃钢、PU泡沫等材质的模型表面，以使其光洁平滑（图 2-80），但不能用以研磨石膏、黏土、油泥等材质的模型表面。通常在原纸上胶着各种研磨砂粒而成。根据不同的研磨物质，有金刚砂纸、人造金刚砂纸、玻璃砂纸等多种。根据耐水性分为干砂纸和水砂纸。水砂纸用于在水中或油中打磨模型表面，其砂粒之间的间隙较小，磨出的碎末也较小，和水一起使用时碎末就会随水流出，所以要和水一起使用。如果拿水砂纸干磨的话碎末就会留在砂粒的间隙中，使砂纸表面变光从而达不到它本有的效果。而干砂纸的砂粒之间的间隙较大，磨出来的碎末也较大，它在打磨过程中由于间隙大的原因碎末会掉下来，所以它不需要和水一起使用，也不能与水一起使用，这是因为其不耐水，沾水后会导致砂粒脱落。

图 2-80 砂纸

砂纸根据砂粒的粗细分为不同的型号，模型制作中常用的有 100 目、120 目、150 目、180 目、220 目、280 目、320 目、400 目、500 目、600 目、800 目和 1000 目等，目是指在 1in 的单位长度内排列的孔径或颗粒数量。数字越大，砂纸越细。如果中间缺一种或者两种，关系不大，实际模型制作过程中选用 3～4 种型号的砂纸就可以完成打磨工作了。模型表面打磨时，通常先用粗的干砂纸将模型表面所有局部凹凸不平的地方打磨平滑，此时的切削量较大，所以一定要粗砂纸加工，省时省力，然后用细的干砂纸将粗砂纸留下的划痕打磨掉，再用细的水砂纸将细的干砂纸留下的划痕打磨掉，直到模型表面非常光洁即可。

（二）制作打磨平面的工具

先用双面胶将水砂纸黏贴于聚苯乙烯塑料板上（图2-81），然后根据需求不同切割成可供使用的大小（图2-82）。注意必须从聚苯乙烯板的背面进行切割，如果从正面切割的话，美工刀留下的刀口会不太平整。若用锉板打磨直角，需将锉板相邻两边切割成直角（图2-83）；若用锉板打磨锐角，需将锉板相邻两边切割成锐角，这样才能使锉板与工件完全贴合（图2-84）。

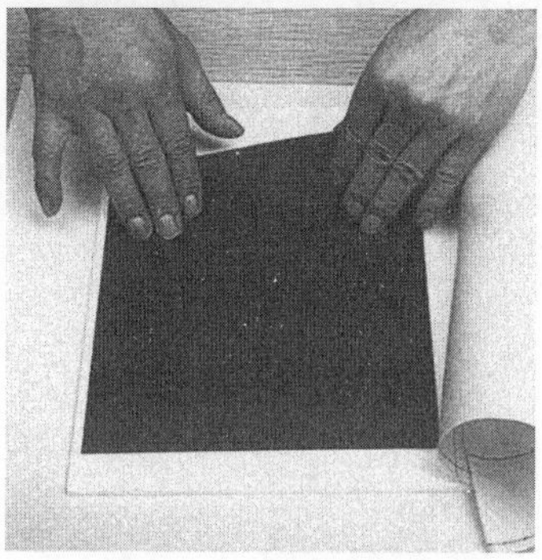

图2-81 黏贴水砂纸

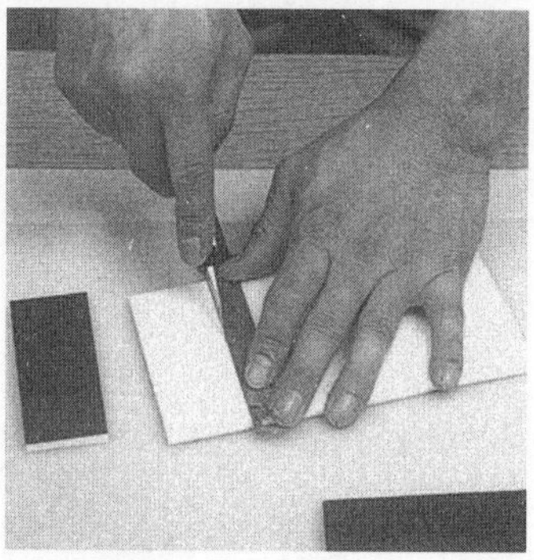

图2-82 切割

图2-83 直角打磨

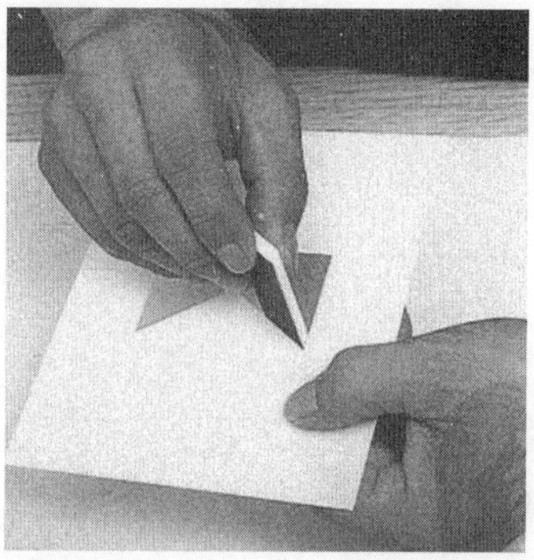

图2-84 锐角打磨

（三）制作打磨大圆角的工具

在聚苯乙烯板上每隔3mm用美工刀划一道划痕并稍微弯曲一下（图2-85）。然后用双面胶将水砂纸黏于聚苯乙烯塑料板上，这样即可以用来打磨大圆角的曲面部分（图2-86）。

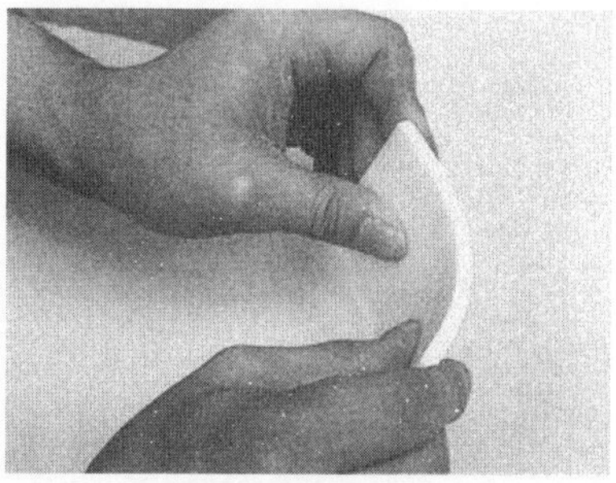

图2-85 弯曲

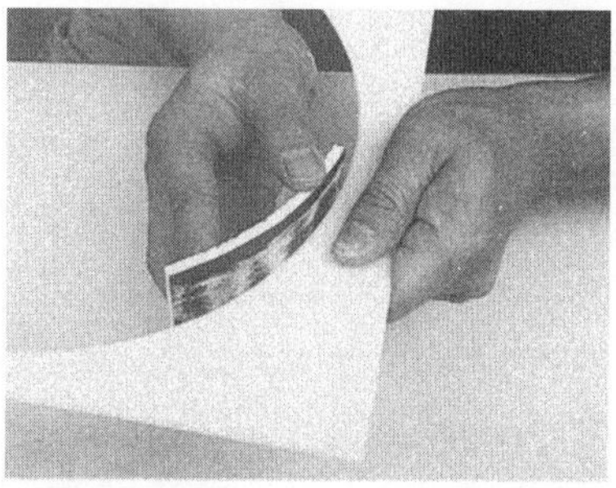

图2-86 打磨大圆角的曲面

（四）制作打磨直角和圆柱形的工具

先在砂纸背面喷胶（图2-87），然后在砂纸上放置直角形的ABS材料，最后用美工刀将砂纸切下（图2-88），并将砂纸黏结在ABS棒材上。即可制作直角形材料的打磨工具（图2-89），图中右边的这个工具相邻两边都粘有砂纸。参照上述方法用圆管或圆棒可以制作打磨圆柱形的工具，制作好的工具如图 2－90 所示。

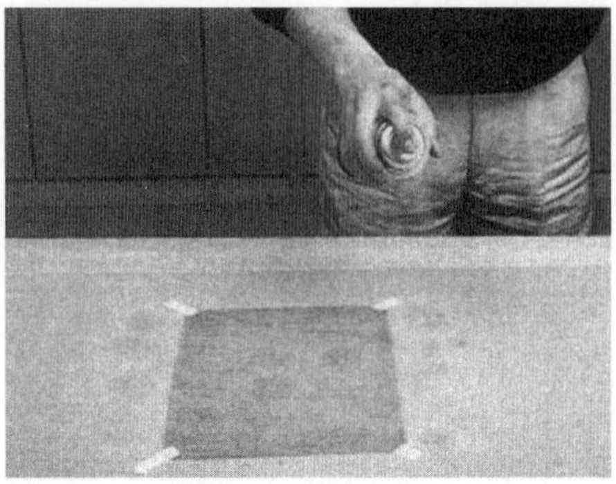

图 2－87　砂纸背面喷胶

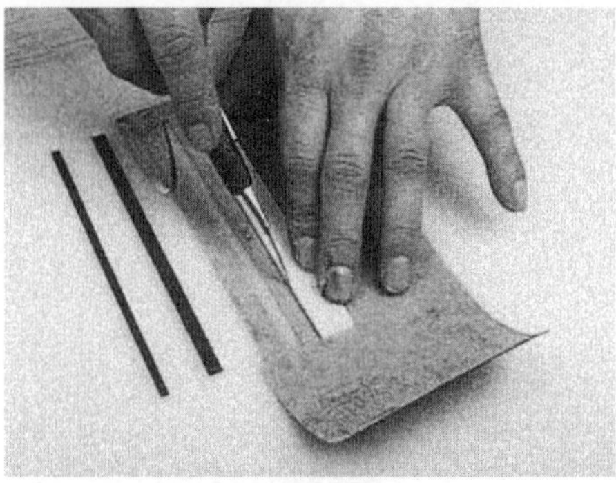

图 2－88　裁切砂纸

图 2－89　直角形打磨工具

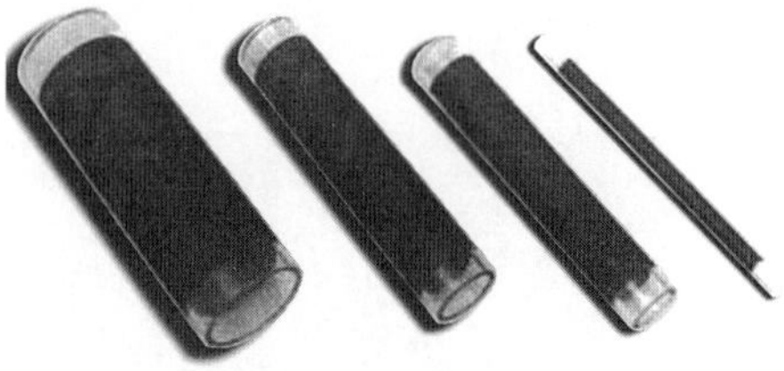

图 2－90　圆柱形打磨工具

（五）模型表面打磨工艺

模型表面刮好腻子后，用砂纸进行干打磨，打磨的顺序是先粗打磨，后精打磨，先整体后局部。有些人喜欢手持砂纸随意直接打磨，打磨很久后会发现高出部分依然存在，只是平缓一些罢了。这是因为腻子和塑料板之间存在材料硬度差，因此尽管操作者努力打磨腻子部分，但同时也磨掉了腻子周边的部分材料，使原来的形状仍保留下来。木块包裹砂纸进行打磨时，砂纸只切削突出部分而不触及其他，这样可以避免徒手打磨的失败后果。在粗打磨阶段主要是将模型表面一些凹凸的地方打磨平滑，以达到后面工序的技术要求，在未达到要求前，不要进行精打磨，否则会浪费很多时间在精打磨上。

九、拆装工具

用于紧固或拆卸螺栓、螺钉、螺母等紧固件的工具称为拆装工具。在模型制作的装配过程中应根据具体情况合理选用拆装工具。模型制作中常用的拆装工具如下。

（一）螺丝刀

螺丝刀是一种用于拧紧或松开头部带沟槽的螺钉的工具（图 2－91）。它的工作部分用碳素工具钢制成并淬硬。螺丝刀通常有一个薄楔形头，可插入螺丝钉头的槽缝或凹口内，亦称“改锥”。最常见的是一字形和十字形螺丝刀，此外还有各种多边形螺丝刀，如方形螺丝刀、内五角螺丝刀、外五角螺丝刀、内六角螺丝刀、外六角螺丝刀、内八角螺丝刀、外八角螺丝刀等。工具厂家通常将这些多边形螺丝刀设计成组合型螺丝刀，即把螺丝批头和手柄分开，安装不同类型的螺丝时，只需把螺丝批头换掉即可。这种组合型螺丝刀的好处是可以节省空间，但缺点是容易遗失螺丝批头。现代螺丝刀刀头一般都有磁性，能有效的牵引螺丝。

螺丝刀用法：将螺丝批头对准螺丝钉的顶部凹坑，顶紧螺丝钉，然后开始旋转手柄，如果顶紧的力量不够，容易打滑，会损伤螺丝钉的顶部。根据规格标准，顺时针方向旋转为嵌紧，逆时针方向旋转则为松出。通常一字形螺丝刀也可以用于拧转十字螺丝钉，但十字形螺丝刀的批头拥有更强的抗变形能力。

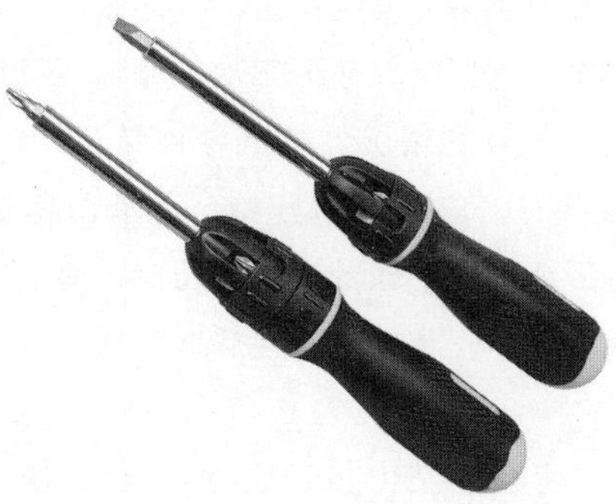

图 2-91 螺丝刀

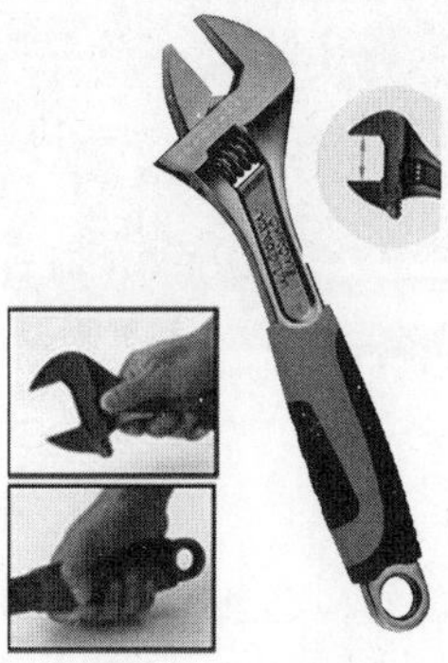

图 2-92 通用活扳手

（二）通用活扳手

通用活扳手亦称活络扳手，是由扳手体和固定钳口、活动钳口及蜗杆组成（图 2-92）。其开口的尺寸能在一定范围内调节。使用活扳手时应让固定钳口受主要作用力，否则容易损坏扳手。钳口的尺寸应适合螺母的尺寸，否则会扳坏螺母。不同规格的螺母（或螺钉）应选用相应规格的活扳手，扳手手柄的长度不可任意接长，以免拧紧力矩太大而损坏扳手或螺钉。活扳手的工作效率不高，活动钳口容易歪斜，往往会损伤螺母或螺钉的顶部。

（三）开口扳手

开口扳手亦称呆扳手，用于装拆六角形或四方头的螺母或螺钉，有单头和双头之分（图 2-93）。它的开口尺寸是与螺母或螺钉的对边间距的尺寸相适应的，并按标准尺寸做成一套，常用的为 10 件一套的双头呆扳手。

（四）整体扳手

整体扳手有正方形、六角形、十二角形（梅花扳手）等几种，其中以梅花扳手应用最广泛（图 2-94）。因为它只要转过 30°，就可改换扳动的方向，所以在狭窄的地方工作时比较方便使用。

图 2-93 开口扳手

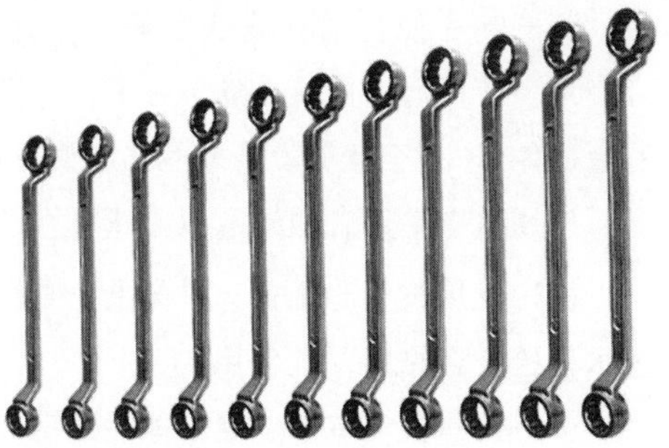

图 2-94 梅花扳手

（五）成套套筒扳手

成套套筒扳手是由一套尺寸不等的梅花套筒组成（图 2-95），使用时，弓形的手柄可连续转动，工作效率高。

（六）螺栓、螺母和螺钉的装配要点

(1) 螺栓、螺钉或螺母与扳手贴合的表面要光洁、平整，贴合处的表面应当经过加工，否则容易使联结件松动或使螺钉弯曲。

图 2-95 成套套筒扳手

(2) 螺栓、螺钉或螺母和扳手接触的表面之间应保持清洁，螺孔内的脏物应当清理干净。

(3) 拧紧成组多点螺纹联结时，必须按一定的顺序进行，并做到分次逐步拧紧（一般分三次拧紧），否则会使零件或螺杆产生松紧不一致的情况，甚至导致变形。在拧紧长方形布置的成组螺母时，应从中间开始，逐渐向两边对称地扩展；而在拧紧方形或圆形布置的成组螺母时，必须对称进行。

(4) 装配在同一位置的螺栓或螺钉时，应保证长短一致，受压均匀。

(5) 主要部位的螺钉，必须按一定的拧紧力矩来拧紧（可应用扭力扳手紧固）。因为拧紧力矩太大时，会出现螺栓或螺钉被拉长甚至断裂和工件变形现象。螺钉在工作中发生断裂，常常可能引起严重事故。而拧紧力矩太小时，则不能保证机器工作的可靠性。

(6) 连接件要有一定的夹紧力，紧密牢固。在工作中有振动或冲击时，为了防止螺钉和螺母松动，必须采用可靠的防松装置。

(7) 凡采用螺栓联结的场合，螺栓外径与光孔直径之间都有相当的空隙，装配时应先把被连接的上下零件相互位置调整好后，方可拧紧螺栓或螺母。

十、电工工具

安装模型内部低压电器元件时经常要用到低压电工工具。学生在使用电工工具时，一定要注意用电安全，防止意外发生。模型制作中常用的低压电器工具如下。

(一) 测电笔

测电笔（又称电笔）是电工常用工具之一（图 2-96），用来判别物体是否带电。它的测电范围是 60～500V 之间，它有钢笔式和螺丝刀式。由氖管（俗称氖泡）、电阻、弹簧等组成。使用时，带电体通过电笔、人体与大地之间形成一个电位差，产生电场，电笔中的氖管在电场作用下就会发光。使用电笔时必须正确握持，拇指和中指握住电笔绝缘处，食指压住笔端金属帽上。测电笔同时也是用来辨别火线和零线的工具。

测电笔在使用前须确认良好（在确有电源处试测）方可使用。使用时，应逐渐靠近被测体，手指接触笔卡（笔尾的金属体），直至氖管发光才能与被测物体直接接触。

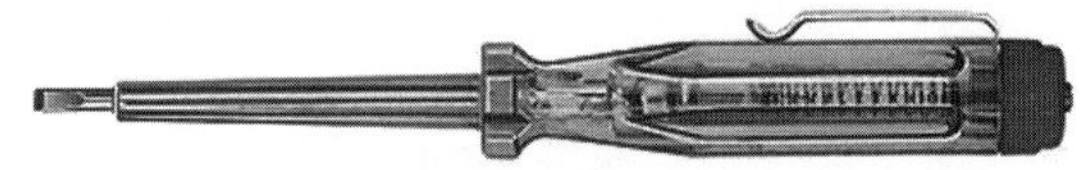

图 2-96 螺丝刀式测电笔

使用试电笔时，应注意以下事项。

(1) 使用试电笔之前，首先要检查试电笔里有无安全电阻，再直观检查试电笔是否有损坏，有无受潮或进水，检查合格后才能使用。

(2) 使用试电笔时，绝不能用手触及试电笔前端的金属探头，这样做会造成人身触电事故。

(3) 使用试电笔时，一定要用手触及试电笔尾端的金属部分，否则，因带电体、试电笔、人体与大地没有形成回路，试电笔中的氖泡不会发光，造成误判，认为带电体不带电，从而发生危险。

(4) 在测量电气设备是否带电之前，先要找一个已知电源测一测试电笔的氖泡能否正常发光，确认后才能使用。

(5) 在明亮的光线下测试带电体时，应特别注意氖泡是否真的发光（或不发光），必要时可用另一只手遮挡光线仔细判别。千万不要造成误判，将氖泡发光判断为不发光，而将有电判断为无电。

(二) 钢丝钳

电工钢丝钳由钳头和钳柄两部分组成。钳头包括钳口、齿口、刀口和铡口四部分（图 2-97）。其中钳口可用来剪切电线、掀拔铁钉；铡口可用来铡切钢丝等硬金属丝。钢丝钳柄部一般装有耐压 500V 的塑料绝缘套。

（三）尖嘴钳

尖嘴钳头部尖细（图 2－98），适合于较狭小的工作空间操作或带电操作低压电器设备，钳头用于夹持较小螺钉、垫圈、导线和把导线端头弯曲成所需形状，小刀口用于剪断细小的导线、金属丝等。

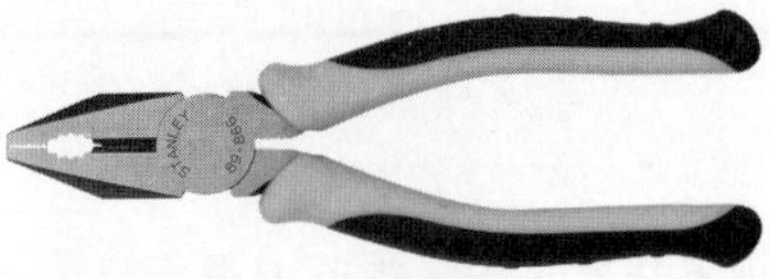

图 2－97　电工钢丝钳

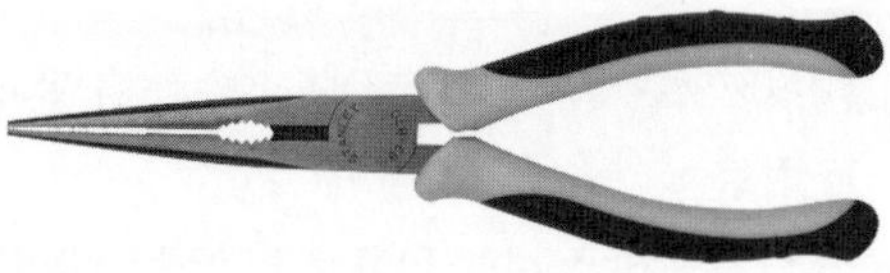

图 2－98　尖嘴钳

（四）剥线钳

剥线钳是由刀口、压线口和钳柄组成（图 2－99）。剥线钳的钳柄上套有额定工作电压 500V 的绝缘套管。剥线钳适宜用于塑料、橡胶绝缘电线、电缆芯线的剥皮。使用方法是：将待剥皮的线头置于钳头的刃口中，用手将两钳柄一捏，然后一松，绝缘皮便与芯线脱开。

（五）电工刀

电工刀是电工常用的一种切削工具（图 2－100）。主要用于切削导线绝缘层、绳索、木桩及软质金属等的工具。普通的电工刀由刀片、刀刃、刀把、刀挂等构成。不用时，可把刀片收缩到刀把内。电工刀的刀片汇集有多项功能，使用时只需一把电工刀便可完成连接导线的各项操作，无需携带其他工具。具有结构简单、使用方便、功能多样等有益效果。电工刀的刀柄不是用绝缘材料制成的，所以不能在带电导线或器材上剖削，以防触电。

图 2－99　剥线钳

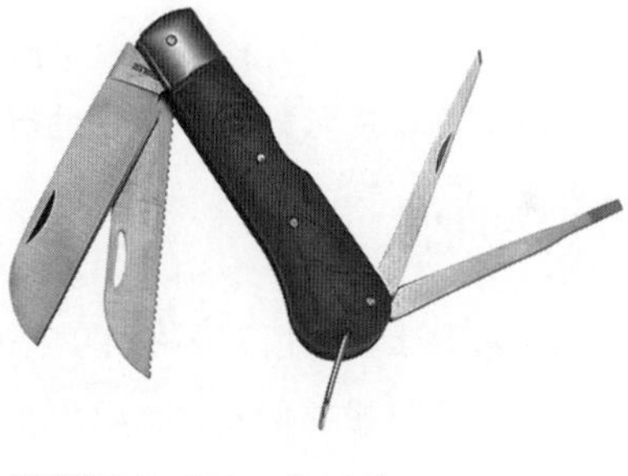

图 2－100　电工刀

（六）电烙铁

电烙铁分为内热式和外热式两种（图 2－101）。内热式的电烙铁体积较小，而且价格便宜。一般电子制作都用 20～30W 的内热式电烙铁。内热式的电烙铁发热效率较高，而且更换烙铁头也较方便。外热式的电烙铁因发热电阻在电烙铁的外面而得名。由于发热电阻丝在烙铁头的外面，有大部分的热散发到外部空间，所以加热效率低，加热速度较缓慢。一般要预热 6～7min 才能焊接。同时其体积较大，焊小型器件时不是很方便。

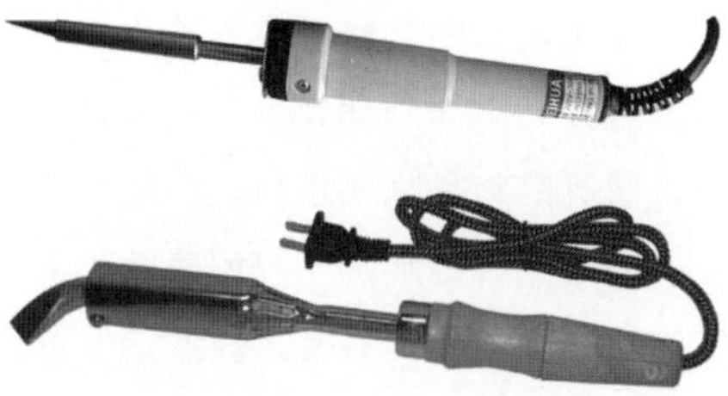

图 2－101　内热式和外热式电烙铁

电烙铁的使用方法及注意事项。

（1）选用合适焊接电子元件用的低熔点焊锡丝。

（2）用 25% 的松香溶解在 75% 的酒精（重量比）中作为助焊剂。

（3）电烙铁使用前要上锡，具体方法是：将电烙铁烧热，待刚刚能熔化焊锡时，涂上助焊剂，再用焊锡均匀地涂在烙铁头上，使烙铁头均匀地涂上一层锡。

(4) 焊接前，把焊盘和元件的引脚用细砂纸打磨干净，涂上助焊剂。用烙铁头沾取适量焊锡，接触焊点，待焊点上的焊锡全部熔化并浸没元件引线头后，电烙铁头沿着元器件的引脚轻轻往上一提离开焊点。

(5) 焊接时间不宜过长，否则容易烫坏元件，必要时可用镊子夹住管脚帮助散热。

(6) 焊接完成后，要用酒精把线路板上残余的助焊剂清洗干净，以防炭化后的助焊剂影响电路正常工作。

(7) 电烙铁应放在烙铁架上，防止烫伤身体和其他物品。

(七) 万用表

万用表分为指针式万用表和数字万用表（图 2－102），是一种多功能、多量程的测量仪表。一般万用表可测量直流电流、直流电压、交流电流、交流电压、电阻和音频电平等，有的还可以测交流电流、电容量、电感量及半导体的一些参数。

图 2－102　指针式万用表

万用表的使用方法及注意事项。

(1) 熟悉表盘上各符号的意义及各个旋钮和选择开关的主要作用。

(2) 测量前进行机械调零。

(3) 根据被测量的物理量种类及大小，选择转换开关的挡位及量程，找出对应的刻度线。

(4) 选择表笔插孔的正确位置。

(5) 在测电流、电压时，不能带电换量程。

(6) 选择量程时，要先选大的，后选小的，尽量使被测值接近于量程。

(7) 测电阻时，不能带电测量。因为测量电阻时，万用表由内部电池供电，如果带电测量则相当于接入一个额外的电源，可能损坏表头。

(8) 使用结束后应使转换开关在交流电压最大挡位或空挡上。

(9) 注意在欧姆表改换量程时，需要进行欧姆调零，无需机械调零。

十一、泥塑加工工具

制作油泥模型和黏土模型所需要的工具与其他材料加工工具有很大的不同，因此将其单独列出并讨论。许多工具都可以应用于油泥模型和黏土模型制作，在没有合适工具的情况下，还需自己制作相应的工具用来制作模型。通常情况下，自制的工具使用起来更为得心应手。模型制作中常用的泥塑加工工具如下。

(一) 刮削工具

挠子（也称刮刀）是将油泥和黏土加工成形的工具，包括平挠（也称平面挠子）、齿挠（也称带齿平面挠子）、三角挠子、圆形挠子、蛋形挠子、钢丝挠子等（图 2－103～图 2－108）。挠子的特点是操作简便，对泥量的把握和控制都比较直接，但不如钢片准确。挠子的握法是右手握住挠子的木把，左手食指和中指按住木把与钢丝交界处，右手负责前后推拉挠子，左手负责掌握挠子的刮泥量。齿挠的加工端是齿状，所以原油泥和黏土表面的起伏不会影响齿挠的加工趋势，它可以任由造型师随心所欲地加工大大小小的外表型面。当模型上大的型面都保持与模板大体一致，表面比较平顺时，齿挠的任务就完成了。与齿挠对应的工具是平挠，两者经常是交替使用。经过齿挠加工，在模型上得到的只能是大致希望得到的型面，是比较粗糙的面，还需要用平挠继续加工模型表面，而较大的齿挠面则需要钢片来刮制。注意使用齿挠和平挠时应从不同的方向进行刮削，否则容易形成波浪状的曲面。三角挠子用在小、复杂且难以使用平面刮的地方。圆形挠子用于刮削大的内部曲线。蛋形挠子用于制作细致的凹面，刻划窄槽或完成内侧反 R 面。钢丝挠子用于刮棱边、挖凹槽等细节制作。

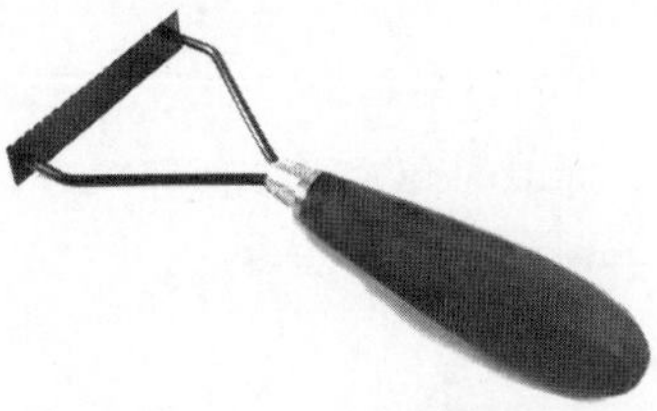
图 2-103 平面挠子

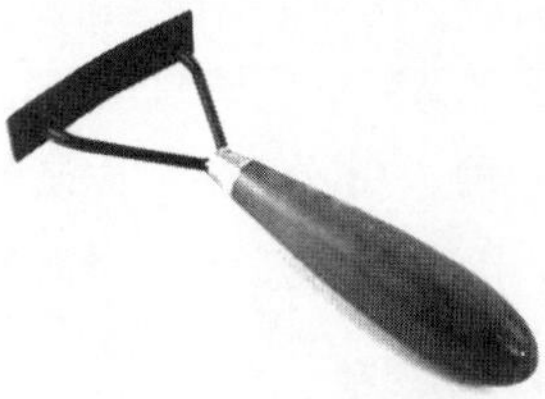
图 2-104 齿挠

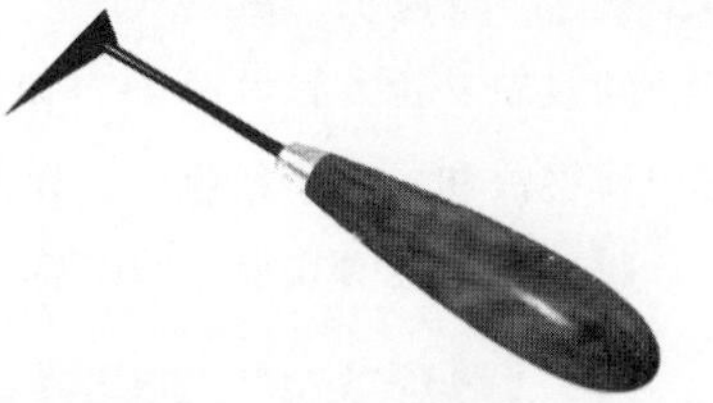
图 2-105 三角挠子

图 2-106 圆形挠子

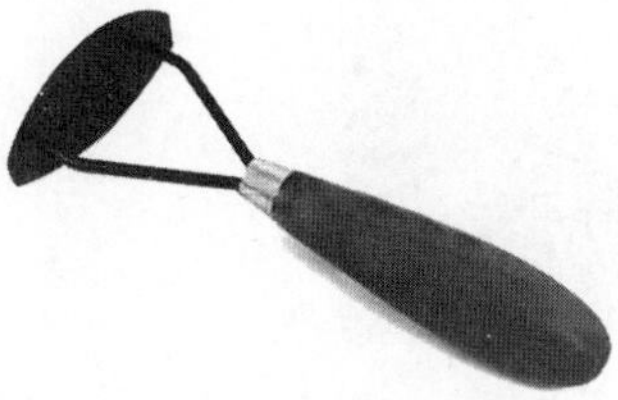
图 2-107 蛋形挠子

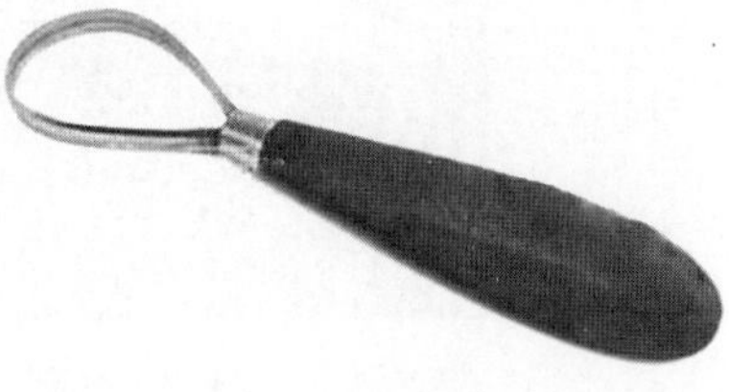
图 2-108 钢丝挠子

（二）泥塑修形刀

泥塑修形刀是用于油泥模型和黏土模型的细节塑造（图 2-109），使用时根据形态变化的需要来选用相关形状的修形刀对细节形态进行精细塑造。

（三）切、刻工具

油泥和黏土切、刻工具主要用于油泥模型和黏土模型上划线、挖切局部凹形等，尤其是在做那些局部较深而其他挠子无法刮削的地方。此类工作可以是泥塑刻刀（图 2-110）、划针等，也可以用钢锯条、水果刀等根据形态与尺度的需要自己磨制适合的工具。

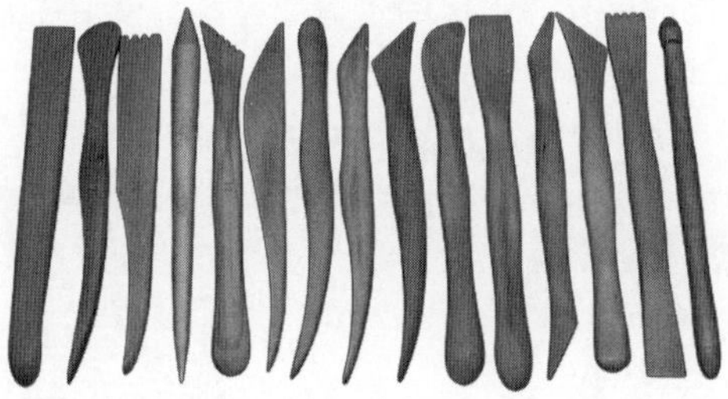
图 2-109 泥塑修形刀

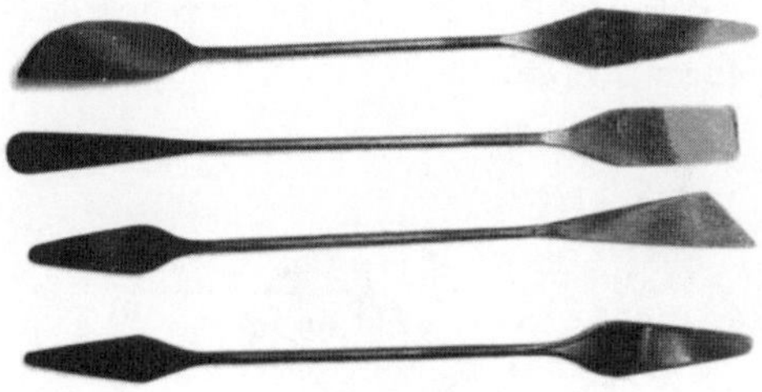
图 2-110 泥塑刻刀

十二、其他工具

除了上述手工工具以外，模型制作中常用的一些其他的手工工具如下。

（一）注射器

注射器由注射管、推柄、针头与针头帽组成（图 2-111）。在 ABS 等塑料模型制作中用作注射三氯甲烷、丙酮等溶剂，常用注射器规格为 2.5～5mL。使用注射器吸入溶剂时，先取下针头，一手抓住溶剂瓶，防止其倾倒，另一手抽拉推柄，缓慢吸入溶剂。每次根据用量吸入适量的溶剂，避免浪费，吸入完溶剂后，应立即将溶剂瓶密封盖好，防止挥发。注射溶剂时，手作用于推柄的力量要轻缓而均匀，使溶剂缓慢流出，若溶剂流出过多，会腐蚀模型的其他部位。同时还要注意眼睛不要离黏结部位太近，有可能针头被局部堵塞，溶剂从意外的方向射出，灼伤眼睛。如果不小心射入眼睛，应立即用清水冲洗。每次注射完溶剂，应立即盖上针头帽，防止异物堵塞针头和溶剂挥发。

（二）油灰刀

油灰刀又称灰铲（图 2－112），可用于铲除毛刺、调制腻子、刮腻子，还可以切削黏土、油泥、石膏等。它由薄钢片和木质手柄组成，分大、中、小号。每次用完，应及时清理表面，尤其是用来调制腻子和刮腻子后，腻子黏结在其表面，待干后无法清理，只能报废。若长时间不用，应在表面涂上一层防锈油。

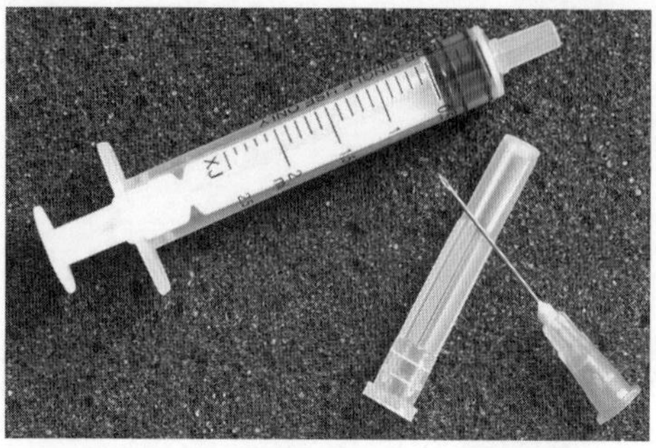

图 2－111　注射器

图 2－112　油灰刀

（三）软刮子

油灰刀等工具只能刮平面上的腻子，对于曲面上的腻子则无能为力。因此需要自制适用于在曲面上涂刮腻子的刮子，即软刮子。制作方法是：裁剪一块宽 3～4cm、厚约 2.5cm、长约 15cm 的胶皮，将宽边磨成 45°角即可（图 2－113）。使用时，用手握住刮子，手指压住刮子的根部推刮，使刮子与模型表面紧紧贴合，这样就可以刮出形态准确、表面平滑的曲面来，从而大大减少打磨的时间。

（四）喷壶和盖布

喷壶用于间断性的、时间相隔比较长的黏土模型制作过程中，对黏土定期喷施雾水，以保持必要的湿润度和可塑性（图 2－114）。使用喷壶前，先清理工作台表面的异物、工具与图纸等，防止气流将异物吹起污染模型表面，同时防止工具沾水生锈和图纸损坏。使用喷壶时，先将喷出的水调成雾状，然后在距离模型表面约 40cm 处喷射。

图 2－113　自制软刮子

图 2－114　喷壶

图 2－115　喷枪

盖布用在模型制作间断期间，将其湿润后覆盖在黏土模型表面可以保持泥体的湿润度。也可用密封性较好的软质塑料薄膜代替。

（五）喷枪

喷枪主要用于模型表面的喷涂。喷枪由喷嘴、针塞、枪体、扳手、盛料罐等组成（图 2－115）。喷枪可以用于油漆、水粉颜料、丙烯颜料等涂料的喷涂。使用喷枪时，先将喷出的涂料调成雾状，然后在距离模型表面约 40cm 处喷射。喷涂时，将喷枪匀速前进，均匀喷涂。模型表面喷涂必须多次完成，如果一次喷涂较厚，则容易形成挂流现象，这是不希望见到的，出现这种情况时，则需要用砂纸打磨掉涂层，重新喷涂。

（六）镊子

镊子一般由金属电镀或用不锈钢制成（图2－116）。一端被焊牢，利用材料的弹性另一端可开合。在比较精细的模型制作中，镊子能够比较精准地对体积较小的模型构件进行操控，提高模型制作的精致度。不同的场合需要不同的镊子，一般可以准备直头、平头和弯头镊子各一把。

（七）钢丝刷（铜丝刷）

钢丝刷（铜丝刷）由细钢丝（铜丝）制成（图2－117），适用于清除锉刀齿内残留的金属屑。使用钢丝刷时，应将钢丝顺着锉刀的纹路刷，这样有利于保护钢丝刷。

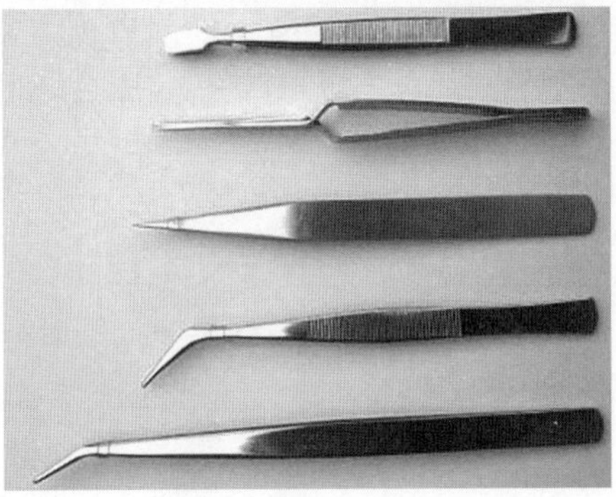
图2－116 镊子

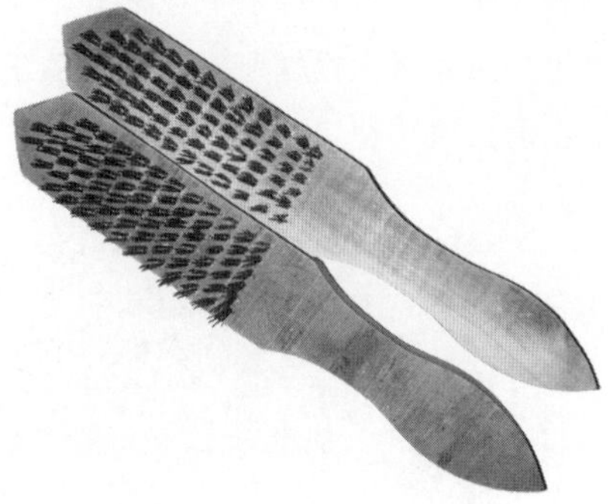
图2－117 钢丝刷

（八）毛刷

毛刷主要由羊毛、猪鬃、马毛等制成（图2－118），常用于模型表面除尘、抛光、清洗、涂饰等。

（九）铁砧

铁砧由铸钢制成（图2－119），常用的有方形和锥角矩形。适用于对金属材料的加热锻造和调直锤打等。

图2－118 毛刷

图2－119 铁砧

（十）清洁工具

在制作模型的过程中，模型上会落有很多毛屑和灰尘，还会残存一些加工的碎屑。可用毛笔、板刷、照相机清洁用的吹气机等工具进行清洁。

第三节 电动工具及其使用方法

一、热加工工具

模型制作中常用的热加工工具如下。

（一）烘箱

烘箱由箱体、箱门、热交换器、控温装置、计时器组成（图 2－120）。其箱体多用薄钢板制成，一般为双层，其间为空气夹层或充填绝热材料。箱门上装有耐高温玻璃，便于观察箱内形变情况。烘箱是油泥模型与 ABS 等塑料模型制作中常用的加热设备，也可以用于石膏模型烘干。使用烘箱时，应该佩戴石棉隔热手套防止烫伤。

（二）热风枪

热风枪由机身、出风管和手柄组成（图 2－121），适用于油泥模型与塑料工件局部加热。机身内装有单向同步电机和风轮，出风管内装有电热丝，手柄内装有手揿式多档电源开关，适用于小面积热塑性塑料的热塑加工。使用热风枪时，根据所需要加热的面积的大小，选择出风口与模型表面的距离。加热时，应将其来回扫动，防止局部过热烧焦材料。

图 2－120　烘箱

图 2－121　热风枪

热风枪使用时的注意事项：

(1) 作业时，先将加热器功率调到最低档位，通电后根据加热需要，再逐步提高到所需的理想温度。

(2) 停机前应先将旋钮调到冷风档，吹风数分钟，待出风管冷却后方可关机，以免余热烫坏机件。

(3) 操作时手切勿触及出风口，以免烫伤。用完要轻放，以免震坏枪内零部件，影响使用寿命。

（三）塑料焊枪

塑料焊枪由喷嘴、枪壳、枪芯、风机、手柄等组成。枪芯的电热丝把冷空气加热成高温热气流从喷嘴喷出，使被焊接的板材与焊条加热熔融而黏合在一起（图 2－122）。塑料焊枪使用中需要注意的事项与热风枪使用情况相同。

（四）电热丝切割机

电热丝切割机利用电流流经电热丝产生的热量，局部地融化泡沫塑料（图 2－123）。用于厚度为 l2mm 左右的聚苯乙烯和聚甲基丙烯酸酯泡沫材料的加工，特别适用于膨胀聚苯乙烯、挤压聚苯乙烯的泡沫材料。

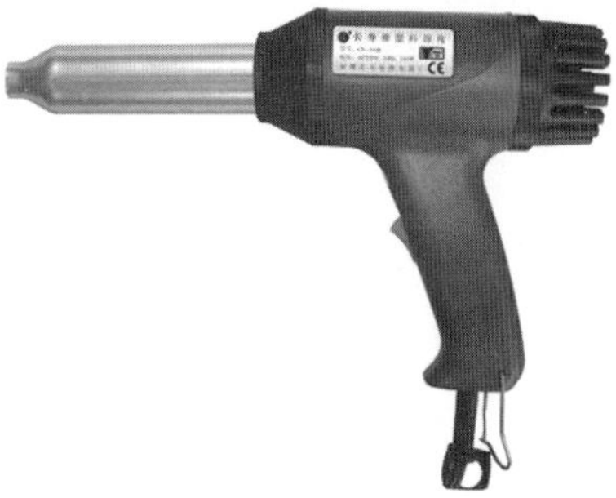

图 2－122　塑料焊枪

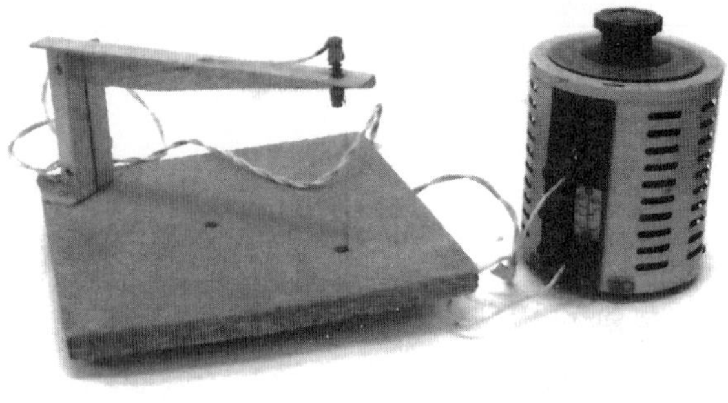

图 2－123　电热丝切割机

电热丝的温度可以根据要切割的泡沫塑料类型和密度进行精确调节。如果电热丝温度过高过热，切割线路会太宽，不均匀。如果温度太低，在切割时使用的推力会使切割线变形，甚至断掉。所以在使用前应先用一块废料试切割一下。用电热丝切割机只能切割粗略的形状。实验室可以根据常见电热丝切割机的样式自己制作出简单而有效的电热丝切割机，注意要使用符合有关法规的电气部件。

（五）热熔机

热熔机是针对有机玻璃板做热弯加工的专用机械，它能将平整的有机玻璃按设计要求热弯成各种角度，热弯无痕迹无裂缝，保持有机玻璃的原有面貌（图 2－124）。

（六）氢氧火焰抛光机

氢氧火焰抛光机是专门对有机玻璃抛光的设备（图 2－125）。采用电化学技术，通过特殊反应装置从水中提取氢氧气体，其中氢气燃烧，氧气用于助燃，产生干净的纯焰进行抛光。温度（800～3000℃）特别适合对有机玻璃的毛侧边、凹陷面、内孔、曲边等异型边角边侧的快速透明抛光。抛光的质量取决于抛光前的精磨。

图 2－124 热熔机

图 2－125 氢氧火焰抛光机

二、钻孔工具

手电钻是模型制作中常用的电动钻孔工具（图 2－126）。手电钻就是以交流电源或直流电池为动力的钻孔工具。手电钻主要由电机、齿轮减速器、输出轴、钻夹头、机壳、电源开关等构成。手电钻的工作原理是：由电机带动齿轮，齿轮变速后带动输出轴、钻夹头、钻头一起作圆周运动，通过钻头的切割刃的旋转切削工件。

钻头作为手电钻的刀具用来在实体材料上钻削出通孔或盲孔，并能对已有的孔进行扩孔。常用的钻头主要有麻花钻、扁钻、中心钻、深孔钻和套料钻（图 2－127）。扩孔钻和锪钻虽不能在实体材料上钻孔，但习惯上也将它们归为钻头一类。

图 2－126 手电钻

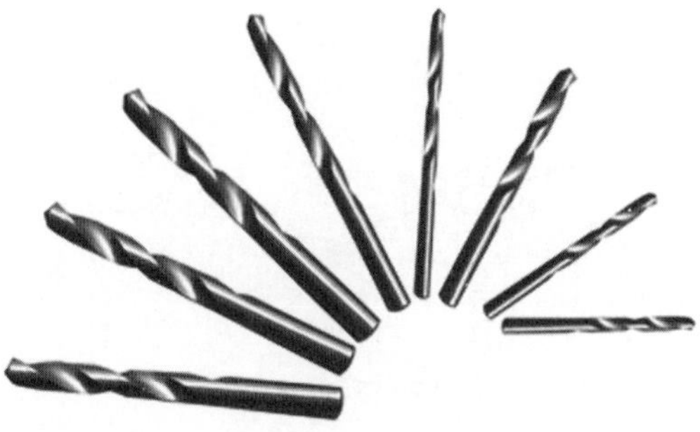

图 2－127 麻花钻头

麻花钻是应用最广的钻孔加工刀具。最常用的直径范围为1～16mm。它主要由工作部分和柄部构成。工作部分有两条螺旋形的沟槽，形似麻花，因而得名。为了减小钻孔时导向部分与孔壁间的摩擦，麻花钻自钻尖向柄部方向逐渐减小直径呈倒锥状。

由于受到常用麻花钻直径与自身材料的限制，模型制作中还常用到开孔器代替钻头进行钻孔。开孔器（又称切割器）安装在普通电钻上，就能方便地在铜、铁、不锈钢、玻璃、有机玻璃等各种板材的平面、球面等任意曲面上进行圆孔、方孔、三角孔、直线、曲线的任意切割，灵活、方便、安全，用途广泛。常见有固定直径和可变直径（飞机式）两种（图2－128、图2－129）。固定直径开孔器，又有普通型，冲击型、水冷型。开孔器常用的直径范围为14～100mm。

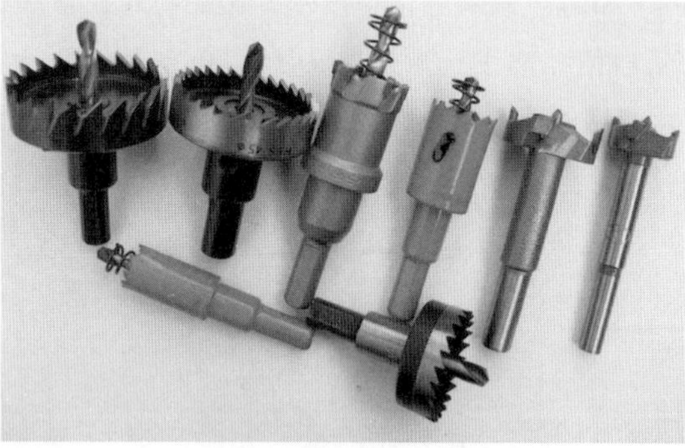

图2－128　固定直径开孔器

图2－129　可变直径木工开孔器

常用钻孔工艺主要有以下几个方面。

（一）工件的夹紧

一般钻直径8mm以下的小孔，而工件又能用手握牢时，就用手拿住工件钻孔，这样比较方便。但工件上锋利的边角要倒钝，当孔将钻穿时要特别小心，以防发生事故。钻孔直径超过8mm或用手不能握住的小工件钻孔时，必须用手虎钳、小型机用平口虎钳或C形钳等来夹紧工件（图2－130）。在平整的工件上钻孔，一般把工件夹在机用平口虎钳上（图2－131）。在圆柱形工件上钻孔，可用带夹紧装置的V形铁夹紧（图2－132），以免工件在钻孔时转动。钻通孔时，通常要在工件的下方垫木块或铁块以保护工作台面。

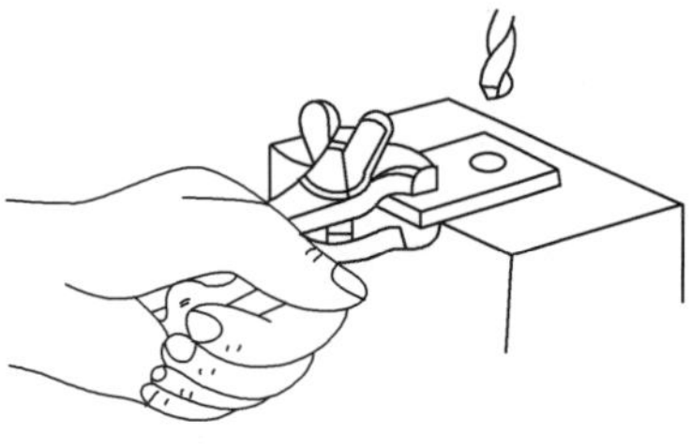

图2－130　用手虎钳夹紧

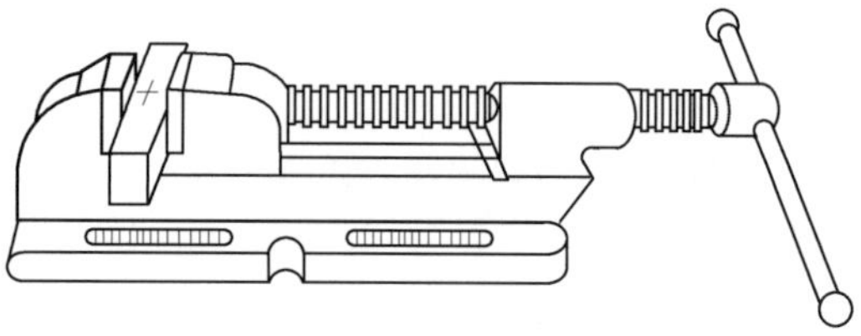

图2－131　用机用平口虎钳夹紧

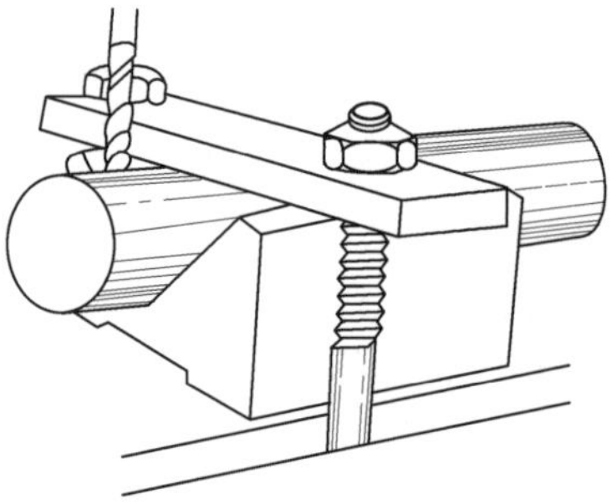

图2－132　用V形铁支承夹紧

（二）一般工件的钻孔方法

钻孔前，先把孔中心的样冲眼冲大一些，这样可使横刃预先落入样冲眼的锥坑中，钻孔时钻头就不易偏离中心。

钻孔时使钻尖对准钻孔中心（要在相互垂直的两个铅垂面方向上观察），先试钻一浅坑，如钻出的锥坑与所划的钻孔圆周线不同心，可及时予以借正，靠移动工件或移动钻床主轴（摇臂钻床钻孔时）来解决。如果偏离较多，也可用样冲或油槽錾在需要多钻去一些的部位錾几条槽，以减少此处的切削阻力而让钻头偏过来，达到校正的目的（图2－

133）。

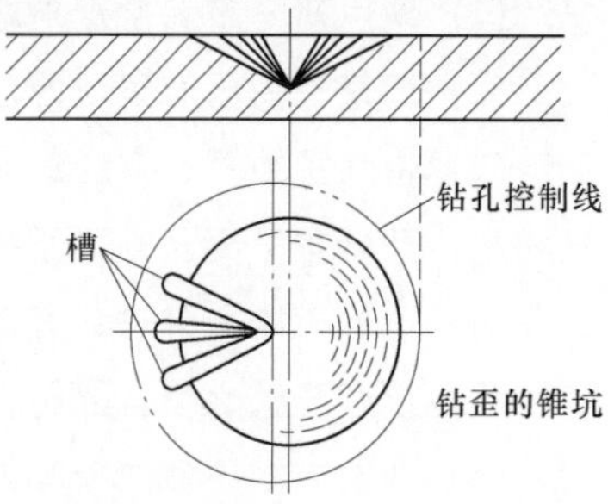

图 2－133 用錾槽来纠正钻偏的孔中心

（三）手电钻使用安全规则。

（1）电钻使用时，应戴橡胶手套，穿胶鞋或站在绝缘板上，以防因漏电而造成事故。

（2）电源电压不得超过（或低于）电钻铭牌上所规定电压的±10%，否则会损坏电钻或影响使用效果。

（3）发生故障时，应找专业电工检修，不得自行拆卸和装配。

（4）使用电钻时，必须握电钻手柄，不能拉着软线拖动电钻，以防因软线擦破、轧坏等现象而造成事故。

（5）电钻未完全停止转动时，不能卸、换钻头。

（6）停电、休息或离开工作地时，应立即切断电源。

（7）胶皮手套等绝缘用品，不许随便乱放。工作完毕时，应将电钻及绝缘用品一并存放于干燥、清洁和没有腐蚀性气体的环境中。

（四）使用电钻的注意事项

使用电钻进行钻孔时，除应遵守电钻使用安全规则外，还必须注意以下几点。

（1）电钻在使用前，须开空机运转 1min，检查传动部分是否运转正常。如有异常，应排除故障后再使用。

（2）使用的钻头必须锋利。

（3）钻孔前，孔中心的样冲眼须冲得大一些，使钻头不易偏离中心。

（4）钻孔时，先试钻一浅坑，如与所划的钻孔圆周线不同心，可依靠钻进方向作适当调整，使偏离旋转中心较远部多切去一些，从而校正中心。待试钻达到同心要求后才可继续钻下去。此时，两手用力要均匀，不宜用力过猛，钻进方向须与孔轴线保持一致。当孔将要钻穿时，应相应减小压力，以防发生事故。

（五）钻孔时的冷却和润滑

在钻削过程中，由于切屑的变形和钻头与工件的摩擦所产生的切削热，严重地降低了钻头的切削能力，甚至引起钻头退火。对工件的钻孔质量也有一定的影响。为了提高生产效率、延长钻头的使用寿命和保证钻孔质量，除采取其他的有关方法以外，在钻孔时注入充足的切削液也是一项有效措施。

钻削钢、铜、铝合金等工件材料时，一般都可用体积分数 3%～8% 的乳化液作为切削液，以起到充分的冷却作用。

在高强度材料上钻孔时，因钻头前刀面承受的压力较大，要求切削液有足够的强度，以减少摩擦和进给力。因此，可在切削液内添加硫、二硫化钼等成分。

在塑性、韧性较大的材料上钻孔时，为了减少产生积屑，要求加强润滑，在切削液中可加入适当的动物油和矿物油。

三、切割工具

模型制作中常用的电动切割工具如下。

图 2－134 角磨机

（一）角磨机

角磨机是根据砂轮机的工作原理而设计的便携式切削、打磨工具。其主要由电机、砂轮、托架、防护罩、机壳及电源等组成（如图 2－134）。

角磨机的安全操作规程及注意事项如下。

(1) 使用前一定要检查角磨机是否有防护罩，防护罩是否稳固，以及角磨机的磨片安装是否稳固。

(2) 严禁使用已有残缺的砂轮片，切割时应防止火星溅到周围人身上，并远离易燃易爆物品。

(3) 带保护眼罩，穿合适的工作服，不可穿过于宽松的工作服，不可戴首饰，长头发同学一定要先把头发扎起，严禁戴手套及袖口不扣而操作。

(4) 角磨机刚打开时会有较大的摆动，要用力握稳。

(5) 打开开关之后，要等待砂轮转动稳定后才能进行工作。

(6) 切割方向不能向着有人的方向。

(7) 连续工作半小时后要停机 15min，待其散热后再用。

(8) 用角磨机切割或打磨时要稳握角磨机把手，均匀用力。

(9) 不能用手捏住小零件用角磨机进行加工。

(10) 出现有不正常声音、过大振动或漏电时，应立刻停止使用并进行检查。

(二) 迷你切割机

迷你切割机与角磨机的工作原理相同，是一种非常便携的桌面切削、打磨工具。迷你切割机可以更换切割片和打磨片，可以切割或打磨微小型的塑料、木材、纸材等，使用非常方便，安全（如图 2－135）。

图 2－135　迷你切割机

图 2－136　手提式电动曲线锯

四、锯削工具

电动锯削工具主要用来帮助人们切割那些仅靠人力无法或很难切割、体积较大、硬度较高的物件。模型制作中常用的电动锯削工具如下。

(一) 手提式电动曲线锯

手提式电动曲线锯是一种在板材上可按曲线进行锯切的电动往复锯（图 2－136），主要由电动机、齿轮减速器、曲柄滑块机构、平衡机构、锯条夹紧装置、电源开关等组成。

其工作原理为电动机高速旋转经齿轮减速后，驱动曲柄滑块机构，由滑块带动导杆。锯条装在导杆上的夹紧装置内，背部靠在导轮上，作往复运动。锯条锯齿向上便作切割，向下作空行程。

手提式电动曲线锯的使用方法及注意事项主要有以下几点：

(1) 锯条的安装。拧松锯条夹座螺丝，锯条齿面向前方，将锯条插入到夹座的最深处，然后拧紧螺丝。工作一段时间后，要检查螺丝是否松动，要始终保持螺丝紧固。紧固后，锯条应能承受 220～360N 的拉力而不发生锯条位移。为了保证最高的工作效率，要选择最适合于工件的锯条。

(2) 导轮的调整。导轮用于工作时防止锯条折断。安装锯条时，要确保锯条背面边缘与导轮接触良好。

(3) 速度的调节。通过转动速度调节轮，可以在每分钟 800～3200 次的往复次数之间调节工具的速度。

(4) 为了防止锯屑飞散，电动曲线锯设有锯屑罩。安装拆卸锯条时，可以移动锯屑罩位置。

(5) 在锯削工件时，底座必须紧贴于工件表面，而锯条必须保持垂直。如果底座与工件分离，会造成锯条断裂。沿着事先划好的切割线向前轻轻推进工具，不得使劲用力推压，不要过于用力歪曲地推锯切割。锯削薄板时，如遇到反跳现象，要夹牢薄板。

(6) 直线锯削。使用靠模，也就是通常说的靠山板，可以保证精确直线锯削。若想减少木材切断面起毛，可使用刀口板。

(7) 内部曲线切割。对于一个没有边缘切口的内部切割，先钻一个直径大于 12mm 的孔，然后把锯条插入内孔开始切割。

(8) 在对金属、塑料等进行切割时，要使用适当的冷却剂，也可以在工件下面涂油来代替冷却剂。

(二) 台式电动曲线锯

台式电动曲线锯是一种在板材上可按曲线进行锯切的电动往复锯，主要由电动机、齿轮减速器、曲柄滑块机构、平衡机构、锯条夹紧装置、压板、工作台面、电源开关等组成（图 2－137）。台式电动曲线锯与手提式电动曲线锯的工作原理、使用方法、锯削工艺相似。不同之处在于，其锯条本身比较细，因此可以锯削各种弧度的曲线，但其加工工件的厚度比较小，一般只能加工 10mm 以内的木板、塑料板等。锯条极易折断，故加工时将压板调整到较低的位置，使其有较大的力量压住工件，同时还要能推动工件，推进时务必扶稳工件缓慢进行。锯削塑料时，必须不断添加冷却剂，防止塑料发热回黏。此外，由于其本身是固定的，其加工工件的尺寸受到工作台面的限制，没有手提式电动曲线锯灵活。

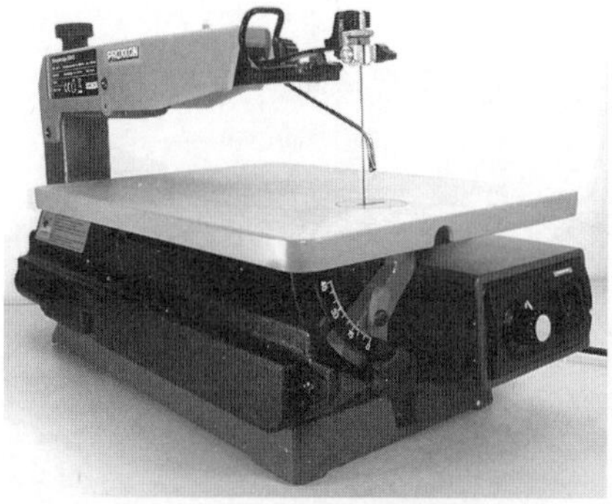

图 2－137　台式电动曲线锯

图 2－138　圆盘锯

(三) 圆盘锯

圆盘锯是一种在板材上可按直线进行锯切的电动锯（图 2－138），主要由电动机、齿轮减速器、输出轴、锯片夹紧装置、机壳、电源开关等组成。其工作原理是：电动机高速旋转经齿轮减速后，带动输出轴及锯片作圆周运动，通过锯片上的锯齿的切割刃切削工件。

圆盘锯的使用方法及注意事项有以下几点。

(1) 锯片上方必须安装保险挡板（罩），在锯片后面，离齿 10～15mm 处，必须安装弧形楔刀，锯片安装在轴上应保持正对轴心。

(2) 锯片必须平整，锯齿尖锐，不得连续缺齿两个，裂纹长度不得超过 20mm，裂缝末端须冲止裂孔。

(3) 被锯木料厚度，以锯片能露出木料 10～20mm 为限，锯齿必须在同一圆周上，夹持锯片的法兰盘的直径应为锯片直径的 1/4。

(4) 启动后，须待转速正常后方可进行锯削。锯料时必须固定木料，不得左右晃动，接近端头时，应减缓锯削速度。

(5) 如锯线走偏，应逐渐纠正，不得猛扳，以免损坏锯片。

(6) 锯片温度过高时，应用水冷却，直径 600mm 以上的锯片在操作中应喷水冷却。

五、刨削工具

手提式电刨是模型制作中常用的电动刨削工具（图 2－139）。手提式电刨是由单相串励电动机经传动带驱动刨刀进行刨削作业的手持式电动工具，主要用于加工木材，具有生产效率高、刨削表面平整、光滑等特点。电刨由电动机、刀腔结构、刨削深度调节机构、手柄、开关和不可重接插头等组成。

图 2－139　手提式电刨

刨料前应注意去除木料上的钉子等金属物体，避免损坏刀具。木料必须夹牢在工作台上，木料不得长出工作台。刨料时应视木料的长短，采用不同的姿势。入料时一手向下压前端，另一手托住木料的后端。入刨后后手平稳向前推进，前手随木料前移而向后移动，最好是压在刨刃的正上方，防止抖动。在刨到尽头时，后手压在尾端向前推。手电刨一般用于粗加工，和砂带机配合使用。

手提式电刨操作规程及注意事项如下。

（1）操作人员应了解手提式电刨的性能及主要构造，操作时握持要稳，用力要均匀适度。

（2）使用前应检查手提式电刨的外壳、手柄、插头、开关、电源线、防护罩、刨刃及接零保护等是否完好，经确认完好后方可使用，使用时必须戴绝缘手套。

（3）刨削时注意电线的位置，防止来回刨削时刨削到电源线。

（4）刨削范围应严格按说明书规定范围进行，严禁超范围使用。

（5）使用时，操作人员要经常观察电刨的工作状态。一旦发现有异常声响、异味或其他故障应立即停机检查，检修时必须将插头拔下以免发生人员伤害。

（6）连续使用时间不宜过长，否则微型电机容易过热损坏甚至烧毁，一般连续使用 2h 左右应停止操作，待其自然冷却后再行使用。

（7）更换电刨刨刃时，应把下电源插头，以免突然启动造成人员伤害。

（8）工作完毕将插头拔下，清洁电刨，把电源线盘好，放置在通风干燥处保管。

六、铣削工具

修边机是模型制作中常用的电动铣削工具（图 2－140）。修边机也称倒边机，通常是由马达、刀头以及可调整角度的保护罩组成的，通过刀头旋转对塑料板、木板等板材边缘进行倒边、修整，可以根据刀头的形状将塑料板、木板等的边缘修成相应的形状，通常用于将直角修成圆角或圆边，也用作塑料板、木板等局部抛光处理。在模型制作中主要应用在模型底座、景观建筑及小品的整形处理。

图 2－140　修边机

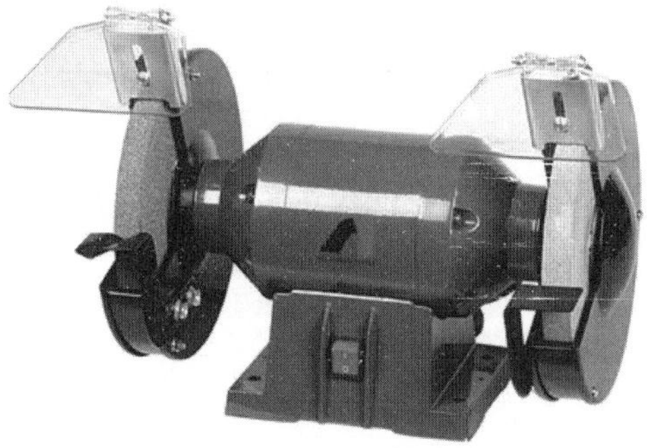
图 2－141　砂轮机

七、打磨工具

打磨是模型制作中必不可少的一个环节，模型制作中常用的电动打磨工具如下。

（一）砂轮机

砂轮机是用来刃磨各种刀具、工具的常用设备，也常用作磨削 ABS 塑料板。其主要由基座、砂轮、电动机或其他动力源、托架、防护罩等组成（图 2－141）。其工作原理是：电机带动输出轴，输出轴带动砂轮作圆周运动。通过高硬度、高耐磨性的砂轮与工件的高速摩擦作用，从而对工件进行磨削。砂轮较脆、转速很高，使用时应严格遵守安全操作规程。

砂轮机的安全操作规程及注意事项如下：

（1）根据砂轮使用的说明书，选择与砂轮机主轴转数相符合的砂轮。

（2）新砂轮要有出厂合格证，或检查试验标志。安装前如发现砂轮的质量、硬度、粒度和外观有裂缝等缺陷时，不可使用。

（3）安装砂轮时，砂轮的内孔与主轴配合的间隙不宜太紧，应按松动配合的技术要求，一般控制在 0.05～0.10mm 之间。

（4）砂轮两面要装有法兰盘，其直径不得小于砂轮直径的 1/3，砂轮与法兰盘之间应垫好衬垫。

（5）拧紧螺帽时，要用专用的扳手，不能拧得太紧，严禁用硬的东西锤敲，防止砂轮受击碎裂。

（6）砂轮装好后，要装防护罩，挡板和托架。挡板和托架与砂轮之间的间隙，应保持在 1～3mm 内，并要略低于砂轮的中心。

（7）新装砂轮启动时，不要过急，先点动检查，经过 5～10min 试转后，才能使用。

（8）初磨时不能用力过猛，以免砂轮受力不均而发生事故。

（9）禁止磨削紫铜、铅、木头等东西，以防砂轮嵌塞。

（10）磨削时，人应站在砂轮机的侧面，不准两人同时在一块砂轮上磨刀。

（11）磨削时间较长的刀具，应及时进行冷却，防止烫手。

（12）经常修整砂轮表面的平衡度，保持良好的状态。

（13）应戴好防护眼镜。

（二）平板砂磨机

平板砂磨机主要是用来平面打磨，其主要由电动机、减速箱、偏心轴-连杆机构、砂纸托架、开关等组成（图 2－142）。其工作原理是电机通过减速箱驱动偏心轴-连杆机构，使其带动砂纸托架作往复运动，使固定在砂纸托架上的砂纸磨削平板工件，砂纸粗细程度不同，打磨出来的表面的质量也不同。平板砂磨机是相对安全的工具，使用时注意不要用来打磨非平面工件，否则会由于局部磨损而使得托架不再平整。

图 2－142 平板砂磨机

图 2－143 抛光机

(三) 抛光机

抛光机是一种抛光、打磨的电动工具，抛光机由底座、抛盘、抛光织物、抛光罩及盖等基本元件组成(图2－143)。电动机固定在底座上，固定抛光盘用的锥套通过螺钉与电动机轴相连。抛光织物通过套圈紧固在抛光盘上，电动机通过底座上的开关接通电源启动后，便可用手对试样施加压力在转动的抛光盘上进行抛光。抛光过程中加入的抛光液可通过固定在底座上的塑料盘中的排水管流入置于抛光机旁的方盘内。抛光罩及盖可防止灰土及其他杂物在机器不使用时落在抛光织物上而影响使用效果。

抛光机可以快速修补深度划痕、轻微刮花，快速打磨或抛光污迹和油漆等；适用于去毛刺、形成圆倒角；适用于装饰性金属加工，在加工过程中不会形成暗影、过渡地带和装饰面不均匀等；此外还可以用于加工各种精度不同的雪花纹、拉丝纹、波浪纹、哑光面、镜面等表面效果；它还适用于金属、木材、塑料、玻璃钢等模型的表面抛光、打磨处理。

图2－144　砂带机

(四) 砂带机

砂带机是一种电动打磨工具，主要用于平面的打磨和抛光。砂带机打磨面宽，操作简便，打磨速度快，效果较好，是一种较为理想的电动打磨工具。有的砂带机功能较多，还能多个相交面加工 (图2－144)，其缺点是需要专用的砂纸带。

砂带机安全操作规程如下：

(1) 开动砂带机前首先检查轮盘、皮带罩壳是否齐全牢固，砂纸是否有破损。检查后方可开启，待速度稳定后才能使用。

(2) 磨削时工件要拿牢，同时人要站在设备的侧面工作，尽量避开砂带旋转面。

(3) 磨削时工件应夹紧抓牢，工件应慢慢接触砂纸，不能速度太快或用力太猛，应均匀磨削。

(4) 砂纸安装时需夹紧牢固，磨削物体时必须用钳子夹住，不可用手直接打磨。

(5) 砂带机不能在振动较大的轮盘上工作。

(6) 砂带机使用结束后，应立即关闭电源。

八、其他电动工具

除了上述电动工具以外，模型制作中常用的一些其他电动工具如下。

(一) 静电植绒机

静电植绒机是用于大面积铺种草地的设备，使用方便 (图2－145)。静电植绒是利用电荷同性相斥异性相吸的物理特性，使绒毛带上负电荷，把需要植绒的物体放在零电位或接地条件下，绒毛受到异电位被植物体的吸引，呈垂直方向加速落到需要植绒的物体表面上。由于被植物体涂有胶黏剂，绒毛就被垂直黏在被植物体上，各种基材的表面均可植绒，并且不受被植物体形状、大小的限制。植绒特点为立体感强、颜色鲜艳、手感柔和、形象逼真、无毒无味、保温防潮、不脱绒、耐摩擦、平整无隙。

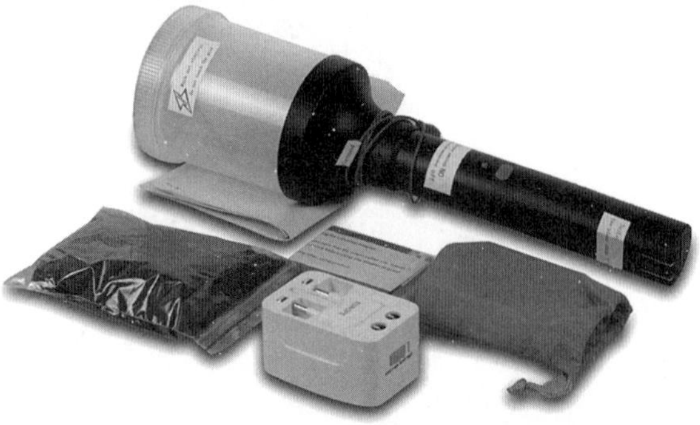

图2－145　静电植绒机

(二) 粉碎机

粉碎机起粉碎作用 (图2－146)。一般把已染色的海绵粉碎成小颗粒后，再加工成各种植物或草地。

(三) 灯光放大镜

灯光放大镜主要用于小型物件的放大，在精细雕刻时经常应用（图 2－147）。

图 2－146　粉碎机

图 2－147　灯光放大镜

（四）微型组合机床

微型组合机床分为不同的功能模块，有基本的锯、钻、磨、木车、金车、铣等手动加工工具和数控加工工具，功能模块可以随意组合。由于电机功率小，操作非常安全（图 2－148）。微型组合机床分标准型和专业型，适用于加工模型上的小异型件。

图 2－148　微型组合机床

图 2－149　小型多功能机床

（五）小型多功能机床

小型多功能机床是具有车床、铣床、钻床等多种加工功能的小型机床。对于一些材质相对较硬、尺寸相对较大的构件，微型组合机床难以胜任，此时就要用小型机床加工（图 2－149）。考虑到方便的因素，选择小型多功能机床用于加工比较合适。各种机床安全操作规程如下。

1. 车床安全操作规程

（1）工作前按规定润滑机床，检查各手柄是否到位，并开慢车试运转五分钟，确认一切正常方能操作。

（2）卡盘夹头要上牢，开机时扳手不能留在卡盘或夹头上。

（3）工件和刀具装夹要牢固，刀杆不应伸出过长（镗孔除外）。转动小刀架要停车，防止刀具碰撞卡盘、工件或划破手。

（4）工件运转时，操作者不能正对工件站立，身不靠车床，脚不踏油盘。

（5）高速切削时，应使用断屑器和挡护屏。

（6）禁止高速反刹车，同时退车和停车要平稳。

（7）清除铁屑，应用刷子或专用钩。

（8）用锉刀打光工件时，必须右手在前，左手在后。用砂布打光工件时，要用“手夹”等工具，以防绞伤。

（9）一切在用工、量、刃具应放于附近的安全位置，做到整齐有序。

(10) 车床未停稳，禁止在车头上取工件或测量工件。

(11) 车床工作时，禁止打开或卸下防护装置。

(12) 工作完毕后应关闭电源，清扫和擦拭车床，并将尾座和溜板箱退到床身最右端。

2. 铣床安全操作规程

(1) 操作前检查铣床各部位手柄是否正常，按规定加注润滑油，并低速试运转1～2min，确认一切正常后方能操作。

(2) 工作前应穿好工作服，女生要戴工作帽，操作时严禁戴手套。

(3) 装夹工件要稳固。装卸、对刀、测量、变速、紧固心轴及清洁机床，都必须在机床停稳后进行。

(4) 工作台上禁止放置量具、工件及其他杂物。

(5) 开车时，应检查工件和铣刀相互位置是否恰当。

(6) 铣床自动走刀时，手把与丝扣要脱开。工作台不能走到两个极限位置，限位块应安置牢固。

(7) 铣床运转时，禁止徒手或用棉纱清扫机床，人不能站在铣刀的切线方向，更不得用嘴吹切屑。

(8) 工作台与升降台移动前，必须将固定螺丝松开；不移动时，将螺母拧紧。

(9) 刀杆、拉杆、夹头和刀具要在开机前装好并拧紧，不得利用主轴动转来帮助装卸。

(10) 工作完毕应关闭电源，清扫机床，并将手柄置于空位，工作台移至正中。

3. 钻床安全操作规程

(1) 工作前必须全面检查各部分操作机构是否正常，将摇臂导轨用细棉纱擦拭干净并按润滑油牌号注油。

(2) 摇臂和主轴箱各部锁紧后方能进行操作。

(3) 摇臂回转范围内不得有障碍物。

(4) 开钻前，钻床的工作台、工件、夹具、刃具，必须找正，紧固。

(5) 正确选用主轴转速和进刀量，不得超载使用。

(6) 超出工作台进行钻孔时，工件必须平稳。

(7) 机床在运转及自动进刀时，不许变换速度，若变速只能待主轴完全停止才能进行。

(8) 装卸刃具及测量工件必须在停机中进行，不许直接用手拿工件钻削、不得戴手套操作。

(9) 工作中发现有异常的响声，必须立即停车检查排除故障。

(六) 拉坯机

拉坯是制作陶瓷的工序，是成型的最初阶段，也是器物的雏形制作。它是将制备好的泥料放在拉坯机上，用轮制成型方法制成具有一定形状和尺寸的坯件。模型制作中常用拉坯机制作回转体黏土模型（图2-150），有时也用来做成1∶1的真实构件，以研究建筑细部的设计和造型。

(七) 小型陶瓷电窑

小型陶瓷电窑以是电力为能源升温烧结泥件等的设备（图2-151）。模型制作中用小型电窑将塑造成型的泥件烧制定型。电窑相对煤、气窑来说温度变化控制精确，配合相应元件可达到的烧结温度更高。但电窑功率大，对变压器容量有一定要求，多数情况下能耗成本高于煤、气窑。

图2-150 拉坯机

(八) 电脑雕刻机

电脑雕刻机即用电脑控制的雕刻机，也可叫做电脑数控雕刻机（图2-152）。现在市场上电脑雕刻机种类颇多，占市场主流的电脑雕刻机包括木工雕刻机、广告雕刻机、石材雕刻机、圆柱雕刻机、激光雕刻机、激光切割机、激光打标机、玻璃雕刻机、金属雕刻机。电脑雕刻机由计算机、雕刻机控制器和雕刻机主机三部分组成。其工作原理是：通过计

图 2－151 小型陶瓷电窑

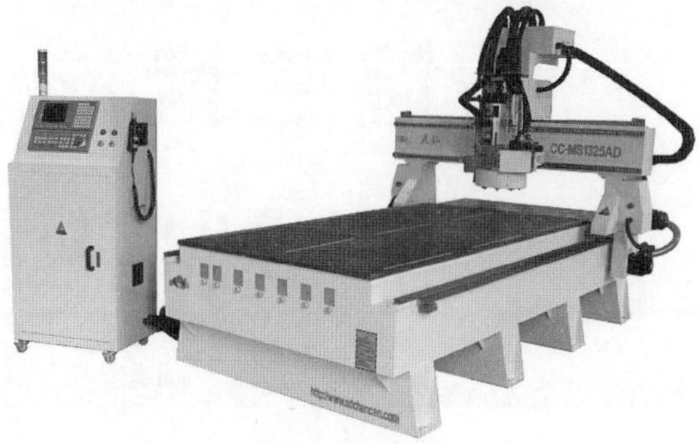

图 2－152 电脑雕刻机

算机内配置的专用雕刻软件进行设计和排版，并由计算机把设计和排版的信息自动传送至雕刻机控制器中，再由控制器把这些信息转化成能驱动步进电机或伺服电机的带有功率的信号（脉冲串），控制雕刻机主机生成 X、Y、Z 三轴的雕刻走刀路基径。同时，雕刻机上的高速旋转雕刻头通过按加工材质配置的刀具，对固定于主机工作台上的加工材料进行切削，即可雕刻出在计算机中设计的各种平面或立体的图形及文字，实现雕刻的自动化作业。

其操作流程是：首先把需要雕刻的图案在设计软件里完成设计，选择刀具，自动计算路径（路径是编程软件根据所选的刀具计算出的刀具运动轨迹）并输出路径文件。其次把输出的路径文件导入雕刻机控制软件，然后仿真运行，确定无误后就即可开始加工。

电脑雕刻机作为一种 CAD/CAM 新技术已广泛应用在模型制作行业，是对传统的手工模型制作方式的一次巨大技术更新，为传统工艺中很多难以解决的问题提供了新的解决方法。主要特点是加工效率高、精准且加工材料范围广。当然，作为高速的机械加工设备，操作的安全是不容忽视的问题，需要在有专门经验的老师指导下操作，尤其是新手使用时一定要注意安全。另外，加工过程是一次操作完成的，所以在软件制图的过程中要仔细，认真检查数据后，再上机加工，避免材料浪费。

雕刻机的品牌很多，主要有：法国的嘉宝、美国的鹰牌、加拿大的罗特和日本的路蓝得等。在型号选择上，一般选用 Z 轴行程大于 100mm，X、Y 轴行程为 1200mm × 1200mm、1200mm × 1800mm、1200mm × 2400mm 等型号，主要以将来需要加工的工件尺寸大小作为购买的依据。雕刻机的精度一般都已经达到 0.05mm，雕刻速度通常在 5～6m/min 以上，加工精度和效率比手工制作高得多。

雕刻机使用的软件有：Type3、artcarm、castmate、proe、CorelDRAW 和文泰等各种 CAD/CAM 软件。通常这些软件都能兼容，支持的文件格式有 mmg、plt、dwg、dxf、bmp、cdr、dst 等。

雕刻机可以加工的材料范围包括铜、铝、铁等软金属材料，以及人造大理石、砂石，塑料板、PVC 管材、木板等非金属材料。针对不同材料的硬度、塑性等材料性能，加工速度有所不同。合理的操作方法可以减少材料的浪费和避免刀具损坏，延长机器的使用寿命。

购买雕刻机时，公司会派专门人员进行培训，包括软件制图和加工工艺等，在此不作详述。

由于模型制作的材料、形态、结构、尺度等要求多种多样，涉及的工具品种繁多，以上介绍的工具均为常用工具，其他特殊工具从略。遇到形态较复杂的模型时，还需要自行制作专用加工工具。

第三章
模型制作材料

第一节　模型制作材料概述

模型材料是模型构成的基础，它决定了模型的表面形态和立体形态。用于环境艺术模型的原材料很多，可以根据设计需要选择材料，以达到预想的设计效果。模型制作选材取决于模型的用途、表现的内容、模型的比例、可供使用的工具和制作者的手艺及制作者的偏爱等多方面的因素。模型材料的品种多种多样，每一种材料都有不同的特性和用途。在使用中一定要分清类别，不同种类的材料要采取不同的加工技法，避免因材料特性不适应加工设备而造成浪费。作为模型制作人员，平时应该多注意搜集相关的信息和资料，即使平时不起眼的材料也能够为模型增色，在制作时应勤于思考，勇于选用不同材料，开创新的制作方法。

材料的种类很多，从不同的角度出发，可以将模型材料分成不同的类别。按模型材料的使用特性分类，可以分为建筑结构框架材料、建筑物表面装饰材料、环境装饰材料、底盘材料等。按材料的物理化学特性分类，可以分为木质材料、纸质材料、塑料材料、玻璃材料、金属材料、石膏材料、涂料、胶黏剂等。按材料在模型制作过程中所担任的角色分类，可以分为主体材料、辅助材料。

随着科学技术的进步与发展，模型材料概念的内涵与外延在不断改变。模型制作的主材和辅材界限的区分也越来越模糊，特别是用于模型制作的基本材料呈现多品种、多样化的趋势。由过去单一的板材，发展到点、线、面、块等多种形态的基本材料，每一次主材的变化都会带来制作工艺、制作设备等一系列的连锁变化。同时，模型制作的专业性材料与非专业性材料的界限也越来越模糊。另外，随着表现手段的日臻完善和对模型制作认识与理解的深入，很多非专业性的材料和生活中的废弃物也被当作制作模型的辅助材料。这一现象的出现无疑给模型的制作带来了更多的选择余地，同时也产生了一些负面效应。一些模型制作者认为，材料选用的档次越高，其最终效果也越好。其实不然，任何事物都是相对而言的，高档次材料固然好，但模型制作所追求的是整体的最终效果，如果违背了这一原则，那么档次再高、再好的材料也会黯然失色，失去它自身的价值。

模型制作者应该尽可能地收集材料，在上面标注名称，并且需要持续不断地补充完善。所收集的材料可以来自完全不同的领域，它们往往会适当地带给模型一种令人惊讶的效果。所有这些材料都必须能在工作场所一目了然且随手可得。它们刺激着制造者的想象力，也能带给我们惊喜。初学者应该仔细研究一些优秀的模型，分析其选材、制作方法与表现效果之间的关系。通过不断学习与试验，逐渐了解各种材料与工艺的特点，最终掌握具有独特个人风格的“模型语言”。

每种材料都有各自不同的特点，模型制作时需根据实际需要进行选择。模型制作常用材料的特点如下。

(1) 纸材的优点是价廉物美、适用范围广、品种与色彩多样、易于加工和塑形、上手快、表现力强。其缺点是材料物理特性较差、强度低、吸湿性强、受潮易变形，在建筑模型制作过程中，黏接速度慢，成型后不易修整。

(2) 塑料的优点是强度和刚度较高、可塑性特别强、可用于复杂曲面的表现、加工较为容易、易于黏接、可以精细地表现产品细节、精度高、不易变形、稳定性好、表面涂饰效果非常理想、可以达到各种不同质感的表现要求。缺点是加工程序较为复杂、曲面表现需要先制作石膏母模、加工周期较长、成本较高。常用于制作展示模型、结构模型、功能实验模型等。这里所说的塑料是指一些质地紧密的塑料，如 ABS 板、亚克力板、有机玻璃板、PVC 板等，不包括后文所提及的泡沫塑料。由于两者在物理性能、机械性能方面存在巨大的差异，在模型制作中的贡献与表现效果也大不相同，因此有必要对两者进行分别讨论。

(3) 泡沫塑料的优点是加工容易、成型速度非常快、重量轻、容易搬运、材质松软、不变形、价格低廉、具有一定强度、能较长时间保存。缺点是强度低、刚度低、怕重压碰撞、不易进行精细加工、不易修补、不能直接着色涂饰、表面涂饰程序繁复、效果较差、易受溶剂侵蚀。泡沫塑料适宜制作形状不太复杂的概念模型。

(4) 木材种类繁多，各种木材的物理性能、机械性能、化学性能与加工性能等存在很大差异，木模型制作的材料根据产品形态表现的需要进行选择，如平面形态表现可选择各种天然的木板材和复合板材。常见的复合板材有木芯板、胶合板、多层夹板、密度板材等。对于曲面形态表现可以选择较易加工且木纤维较细腻的天然木材，如轻木、巴沙木、桐木、松木、黄杨木等。木材的优点是强度高、刚度高、不易变形、重量较轻、运输方便、表面较易于涂饰且涂饰效果好、可进行较深入的细节表现、连接方式多样、价格较低廉。缺点是加工工艺要求非常高，对于初学者来说不易掌控；加工难度大，尤其是对体力较小的女生而言是非常困难的。使用木材做大型的古建模型，必须使用专业化的木材加工设备来完成。用板材表现平面形态时可以制作形态较大的模型。用实体木块表现曲面形态时，尤其是对于学生而言，只适宜制作体积小的配景模型。木材常用来制作底盘、展台等。

(5) 金属的优点是强度、刚度和硬度高，连接方式多样、表面易于涂饰、涂饰效果好。缺点是加工成形难度非常大，不易修改而且易生锈。在模型制作中，金属经常作为辅助材料来使用。与木材一样，大型的模型必须使用专业化的加工设备来辅助完成。当然，对于形体小，且加工量不大的配景模型，也可以利用现有金属型材加工。金属可以用来制作结构模型与功能模型。

(6) 石膏的优点是强度和刚度较高、成形容易、不易变形、可进行较深入的细节表现、价格低廉、便于较长时间保存。以石膏材料制作的模具可以对模型进行如实翻制。缺点是较重、怕碰撞挤压、可涂饰着色但表面涂饰效果较差。一般用于制作形态不太大，细节不太多，形状也不太复杂的配景模型、地形学模型、概念模型。也可以制作玻璃钢模型的阴模和塑料模型压模的阳模等。

(7) 玻璃钢的优点是强度和刚度较高、不易变形、可以进行曲面表现、可以较为精细地表现产品细节、稳定性好、表面易于装饰、可以长时间保存。缺点是修改非常困难、不太容易黏接、加工程序复杂、加工周期长、成本较高。适用于重要的配景模型制作。

(8) 黏土的优点是取材容易、价格低廉、可塑性好、加工效率高、易于黏接、修改方便、可以回收和重复使用。缺点是材料的强度与刚度低，只能制作实心模型，从而导致模型重量较大；体积较大的黏土模型移动困难，对于模型细节部位较难精细加工；不易涂饰着色，表面涂饰效果较差；模型风干后产生收缩变形和龟裂，不易长久保存。采用黏土加工模型，方便快捷，可随时进行修改。因此适合用来制作小体积的配景模型、地形学模型、概念模型，还可以制作玻璃钢模型的母模。

(9) 油泥的优点是可塑性好，油泥经过加热软化便可自由塑造修改；易于黏接，加工效率高；不易干裂变形，可以回收和重复使用；特别适合表现曲面造型。油泥的可塑性优于黏土，可进行较深入的细节表现，收缩变形小，可以较长时间保存。缺点是材料的强度和刚度低、重量较大、不易涂饰着色，材料、工具与表面覆膜的成本比较高。油泥模型一般可用来制作配景模型和概念模型。

第二节 模型主体材料

主体材料是用于制作模型主体部分的材料。常用的有纸材、塑料、泡沫塑料、木材、金属、石膏、玻璃钢等。在模型制作过程中，对于材料的使用没有强制规定。不变形、不掉色、无毒害、无异味的材料都可以考虑作为模型材料，只有对各种材料的基本特性及适用范围都有透彻的了解，才能做到物尽其用，得心应手，从而发挥出材料的最佳特性。

一、纸材

纸材是模型表现的常用材料，其品种的日益增多为环境艺术模型行业的发展带来了契机。纸材质量的优劣取决于其纤维构成成分及加工处理后所具备的性能特征。纸张的外观性能指标包括色度、平滑度、尺度、厚度、光洁度、尘埃度、吸潮性与耐蚀性等；机械性能指标包括抗张力、伸张率、耐折度、耐破度和撕裂度等，选用纸张需要考虑上述性能。纸材按其重量和厚度分为两类：厚度在0.1mm以下、每平方米重量不大于200g的称为纸，厚度大于0.1mm、每平方米重量在200g以上的称之为纸板。环境艺术模型常用纸材有以下几种。

（一）卡纸

卡纸有白卡纸和颜色卡纸，光面纸和纹面纸，水彩卡纸和双面卡纸，国产卡纸和进口卡纸之分（图3-1）。厚度一般为0.5～3mm，可用来制作建筑的骨架、桥梁、栏杆、阳台、楼梯扶手、组合式家具等。

（二）厚纸板

厚纸板通常为灰色、卡其色和白色（图3-2），灰色厚纸板因其成分是曾被印刷过的旧纸而呈灰色，而卡其色厚纸板则是因其含有被煮过的木纤维而呈卡其色。厚纸板的标准尺寸规格是700mm×1000mm，此外也有750mm×1000mm及其他规格的。厚纸板的厚度一般为0.5～4.0mm，其中1mm与2.5mm的厚纸板最常用。

图3-1 卡纸

图3-2 厚纸板

（三）瓦楞纸

瓦楞纸选用品质优良的牛皮纸或纸袋纸制成，外观形状和屋面瓦楞的形状相似，分单层与多层两种（图3-3、图3-4）。单层纸呈波浪形，为美工纸，在模型中常用来制作别墅和具有民族风格的屋顶斜面瓦楞，如琉璃瓦、梯滑砖以及屋顶的隔热层等。瓦楞纸的波浪越细小越坚固。多层瓦楞纸的中间为波浪形，外侧为平板形，两种形状的纸依次排列，具有良好的弹性和韧性，常用于制作地形模型，但若负荷过量会被压扁变形。

常用的纸材加工工具有美工刀、手术刀、雕刻刀和剪刀等。纸材加工成型的方法十分简单，一般采用剪、刻、切、挖、雕、折、叠、黏等方法，黏贴的材料最好使用白乳胶、双面胶或模型胶（PU胶）等。

图3-3 单层瓦楞纸

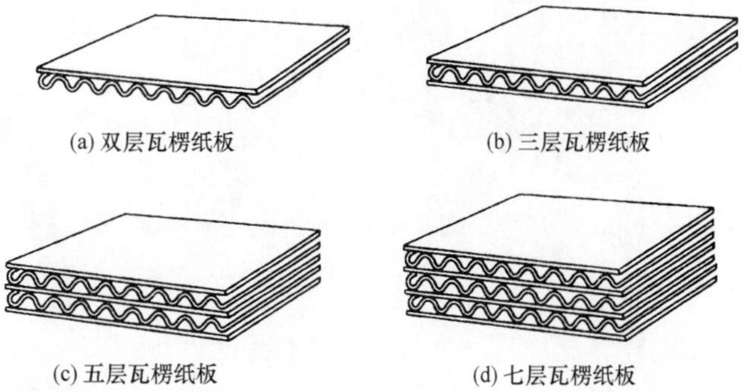

图3-4 多层瓦楞纸

二、塑料

塑料是用化学方法合成的聚合物。根据热变形性质，塑料可分为热塑性塑料和热固性塑料两类。热塑性塑料是以热塑性树脂为基本成分的塑料。加热时这种塑料能受热熔融，塑化成型，冷却后硬化定型，且这一过程可反复进行，直至塑料分解为止。在反复塑制过程中，塑料只发生物理变化。聚烯烃类、聚乙烯基类、聚苯乙烯类、聚酰胺类、聚丙烯酸酯类、聚甲醛、聚碳酸酯、聚砜、聚苯醚等都属于热塑性塑料。热固性塑料是以热固性树脂为基本材料成分的塑料。热固性塑料在加热时软化，熔融，塑化成型，加热到一定的温度时高分子间产生化学交联反应，冷却固化则不再熔融，再加热不软化，直至塑料分解为止，工艺上不具备重复加工性。酚醛、脲醛、三聚氰胺、环氧、不饱和聚酯、有机硅等都属于热固性塑料。

常用与制作模型的塑料品种有如下几种。

（一）ABS

ABS塑料是由丙烯腈（A）、丁二烯（B）和苯乙烯（S）聚合而成的线型高分子材料，ABS塑料充分发挥了三组单元各自的属性特征，如丙烯腈的刚性、耐热性和耐化学腐蚀性，丁二烯的抗冲击韧性，苯乙烯的易加工性和易着色性等优点。目前，ABS塑料是世界上产量最大、应用最广泛的塑料。

ABS塑料有各种颜色，一般为不透明，常见的是浅象牙色或瓷白色，密度为1.02～1.05g/cm^3，无毒无味（图3-5）。耐热性较差，热变形温度为90℃左右，加热后可软化塑制，2mm厚的ABS平板一般的模塑温度为135～143℃，熔化温度为245～280℃，高于270℃时发生分解，易燃烧但燃烧缓慢。机械性能良好，坚韧性强，有较高的耐磨性和尺寸稳定性，可进行车、铣、刨、锉、钻、锯等切削加工，可用溶剂黏接。模塑性好、热收缩率较小（0.5%～0.7%）、蠕变性低，可制造尺寸精度要求较高和造型较复杂的模型。ABS塑料具有良好的化学稳定性，不溶于大部分醇类和烃类溶剂，但溶于丙酮和氯仿（三氯甲烷）。良好的着色和表面涂装性能，表面经打磨、抛光、喷漆后可以获得令人满意的肌理和色彩。根据设计的要求可以进行丝网印刷、喷绘、电镀等加工。

模型制作采用的ABS塑料主要有板材、棒材、管材，棒材有方形、圆形、椭圆形、六边形等（图3-6）。ABS塑料经画线、切割后可直接黏制成型，也可用于热压塑制成型。由于受手工制造者的力量限制，热压塑制成型一般只能加工1～3.5mm厚度的板材，ABS板料叠加黏成块材后可进行车、铣、刨、磨、钻等机械加工及锯、钻、磨、锉、刻等手工加工。ABS板是最为常用的手工及电脑雕刻加工制作模型的材料，可以用于制作环境艺术模型的框架、墙面、台阶、立柱等。

ABS塑料有不同配方，因此也带来了一些性能差异，是否符合模型使用要求需要试验以后才知道。一般用于热压的板料应具有良好的热延展性，且具有较好的柔韧性。但有的ABS塑料比较坚硬，受热不容易拉伸，容易脆裂，表面有涂层，不易涂覆等，这种ABS塑料不适合热压成型。因此，需要多掌握一些购买信

图 3-5　ABS 板

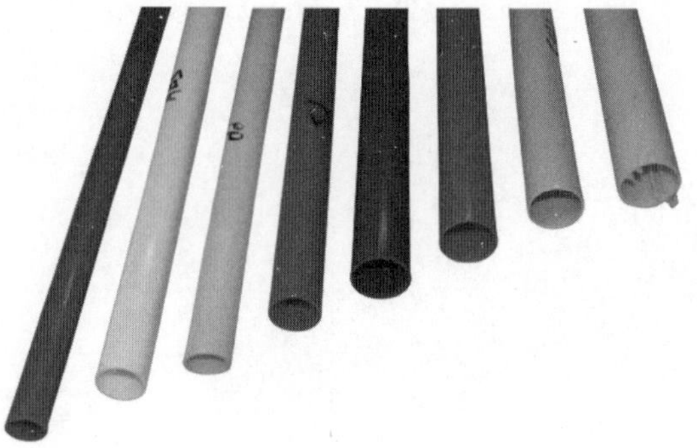

图 3-6　ABS 管

息便于选择，在一般的建材市场和文化用品市场就有很多规格的 ABS 塑料可供选购，也可从网上订购。

ABS 塑料常用氯仿作为黏接剂，氯仿是一种能够有效溶解 ABS 和有机玻璃的化学溶剂，因此，也是有机玻璃常用的黏接剂。氯仿学名三氯甲烷，液体，具有强烈刺鼻的挥发性，黑色瓶装避光保存，曾经是外科手术主要的麻醉剂，现在一般在医疗用品商店、化学试剂商店、化工原料商店可以购买到。

（二）有机玻璃（PMMA）

通常把聚甲基丙烯酸甲酯塑料称之为有机玻璃，是由单体甲基丙烯酸甲酯经自由基加聚反应而成的线型热塑性塑料。有机玻璃英文名称为 Acrylic，一般译作压克力，也有译作亚力克或亚加力的。压克力特指真正使用聚甲基丙烯酸甲酯单体聚合生成的有机玻璃，也称为经过特殊处理的有机玻璃，有别于市场上将其他透明树脂材料混同于有机玻璃的称呼。现在压克力有机玻璃不但广泛用于仪器、光学、电器、人工角膜、生活用品的制造，还常用于制作商品展具、店面招牌、标记标识等。近年迅速发展的压克力吸塑字和压克力吸塑灯箱已经成了商店名称和户外灯箱的常见形象。

有机玻璃外观光洁透明，表面有光泽，色彩丰富，密度为 1.18g/cm^3，优异的透光性可透过 92% 的可见光与 73% 的紫外光，是塑料中透明性最好的（图 3-7）。燃点为 260℃ 左右，一般不易点燃，点燃后燃烧缓慢。板材加热软化后可进行塑性制作，一般软化温度为 160℃ 左右，热压工作温度范围比较狭窄，如果加热不够，受压时会产生细密的裂纹；如果加热过度，则会发黄起泡，因此需要根据各自的设备反复试验确定。有机玻璃具有较好的加工成型性，可用锉、锯、车、钻、铣、热弯曲、吸塑、黏接、浇注等方法加工。常用的有机玻璃黏接剂是由 PMMA 单体为原料做成的专用胶，也可以使用将有机玻璃碎料溶于氯仿（三氯甲烷）、丙酮、甲苯等有机溶剂中配制成的黏接剂。

有机玻璃的缺点是脆、易裂、表面易擦毛划伤、不耐热、热胀系数较大、容易热变形等。有机玻璃有无色透明、珠光、亚光、荧光、夜光等各种制品。也有有色透明的有机玻璃，如茶色、蓝色、绿色等，常用来制作建筑骨架及玻璃门窗。珠光、荧光及其他有色有机玻璃常用来制作建筑屋顶、地坪、路面、阳台以及装饰雕塑、小品等。还有一种薄型防弹有机玻璃，由于其含纤维成分高，承压及耐冲击性能极好，适宜做特大模型（面积 10m^2 以上）框架式面罩的顶棚。

模型制作采用的有机玻璃主要有板材、棒材、管材，棒材有方形、圆形、椭圆形、六边形等（图 3-8）。有机玻璃经画线、切割后可直接黏制成型，也可用于热压塑制成型。

（三）聚氯乙烯（PVC）

聚氯乙烯又称 PVC 塑料，分软质与硬质两类。硬 PVC 板有各种颜色，不透明，常见的是白色。不含柔软剂，因此柔韧性好、易成型，具有很大的开发应用价值，是理想的模型材料。常用来做概念模型、结构模型、展示模型等（图 3-9）。硬 PVC 板的弯曲性较有机玻璃优越，易于加工，一般小裁纸刀可以刻穿，黏接性好。适用于制作大比例模型（比例不小于 1∶250）的框架、墙面、阳台、雨棚等构件。

图 3-7 有机玻璃板

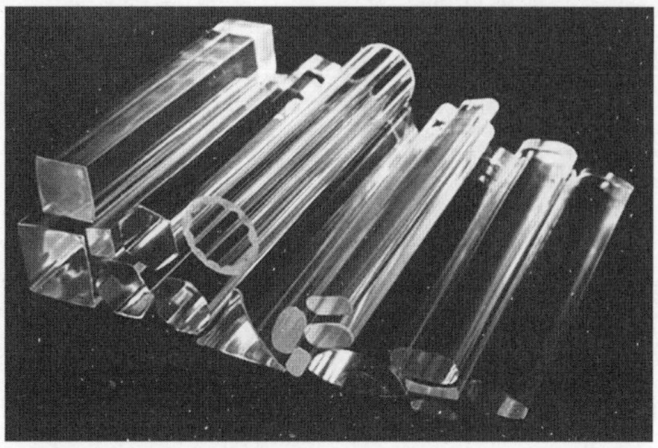

图 3-8 有机玻璃棒、管

其优点是易于加工、易弯曲、易成型、不易脆、无毒无污染、保存时间长、可电镀、可喷涂面饰。缺点是材质结构密度不高，烘烤压模时要随时掌握材料烘软的程度，喷漆面饰表层不够细腻。常用厚度为0.5mm、1mm、2.5mm。

图 3-9 PVC 板

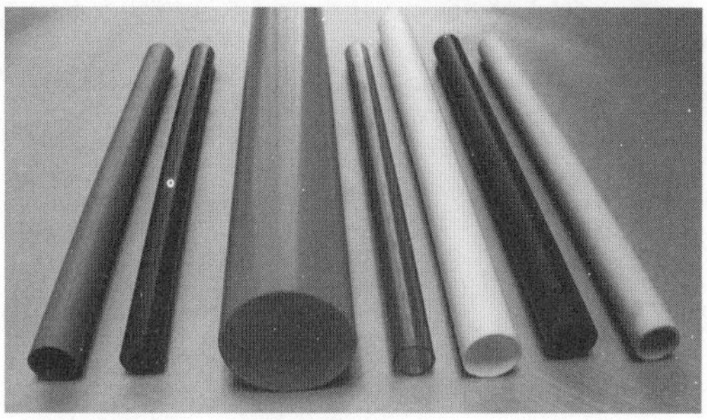

图 3-10 PVC 管

软 PVC 板（卷材）、不透明、表面有光泽、柔软，有棕色、绿色、白色、灰色等多种颜色可供选择。软 PVC 板中含有柔软剂（这也是软 PVC 板与硬 PVC 板的区别），容易变脆，不易保存，所以其使用范围受到了局限。一般用于地板和天花板的表层。其优点是柔软耐寒、耐磨、耐酸、耐碱、耐腐蚀、抗撕裂性优良。厚度为 1～10mm。

模型制作采用的 PVC 主要有板材、棒材、管材，棒材有方形、圆形、椭圆形、六边形等（图 3-10）。PVC 的黏接有专用的 PVC 黏接剂。其板材经画线、切割后可直接黏制成型，也可用于热压塑制成型。

三、泡沫塑料

（一）苯板

苯板又称聚苯乙烯（PS）泡沫板，是用挤出法制造的，是一种物理发泡法。将聚苯乙烯粒料和丁烷气体置入 PS 挤出机的容器中，在高压高温条件下使 PS 融化、丁烷气体液化，经充分混匀后从出口挤出（图 3-11）。由于压力瞬间消失，PS 被气化膨胀的丁烷气体均匀撑开，像膨化食品那样被突然爆得又大又均匀，中间充满微孔。调节 PS 和丁烷气体的比例，可以得到发泡程度不同的苯板。

苯板是一种具有高抗压、保温、防潮、耐腐蚀、长寿命、轻质、搬运方便、成本低廉、易加工等优异性能的材料，广泛应用于冰箱和热水器的隔热保温，以及墙体、屋顶、低温储藏地面、泊车平台、机场跑道、高速公路等领域的保温防潮。

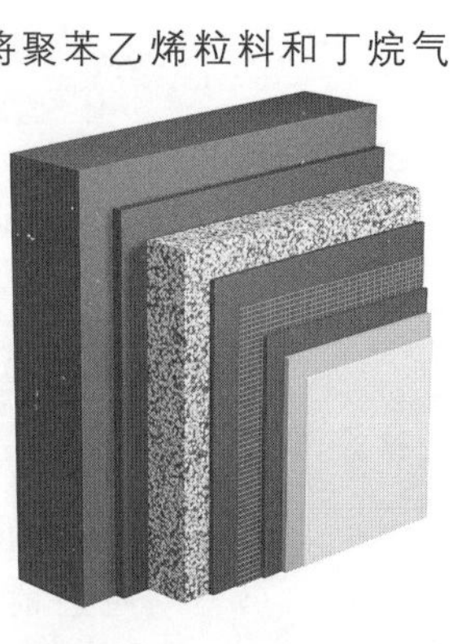

图 3-11 苯板

常见的苯板，密度较低、颗粒粗大，通常不适合做模型材料。模型制作时应该选择密度较高、颗粒较细小的苯板。苯板质地松软、易于加工成型、稳定性好、便于着色、可以与任何颜色及涂料混和掺合、便于制作和黏接。苯板是制作结构性的工作模型以及制作山地、林带及雪境的极好材料。

（二）聚氨酯

聚氨酯又称 PU 塑料或泡沫塑料，是由双组分材料（习惯上称为白料和黑料）混合后实时发泡而成，是一种化学发泡法（图 3-12）。白料是多种原料（物理发泡剂、催化剂、硅油、水、泡沫稳定剂及硬化剂等）组成的混合体，黑料主要是多亚甲基多苯基多异氰酸酯（PAPI，简称异氰酸酯）。两种材料按 1：1 比例混合充分搅拌后浇注填充。其表面具有无数小气孔，外观似海绵，疏松多孔、柔软而富有弹性。颜色有淡黄色、淡蓝色、淡绿色等。经喷涂、浸泡和破碎处理后可制作树球、花粉和林带。

图 3-12　泡沫塑料

PU 有软质与硬质之分。软质 PU 特性和皮革极为相似，用于制造 PU 革皮包、箱包、鞋帽、时尚精品、女包、手拎包、手袋等，发泡的软质 PU 用来做软垫、海绵等。硬质发泡 PU 主要为坚实的发泡结构，密度为 0.02～0.80g/cm^3，具有良好的加工性、不变形、不收缩、质轻、耐热（90～180℃以上）等特性，是理想的模型制作材料。硬质 PU 作为保温材料广泛用于冰箱、冷柜、热水器和墙体保温等。

PU 是泡沫塑料中质量最好的，也是价格最贵的。其性能和外观远远优于 PS，是良好的模型材料。PS 和 PU 都是大量使用的建筑材料，通常联系保温隔热材料厂家或公司进行购买。制作模型用的 PS 和 PU 是已经发泡成型的材料，由厂方按需要切割成块状或板状。

泡沫塑料板是制作模型中最廉价易得的模型材料，也是模型课程教学中的首选材料。泡沫塑料板加工方便，所用到的工具不多，一般用手工钢锯、电动线锯、钢丝锯、裁纸刀、电热切割器等加工工具即可加工。通常用钢丝锯或电动线锯等进行切割，用裁纸刀、手术刀、锉、砂纸等辅助工具进行修整。使用泡沫塑料制成的模型部件，一般用双面胶条或乳胶黏接组合。

（三）KT 板

KT 板是一种由 PS 颗粒经过发泡生成板芯，经过表面覆膜压合而成的一种新型材料，表面覆膜有各种颜色。板体挺括、轻盈、不易变质、易于加工，特别适用于环境艺术模型外墙与室内模型隔墙的制作（图 3-13）。

（四）吹塑板

吹塑板又称 EPS 发泡胶。具有良好的表面光泽、色泽柔和丰富、易于加工成型、比较经济，是制作房屋、路面、台阶、山地等高线、梯田等的合适材料（图 3-14）。

图 3-13　KT 板

图 3-14　吹塑板

四、木材

（一）木材的特性

木材是一种优良的造型材料。随着工业加工技术的进步，木材得到更广泛地应用，成为现代化经济建设的重要材料之一，也是模型制作中的常用材料。木材作为天然资源在自然界蓄积量大、分布广、取材方便，并具有质轻而坚韧、富有弹性、色泽悦目、纹理美观、易于加工成型等综合特性。

1. 质轻

木材由疏松多孔的纤维素和木质素构成，所以它的密度比金属、玻璃等材料的密度要小得多，因而质轻坚韧，并且富有弹性。

2. 纹理美观，色泽自然悦目

木材具有天然的色泽和纹理。不同树种的木材或同种木材的不同材区，都具有不同的天然悦目的色泽。如红松的心材呈淡玫瑰色，边材呈黄白色；杉木的心材呈深红褐色，边材呈淡黄色等。又因年轮和木纹方向的不同而形成各种粗、细、直、曲形状的纹理，经旋切、刨切等多种方法还能截取或胶拼出种类繁多的花纹。

3. 良好的热、电、声绝缘性

木材是一种多孔性材料，具有良好的吸音隔声功能。木材的导热系数小而电阻大，全干木材是良好的隔热和绝缘材料，但随着含水率增大，其绝缘性能会降低。

4. 加工性能优良

在常规状态下，木材塑性变形非常有限，木材在顺纹理拉伸断裂时几乎不显塑性。这是由于木材细胞壁的构造是以纤维素所组成的微纤丝为骨架，这种骨架成为抵抗外力的有效体系，具有非常好的抗变形的能力。

木材易锯、易刨、易切、易打孔、易组合加工成型。木材具有很好的可塑性，木材蒸煮后可以进行切片，在热压作用下可以弯曲成型，木材可以用胶、钉、榫眼等方法比较容易且牢固地接合。

5. 表面涂饰性较好

由于木材的管状细胞易吸湿受潮，故对涂料的附着力强，表面易于着色和涂饰，有较好的装饰性能。

6. 各向异性

木材是具有各向异性的材料，其性能在径、横、弦截面上均有差异，加工及使用中应加以考虑。例如木材在纵向（生长方向）的强度大，是有效的结构材料，但其抗压、抗弯曲强度较差。

7. 易变形、易燃、易腐朽

木材由于干缩湿胀容易引起构件尺寸的形状变异和强度变化，存在发生开裂、扭曲、翘曲等弊病。木材的着火点低，容易燃烧。木材受真菌的侵害，细胞壁易被破坏致使材色改变，并变得松脆易碎，使强度和硬度降低。

8. 具有吸潮性

木材由许多长管状细胞组成。在一定温度和相对湿度下，当空气中的蒸汽压力大于木材表面水分的蒸汽压力时，木材向内吸收水分（吸湿性）；相反，则木材中的水分向外蒸发（称解吸）。因此，木材不易出现结露现象。同时，由于木材的纤维结构和细胞内部留有停滞空气，其受温度变化的影响不明显，热膨胀系数极低，不会出现受热软化、强度降低等现象。

（二）木材的缺陷

木材的缺陷也称疵病，可分为三大类：

(1) 天然缺陷，如木节、斜纹理以及因生长应力或自然损伤而形成的缺陷。木节是树木生长时被包在木质部中的树枝部分。原木的斜纹理常称为扭纹，对锯材则称为斜纹。

（2）生物危害的缺陷，如腐朽、变色和虫蛀等。

（3）干燥及机械加工引起的缺陷，如干裂、翘曲、锯口伤等。缺陷降低木材的利用价值。

为了合理使用木材，通常按不同用途，限制木材允许缺陷的种类、大小和数量，将木材划分等级使用。腐朽和虫蛀的木材不允许用于结构，因此影响结构强度的缺陷主要是木节、斜纹和裂纹。

（三）木材的构造

木材是由树木采伐后经初步加工而得到的。木材主要取自树木的躯干部分，树干由树皮、木质部和髓心三部分组成。由于木质部的纤维组成与排列不同，构成了木质部的异向性。从横切面，弦切面和径切面三个方面可以清楚地看出其构造，从而根据模型制作的需要加以选择和利用（图 3－15）。

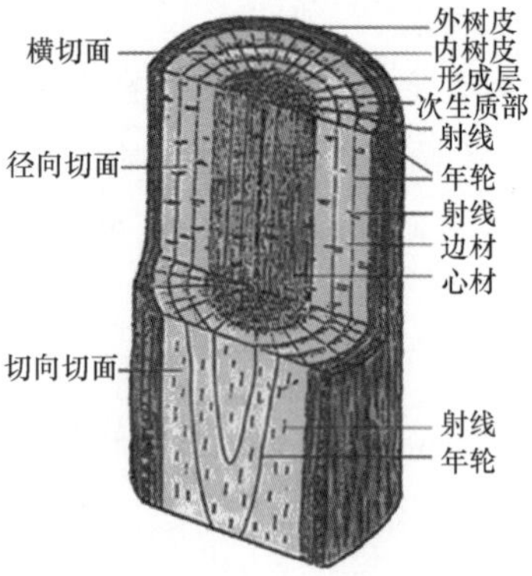

图 3－15　树干内部结构

1. 横切面

由垂直于树木生长方向锯开的切面称横切面（或称横断面）。木材在横切面上硬度大，耐磨损，但易折断，难刨削，加工后不易获得光洁的表面。

2. 径切面

沿树木生长方向，通过髓心并与年轮垂直锯开的切面称径切面。在径切面上木材纹理呈条状且相互平行。径切板材收缩小，不易翘曲、木材挺直，牢固度较好。

3. 弦切面

沿树木生长方向，但不通过髓心锯开的切面称弦切面。在弦切面上形成山峰状或“V”字形木纹纹理，花纹美观但易翘曲变形。

（四）模型制作中常用木材

用于制作模型的木材种类较多，可根据制作要求进行选择。

1. 原木

原木是指伐倒的树干经过去枝去皮后按规格锯成的具有一定长度的木材（图 3－16）。将原木按一定规格尺寸锯割后的木材，又称为锯材。锯材按其宽度和厚度的比例关系又可分为板材、方材和薄木等。原木可以用来制作古建筑模型、木质配景等。

（1）板材：横断面宽度为厚度的 3 倍及 3 倍以上者（图 3－17）。

（2）方材：横断面不足宽度、厚度的 3 倍者（图 3－18）。

（3）薄木：厚度小于 1mm 的薄木片（图 3－19）。厚度在 0.05～0.2mm 的称为微薄木。

图 3－16　原木

图 3－17　方板材

2. 软质木材

软质木材比较松软，易于切割，黏接时不需要专门的胶水，也不需要较高的黏接技术。但是软质木材的

图 3-18 方材

图 3-19 薄木

纹理比较疏松，不适合制作模型结构件，制作具有构件性的木模型应采用比较坚实的木材。

软质木材虽然在制作过程的切割和黏接时会节省大量时间，但是以软质木材制作的模型在表面处理阶段进行修饰时，则需要花费更多的时间。

软质木材有各种形状和规格尺寸可供选用。常见的有厚板材、薄板材以及棒材。除此之外，有许多建材商店还出售三角形、半圆形和 1/4 圆形等规格的型材。

在模型制作中应避免使用很薄的软木或体积大的厚木块。因为使用过薄的木料制作模型结构件太脆弱，很容易断折，对成型和涂饰大块的软木则需要大量的工时，工作程序也较为复杂。软质木材可以用来制作古建筑模型、木质配景等。

3. 硬质木材

虽然硬质木材的加工比较困难，而且需要较高的加工技术，但是硬木确实是制作模型的上好材料。

椴木、桦木、桃木、云杉和胡桃木通常以木条和棒材出售，截面形状有正方形、长方形、三角形、半圆形等许多规格，由于这些截面的尺寸通常都较小，因此较容易加工。

硬木的纹理比轻质木材和其他软木更实密，使得表面涂饰也更为容易，如果采用纯木质材料来制作模型，具有一种天然的材质美。硬质木材可以用来制作古建筑模型、木质配景等。

4. 细木工板

细木工板又称大芯板，是由两片单板中间黏压拼接木板而成的板材（图 3-20）。细木工板按板芯结构可分为实心细木工板和空心细木工板。细木工板具有坚固耐用、板面平整、结构稳定、不易变形等特点。它是良好的结构材料，常用于模型底盘、展台等。

图 3-20 细木工板

5. 胶合板

胶合板是由多种旋切或径切单板胶合而成（图 3-21）。常用的胶合板有三层、五层、七层等，多为奇数。其特点是变形小、幅面大、表面平整光洁、木纹美观、强度较高、易于黏接及易涂饰。使用性能上优于天然木材，是现代建筑、家具广泛采用的材料。在模型制作中，胶合板常用来做模型底盘、地形学模型等。模型制作中选择的胶合板要求夹层结实、无脱胶、材质及色泽均匀、板面平整无弯曲、没有树结疤。

6. 纤维板

纤维板是用精细的木屑和其他纤维材料加上黏接剂，在高温、高压下压制成型的板材（图 3-22）。其特点是质地较坚硬、强度高、构造均匀；不易收缩、翘曲、裂开等。缺点是表面不美观，耐潮湿性差。

图 3－21 胶合板

图 3－22 纤维板

纤维板与其他木板材的加工工艺基本相同，用切、割、刨、削、铣、钻等方法可以产生非常平整的表面和带有曲面的形态，还可对表面做打磨和后期的整饰处理。纤维板常用于制作模型底盘、地形学模型等。

7. 航模板

航模板是采用密度不大的木头（主要是泡桐木）经过化学处理而制成的板材（图 3－23）。这种板材质地细腻且经过化学处理，所以在制作过程中只要使用的工具与方法得当，无论是沿木材纹理切割，还是垂直于木材纹理切割，切口部都不会劈裂。此外，由于现在很多模型制作都由电脑雕刻机完成，其表面图案更加精美，切割成各种异型也都得心应手。目前市场上，加拿大进口航模板的质量明显好于国产的，该材料优点是材质细腻、挺括、纹理清晰、极富自然表现力，且加工方便。其缺点是吸湿性强、易变形、细部加工较困难。航模板常用于制作模型底盘、地形学模型及配景等。

图 3－23 航模板

8. 其他人造装饰板

目前，随着生产技术的发展，各种装饰板材不断推向市场。可以应用于模型制作的装饰板材有仿金属、仿塑料、纺织物和仿石材等效果的板材。还有各种用于裱糊的装饰木皮等，都可以应用到模型的制作中。仿金属的板材主要是铝塑板，其表层镀上金属漆，可仿制铝铜和不锈钢等效果，表层的光泽有亚光和亮光两种。仿塑料板材主要是防火板等类似塑料效果的板材。制作模型时，可以根据设计的效果选择使用。这些材料在国内各大城市的装饰材料市场均有销售，在模型加工过程中如果应用适当，效果还是比较理想的。各种装饰板材常用于制作展台、建筑框架及配景等。

五、金属

选用金属材料进行模型制作，虽然能够获得理想的质量，但制作难度相对较大，成本也较高，需要专用加工设备经多道加工工序才能成型。通常情况下，人们只采用金属作为模型制作的补充材料，除非将金属用作模型的结构件，否则只选择和使用最薄、最软的半成品金属材料。在手工模型制作过程中，对金属进行加工要符合小面积和小数量的原则，使得模型制作能够快速、便捷。对大面积的和较厚的金属板材、金属管材和金属棒材进行加工，需要装备齐全专业化的加工设备和场所。采用金属材料加工制作大型模型，加工成形难度大，不易修改而且易生锈，形体笨重，也不便于运输。模型制作中常用的金属材料是各种规格、形状的板材、管材、棒材、线材、网材等半成品金属材料，这些半成品金属材料在五金材料商店或建材市场可以买到。

（一）金属板材

金属板材一般是由轧制、压延或挤压制造成形，模型制作常用的金属板材一般厚度在 0.2～2mm 之间。

常用的金属板材有镀锌薄钢板、镀锡薄钢板、不锈钢板、铝及铝合金板、铜及铜合金板、铝塑复合板等。近年来，市面上出现了许多表面经过装饰处理的金属板材，例如砂光不锈钢板、镜面不锈钢板、拉丝不锈钢板、镀铜不锈钢板、聚酯涂层铝塑板、氟碳涂层铝塑板、十字纹铝塑板、石纹聚酯涂层铝塑板、石纹氟碳涂层铝塑板、彩芯铝塑板、高粒面耐磨铝塑板、镜面铝塑板、拉丝铝塑板等。用这些经过装饰处理的金属板材作为模型材料，不需要再进行涂装和其他表面处理即可获得各种色彩，表面美观大方，且具有极高的耐腐蚀性。

（二）金属管材

金属管材一般经拉拔或挤压制造成形，小直径的金属管材直径范围在 2～12mm 之间。通常用在比例模型的制作中，用于表现金属管的效果或者用于制作金属受力结构件等。常用的金属管材有铸铁管、镀锌钢管、非镀锌钢管、不锈钢管、铝及铝合金管、铜及铜合金管、铅及铅合金管、铝塑复合管、不锈钢塑料复合钢管、涂塑复合钢管、衬塑复合钢管等。金属管材按断面形状又可分为圆管和异形管，广泛应用的是圆形钢管，异形管有方形、椭圆形、三角形、六角形、菱形、八角形、半圆形、不等边六角形、五瓣梅花形、双凸形、双凹形、瓜子形、圆锥形、波纹形等。模型制作时可根据需要选用不同的规格和型号的材料。

（三）金属棒材

金属棒材一般经轧制或挤压制造成形，常用的金属棒材直径范围在 5～55mm 之间。通常用在比例模型的制作中，用于表现金属棒的效果或者用于制作金属受力结构件等。常用的金属棒材有低碳钢棒材、中碳钢棒材、不锈钢棒材、铝及铝合金棒材、铜及铜合金棒材、铅及铅合金棒材等。常用金属棒材断面形状有圆形、方形和六角形等。

（四）金属线材

金属线材一般经拉拔或挤压制造成形，常用的金属线材有铁丝、钢丝、不锈钢丝、铜线、铝线和钢琴线等。铁丝较软且非常容易屈伸，特别适用于检查、试验不同形状的弯曲效果，但很难加工成特别直的直线，也很难弯成精确半径的弧线，可作为钢琴线的替代品。常用的铁丝是镀锌铁丝，直径范围在 0.5～3mm 之间。钢丝是高质量的高碳钢线，在工业中通常用于制作弹簧。模型制作中常用到的是直径为 0.4～1.5mm 的钢琴线，较大直径的钢琴线也可根据制作需要选用，但是较难弯曲，不太适合于手工制作。使用钢琴线是基于美与受力的角度来考虑的，一般制作较粗直径的线材时，最好使用铁线、铝线、铜线或塑料管来进行加工制作，容易达到预想的效果。铜线和铝线比钢丝软一些，更容易切断或弯曲。铜线的直径可达 2mm，铝线的直径可达 3mm。

（五）金属网材

常用的金属网材有金属丝网、金属焊网、金属网片等。金属丝网是将金属线材编织制造成形，金属焊网是将金属线材焊接制造成形，金属网片是将金属薄板冲压制造成形。常见的制作金属网材的材料有低碳钢、中碳钢、不锈钢、铜及铜合金、铝及铝合金等。金属网材按照网孔的粗细分为不同的型号，模型制作中常用的网孔粗细范围在 4～300 目之间。目是指在 1in 的单位长度内排列的网孔或颗粒数量。数字越大，网孔越小。金属丝网和金属焊网的孔型一般为方形，金属网片的孔型有长孔、方孔、圆孔、六角孔、鱼鳞孔、拉伸异形孔等。模型制作中根据造型需要，常用金属丝网、金属焊网、金属网板来表现网状结构，增加模型的真实感。

金属材料在功能实验模型、展示模型中经常使用，用于制作结构件、金属质感配景或构件。尤其是在一些特殊模型中，如油库模型、港口模型、桥梁模型等以表现工业为主题的特殊模型。制作金属模型应准确掌握金属材料的性能，以便正确的选择和使用材料。

六、石膏

将生石膏煅烧至 120℃ 以上而不超过 190℃ 时，生石膏中水分约失去 3/4 而成为“半水石膏”（$CaSO_4$ ·

$\frac{1}{2}H_2O$)。若再将温度提高至190℃以上时，半水石膏便开始分解，释放出石膏中的全部结晶水而成为无水石膏，即无水硫酸钙。半水石膏与无水石膏统称为熟石膏。用来制作模型的石膏，即所谓的“半水石膏”（图3－24）。熟石膏粉在化工品商店和建材市场都可以买到，密度为900kg/m^3。将熟石膏粉与水混合调制成石膏浆后发生化学反应凝固成型。一般石膏调水搅拌均匀的凝固时间为2～3min，石膏凝固的过程中有热量产生，发热反应持续5～8min，冷却后即成结实坚固的物体。若15min后还未凝固，则说明此石膏粉不能再用。

图3－24　半水石膏

理论上石膏与水搅拌时，进行化学反应需要的水量为18.6%。在模型制作过程中，实际加水量比此数值大的多，其目的是为了获得具有一定流动性的石膏浆以便浇注，同时能获得表面光滑的模型。多余的水分在干燥后留下很多毛细气孔，使石膏模型具有吸水性。

由于熟石膏粉能与水反应且本身具有较强的吸水性，稍有潮湿，就会影响它的性能。一旦熟石膏粉受潮，基本上无法再次使用。因此，石膏粉应放置在干燥的地方，使用时不要溅到水，石膏袋子要干净。没有用完的石膏必须将其密封包装，置放于干燥的地方，严防使用过的石膏残渣或其他杂物混入袋中，下次使用的间隔时间不能太长。

熟石膏粉质地比较细腻，价格便宜，取材方便。将熟石膏粉与水融合发生化学反应凝固成型。在石膏溶液凝固之前具有比较好的流动性，可以浇注出各种各样的形状。凝固后石膏硬度适中，强度较好，易于加工成型，不易变形，可进行较深入的细节表现，便于较长时间保存，是一种非常理想的模型制作材料，被广泛用于模型制作。

石膏常用于制作地形学模型、配景等。也可以用其对模型进行如实翻制，还可以制作玻璃钢模型的阴模和塑料模型压模的阳模等。

七、玻璃钢

玻璃钢学名玻璃纤维增强塑料，是以玻璃纤维及其制品（玻璃布、带、毡、纱等）为增强材料，合成树脂（环氧树脂、不饱和聚酯树脂、酚醛树脂等）为黏接剂，经成型加工而得的树脂基复合材料。其组成成分如下。

（一）玻璃纤维

玻璃纤维是由无碱或中碱玻璃制球后拉丝织成（图3－25）。玻璃纤维材料有多种，适合于手糊成型用的增强材料必须对树脂具有良好的浸渍性；有一定的形变能力，以满足复杂制品成型的需要，即铺覆性要好；容易排出气泡，使制品密实，提高强度。常用的增强材料有无捻粗纱布即方格布（根据制品要求有不同厚度的经纬密度不等的方格布，如图3－26所示）、加捻布（按织法要求有平纹、斜纹、缎纹和单向布等）、短切

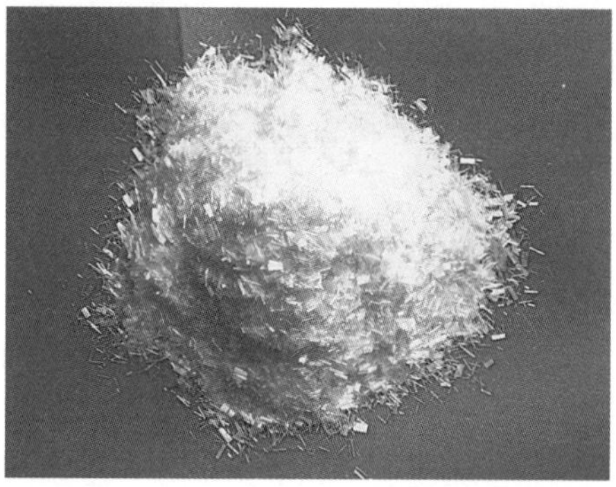

图3－25　玻璃纤维

图3－26　无捻粗纱布

纤维毡（易于浸透树脂，变形好，但需要辊压排出气泡，常用作填充死角）、表面毡（可使制品表面光洁、树脂含量增高，对耐水、耐腐蚀的制品表面效果较好）。工业设计模型一般使用比较疏松的宽幅玻璃钢布料，裁剪比较方便灵活，也便于树脂渗入织物之中。玻璃纤维虽然很柔软，但实际上还是有软硬区别的，硬的纤维与手直接接触时有可能扎进皮肤，因此，操作时需要戴厚橡胶手套。

（二）合成树脂

合成树脂的种类较多，大多是液态透明或半透明黏稠状。合成树脂是玻璃钢成型的主料，常用的合成树脂是环氧树脂、聚酯树脂（图 3－27）。常用的环氧树脂有 618 等牌号，聚酯树脂有 189、191、306 等牌号。

合成树脂本身不能固化，必须加入固化剂（一般使用胺类固化剂）后才能形成交联结构的固化物。加入固化剂、催化剂以后可固化成型，固化剂、催化剂的投入量可控制树脂的固化时间，在固化反应之前树脂仍呈液态状，固化反应过程中通常会产生热量，还会出现一定程度的热收缩现象，热收缩率一般在 0.5%～1.5%之间。实验室环境一般都在常温下操作，气温偏低时为加速固化需要采用取暖器适当加温。合成树脂及其配套的一系列化工制剂都具有强烈的挥发刺激性，需要在通风条件好的环境中使用。

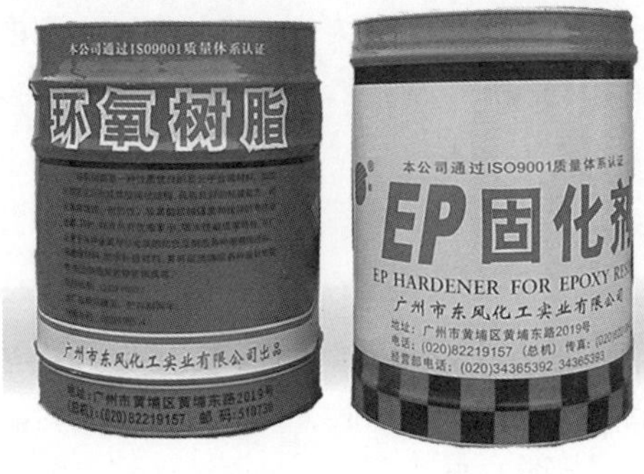

图 3－27　环氧树脂与固化剂

（三）脱模剂

合成树脂具有极大的黏性，不采取必要措施可能导致玻璃钢工件最后无法和模具分离。为此，需要在涂刷合成树脂前，先在模具表面涂上脱模剂。脱模剂的作用主要是使已固化的模型能顺利地从模具上取下来，从而得到表面光滑平整的制品，并保证模具能多次使用。

常用的脱模剂有三类，即薄膜型脱模材料，如玻璃纸、聚酯薄膜、聚氯乙烯薄膜等；混合溶液型脱模剂有聚乙烯醇溶液、聚苯乙烯溶液、硅橡胶等；油膏及蜡类脱模剂有脱模上光蜡、汽车蜡、凡士林等。

院校实验室都采用手工糊制玻璃钢，因此常采用一些简单便宜的油脂、石蜡、凡士林等作脱模剂（图 3－28）。很多资料强调石膏模必须烘干水分并用虫胶漆封闭后才能使用，其实将石膏模浸湿后，利用水分和树脂的不浸润也能实现脱模，效果还相当出色。

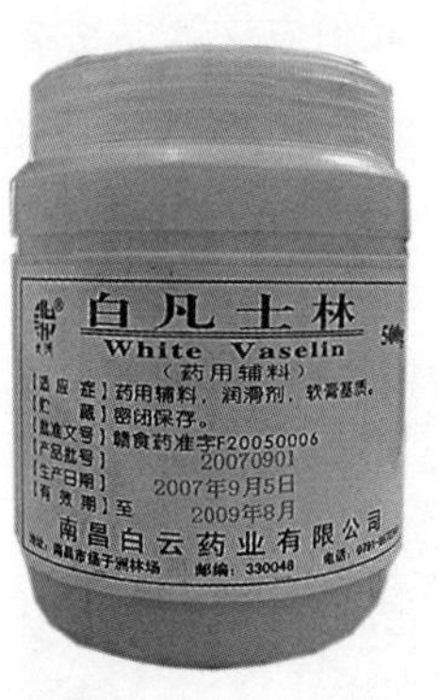

图 3－28　凡士林

（四）填充材料

玻璃钢的合成树脂内还需要添加填充材料，以使树脂具有合适的工艺性能。常用的填充材料是石膏粉、滑石粉、石粉、钛白粉、玛瑙粉等，填充材料可以增厚涂层，减少树脂的固化收缩，提高玻璃钢模型强度，还能节省树脂用量，降低成本，使模型表面产生不同质地效果。

玻璃钢的不足之处也较明显。主要是它有明显的方向性，玻璃钢的层间强度较低，而沿玻璃钢经线方向的强度高。由于玻璃钢主要由树脂和玻璃纤维组成，玻璃纤维及其制品对玻璃钢的质量能产生比较明显的影响。如玻璃纤维织物的经纬方向变化、纱捻粗细变化、织物孔径大小以及玻璃纤维自身的质量都会对玻璃钢造成影响，使得玻璃钢各方向受力不均而发生变形。因此玻璃钢是一种各向异性材料。此外，还有易老化和产生蠕变等缺点。同时，某些固化剂有一定毒性。玻璃钢模型固化以后难于修改、打磨、修整、连接，制作工艺繁琐，通常进行整体成型。玻璃钢可以制作家具模型、汽车模型、雕塑模型、船舶模型、人物模型、桥梁模型、亭阁模型等。

第三节 模型辅助材料

在模型制作中，辅助材料的选择没有过于严格的要求。随着材料工业的发展，材料的种类日益增多，材料表面处理的手段日益先进，可供模型制作选择的辅助材料的范围变得越来越大，通常应选择表面效果好、加工方便、经济适用的辅材。

一、黏接剂

黏接是借助黏接剂在物体表面上所产生的黏合力，将同种或不同种材料牢固地连接在一起的方法。黏接是模型制作中常用的一种连接工艺方法，在模型制作中占有很重要的地位。其具有工艺简单、操作方便、黏接处应力分布均匀、重量轻、不易变形、绝缘、耐水、耐油和密封等特点。特别适用于不同材质、不同厚度、超薄规格和复杂构件的连接。

由于制作模型的材料种类很多，而黏接剂又与材料密切相关，因此，要根据不同材质选用黏接剂，并正确掌握黏接工艺。金属及其合金的表面致密、极性大（表面能高）、强度高，宜选用改性酚醛树脂、改性环氧树脂、聚氨酯橡胶、丙烯酸酯类结构黏接剂。由于金属易被腐蚀，不能用脂肪伯、仲胺类（乙二胺、乙二烯三胺等）固化的环氧树脂黏接剂来黏接铜及其合金，也不能用酸性较高的黏接剂来黏接金属。对于木材、纸材等多孔性被黏物，应选用水基或乳液黏接剂，如白乳胶、脲醛树脂黏接剂。对于线膨胀系数小的被黏物，如玻璃和陶瓷等，无论自身或与线膨胀系数相差悬殊的被黏物（如玻璃与铝板）黏接，都应选用弹性好，且能室温固化的黏接剂。橡胶本身或橡胶与其他材料的黏接，应选用橡胶型黏接剂或橡胶改型的韧性黏接剂。塑料分为热塑性和热固性两大类，其中一些热塑性塑料可以用溶剂、热熔胶、黏接剂黏接。而热固性塑料只能用和金属相同的黏接剂黏接。对于聚苯乙烯、亚克力、软或硬的 PVC 材料来说，都有各自的专用黏接剂。若两个被黏物表面接触不紧密或缝隙较大，应选用黏接强度较大或加有填料的黏接剂，而不能使用 502 胶和厌氧胶。大面积的黏接，不能使用室温快速固化的黏接剂。对于耐热性差或热敏被黏物，应选用室温固化的黏接剂。若黏接薄形被黏物，应选用韧性好的黏接剂，以适应较大的变性，减少应力集中。若要求透明性的黏接剂，可选用聚氨酯胶、光学环氧胶，饱和聚酯胶，聚乙烯醇缩醛胶。脆性较高的黏接剂不宜黏软质材料。有些黏接剂会侵蚀被黏物，使用前应该进行黏接试验。总之，被黏材料的品种繁多，黏接剂的类型也不少，黏接剂的配方千变万化，而新的材料品种和新型黏接剂又不断推出，因此，我们应该掌握黏接材料与黏接技术的基本知识，根据实际情况，进行分析，然后选用适当的黏接剂。

（一）模型制作中常用的黏接剂

1. 白乳胶

白乳胶为白色黏稠液体（图 3－29）。该胶黏接操作简便，干燥后无明显胶痕，黏接强度较大，干燥速度较慢（约 24h），干后是透明状，易溶于水，常用于大面积黏合木料、墙纸和沙盘草坪。白色胶浆由在水中会膨胀的人造树脂所组成，在水分蒸发后，人造树脂会形成一层无色的薄膜。这种黏接剂的使用前提是至少有一种材质是可以透气的，溶剂的水分才能蒸发。

图 3－29 白乳胶

2. 普通胶水（胶棒）

胶水为水质透明液体。适用于各类纸张黏接，其特点与白乳胶相同，黏接强度略低于白乳胶。胶棒的特点与胶水相同，使用起来更为方便、干净。

3. 喷胶

喷胶为罐装无色透明胶体（图 3－30）。该黏接剂适用范围广、黏接强度

图 3-30 喷胶

大，即喷即用，使用简便。在黏接时，只需轻轻按动喷嘴即可均匀地喷到被黏物表面，数秒后即可进行黏贴。该黏接剂特别适用于较大面积的纸类黏接或不便刷胶的黏接。

4. 单面胶带

单面胶带又称美纹纸，主要用于喷漆时遮盖物体，喷漆完毕后揭除胶带。单面胶为纸基黏接材料，按不同规格分为不同宽度，其适用范围很广，尤其是在分色喷漆时必不可少。

5. 双面胶带

双面胶带为带状黏接材料，胶带宽度不等，胶体附着在带基上。该胶带适用范围广，使用简便，黏接强度较高，主要用于大面积纸材的双面黏接。

6. 三氯甲烷（氯仿）、丙酮

氯仿、丙酮两者均为无色透明液体溶剂，易挥发，具有强烈刺鼻的气味，曾经是外科手术主要的麻醉剂，现在一般在医疗用品商店、化学试剂商店、化工原料商店可以购买到，是黏接有机玻璃板、赛璐珞片、ABS 板的最佳黏接剂（图 3-31）。但是这些溶剂一般易燃、易挥发、有毒，所以在黏接时要注意通风，注意安全。使用后要妥善避光保存溶剂。氯仿、丙酮的涂刷方法有针管注射和毛笔涂刷等。丙酮和氯仿溶剂蒸发快，干燥速度快，一般在黏接后半小时左右即可使用。

7. 强力黏接剂

强力黏接剂主要是靠黏接剂本身的附着力将不同材质的构件黏合在一起。它使用方便，干燥速度快，强度高，是理想的黏接剂。保存时应封好置于阴凉处，避免因高温或者氧化影响其黏接力。做模型时，通常使用的是 502 胶、504 胶、立时得、泡沫胶、801 大力胶等，一般在化工商店和装饰材料店都可购到。

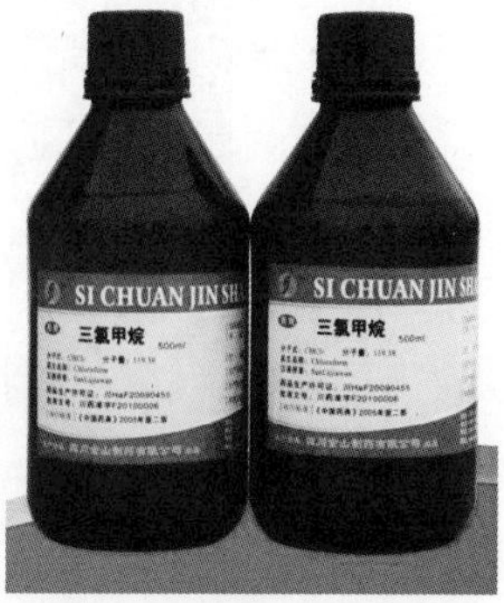

图 3-31 三氯甲烷

8. 热熔胶

热熔胶是一种乳白色棒状的可塑性的黏合剂，在一定温度范围内其物理状态随温度改变而改变，而化学特性不变，无毒无味，属环保型化学产品（图 3-32）。热熔胶黏合是利用热熔胶机通过热力把热熔胶熔解为液体，通过热熔胶机的热熔胶管和热熔胶枪，送到被黏合物表面，热熔胶冷却后即完成了黏合，其黏接强度高。

9. 建筑胶

建筑胶为灰白色膏状体（图 3-33）。建筑胶是以丙烯酸及乙烯系单体为原料，经特殊工艺合成的单组分常温固化型胶黏剂。它适用于多种材料粗糙面的黏接，黏接强度高，干燥速度较慢，胶体干燥后有明显胶痕。

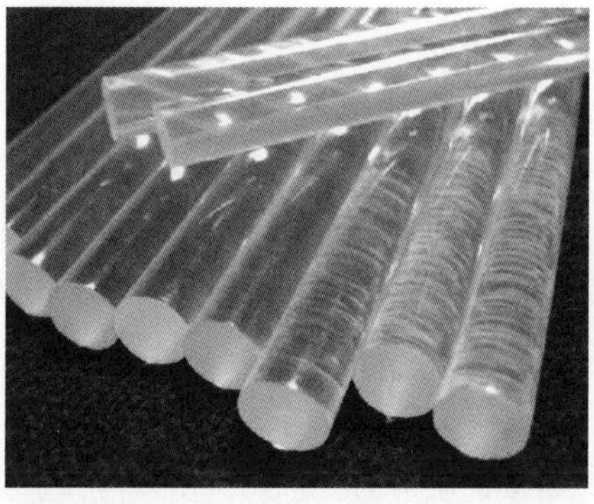

图 3-32 热熔胶

图 3-33 建筑胶

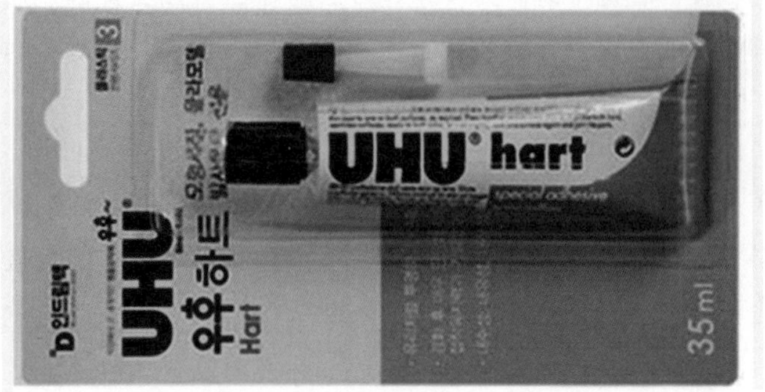

图 3－34　Hart 胶

10. Hart 胶

Hart 胶又称 U 胶，为无色透明液态黏稠体。其适用范围广泛、使用简便、干燥速度快、黏接强度高、耐碰撞、耐冲击。黏接点有明显胶痕，易保存，是目前较为流行的一种黏接剂（图 3－34）。U 胶对漆和 ABS 板有腐蚀性，易破坏油漆面，使用时要小心。

11. Araldite 胶

Araldite 胶为无色透明液体，是一种双组分胶黏剂，属树脂类胶黏剂（图 3－35）。使用时，按配比将胶体快速混合，即可使用。该胶黏剂可用于金属、塑性等不同材料的黏接，干燥速度快，黏接强度高。

12. 无影胶

无影胶为无色透明液体（图 3－36）。该黏接剂是用于黏接无色透明有机板及玻璃板材的一种专用黏接剂。在使用时要配以紫外线灯烘烤，固化后黏接处无明显胶痕。

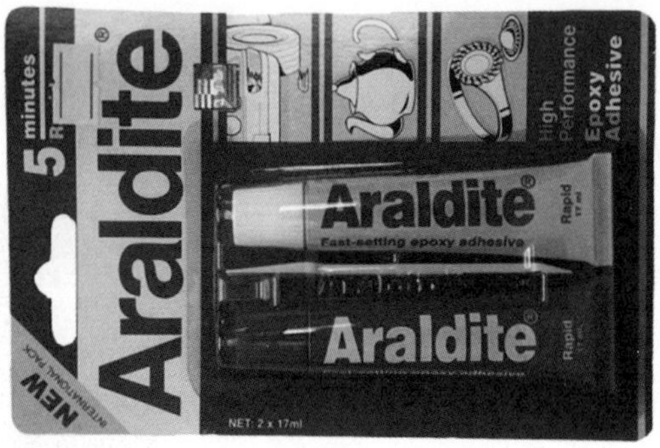

图 3－35　Araldite 胶

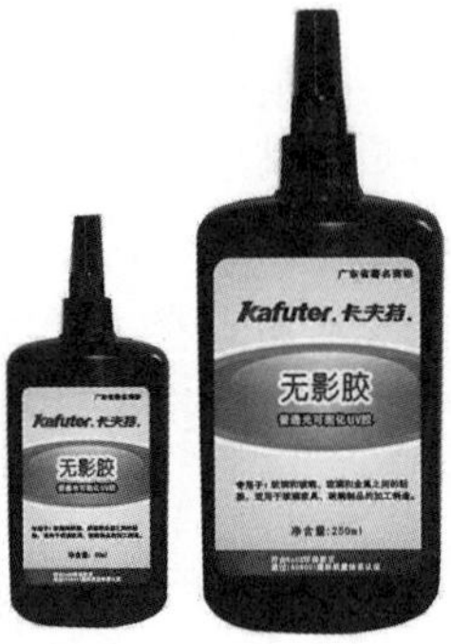

图 3－36　无影胶

13. 硅酮玻璃胶

硅酮玻璃胶从产品包装上可分为两类：单组分与双组分。单组分的硅酮胶，其固化是靠接触空气中的水分而产生物理性质的改变。硅酮玻璃胶主要用于光洁的金属、玻璃、不含油脂的木材、硅酮树脂、加硫硅橡胶、陶瓷、天然及合成纤维以及部分油漆塑料表面的黏接。

除了上面介绍的黏接剂以外，常用的模型制作黏接剂还有不干胶、101 胶、309 胶水（功能类似万能胶）、泡沫胶、四氢氟喃、导电胶等。这些黏接剂可用于模型制作中不同材料的黏接，选用时根据不同材料、用途、装饰和经济情况而定。

（二）黏接工艺

由于黏接剂和被黏物的种类很多，所采用的黏接工艺也不完全相同，常见的黏接工艺的程序如下：

（1）设计适当的黏接形式。影响黏接质量的一个重要的因素是黏接面积，黏接面积越大，黏接越牢固，为了得到可靠的黏接效果，需要在制作时设计适当的黏接形式，必要时可以在模型内部增加衬板增大黏接面积。

（2）将黏接表面打磨成粗糙表面，提高黏接强度。

（3）配制黏接剂。对 AB 组分的黏接剂，在配比时，请按说明书的要求配，使用前一定要充分搅拌均匀。不能留死角，否则不会固化。使用黏接剂时，一定要现配现用，切不可留置时间太长。如属于快速固化，一般不宜超过 2min。单组分溶剂型或水剂型，使用时一定要搅拌均匀。

(4) 清除表面的异物（剩余的颜料、灰尘以及剩余的黏接剂）。

(5) 黏接面去脂（酒精、稀释硝基）。

(6) 干燥黏接面，远离灰尘，不要触摸准备好的黏接面。

(7) 均匀地涂上黏接剂，以保证浸润，尽可能避免气泡产生，气孔会使黏接强度大大下降，导致发生脱胶。涂胶时，不宜太厚，一般以 0.5mm 为宜，越厚黏接效果越差。如果黏接剂中有气泡，等待空气排出，或用针头挑开气泡。对溶剂型产品，涂胶后，一定要晾置到不大黏手为宜，再进行黏合。

(8) 一次对准位置进行黏接，不可错动，可加压排除空气，使之紧密接触。

(9) 固化，使溶剂等低分子物挥发凝胶。固化对黏接强度影响极大。在固化过程中，温度、压力、时间是固化工艺的三个重要参数，每一参数的变化对黏接强度都有直接的影响。如要强度高、固化快，可视其情况加热。固化时施加一定的压力，对所有黏接剂都是必要的，因为加压有利于黏接剂的扩散渗透，与被黏物紧密接触，有助于排气体、水分，避免产生气泡、孔隙而使胶层均匀及被黏物位置固定。无论是靠化学反应还是物理作用来完成胶层固化，都需要一定的时间，为了固化完全得到最大的黏接强度，必须保证有足够的固化时间。

二、表面处理类材料

涂料是一种以高分子有机材料为主的防护装饰性材料，能涂敷在制品或物体表面上，并能在被涂物的表面上结成完整而坚硬的保护涂膜。

在模型制作中，涂料是模型外观的重要表现材料，它既能保护模型表面质量，又能增强模型的外观效果。由纸、泥、石膏等材料制作的研究模型一般不需涂漆，由木材、金属、塑料等材料制作的表现模型通常需要涂漆，常用的涂料如下。

（一）自喷漆

自喷漆由合成树脂配合各色专用颜料，经机械研磨、过滤，按比例加入助剂、有机溶剂等混合充灌而成（图 3－37）。喷漆涂膜干燥迅速、黏附力强，硬度、光泽、耐冲击等综合性能良好，而且操作方便，适用于金属、木材、塑料等多种材质模型的外观喷涂。自喷漆使用前需摇匀，喷嘴离被涂饰表面 300～500mm，距离太近时，容易挂流；距离太远时，不便于控制。自喷漆是建筑模型制作涂饰的首选材料。

（二）醇酸调和漆

醇酸调和漆由醇酸树脂、颜料、催干剂及有机溶剂等制成（图 3－38）。醇酸调和漆为桶装类油漆。干燥时间为表面干燥小于 6h，完全干燥小于 24h。该漆可在市场上利用电脑调色系统进行色彩的调配，大大提高了色彩选择的范围。在涂装时，采用手工刷涂、空气喷涂工艺均可。该类漆涂膜具有良好的弹性和耐冲击性，涂膜丰满光亮、平整坚韧、保光性和耐久性良好，具有较高的黏附性、柔韧性和机械强度，并且施工方便，价格比硝基涂料便宜。

（三）硝基瓷漆

硝基瓷漆是以硝化纤维素（硝化棉）为主要成膜物质，加入醇酸树脂、颜料、合成树脂、增塑剂及溶剂而成的，是易于挥发型涂料。干燥时间为表面干燥小于 20min，完全干燥小于 4h。该漆可在市场上利用电脑调色系统进行色彩的调配，大大提高了色彩选择的范围。在涂装时，以空气喷涂工艺为主。该类漆价格适中，漆膜干燥度快，面层效果好。

（四）聚酯漆

聚酯漆由改性聚酯树脂、多异氰酸酯、固化剂、有机溶剂组成的多组分厚质漆。聚酯漆为桶装类油漆。干燥时间为表面干燥小于 30min，完全干燥小于 24h，烘干（50℃）小于 6h。该漆可在市场上利用电脑调色系统进行色彩的调配。在涂装时，以空气喷涂工艺为主。该类漆价格较高，漆膜干燥速度比醇酸调和漆快、

图 3-37　自喷漆

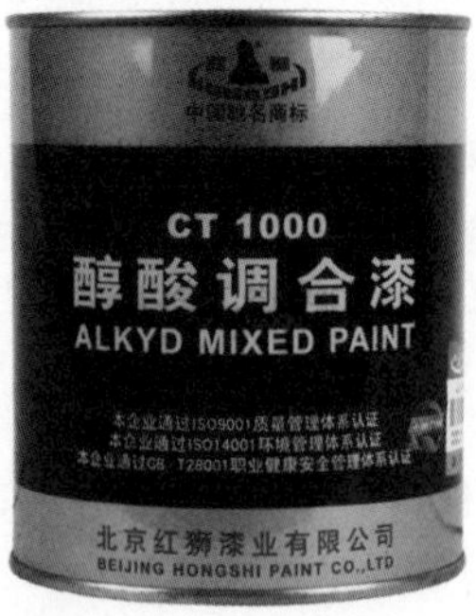

图 3-38　醇酸调和漆

比硝基瓷漆慢，面层效果好。

（五）酚醛树脂漆

酚醛树脂漆常用于浸泡泡沫塑料制作绿化的树球、林带。加工时可先将泡沫塑料剪开放入油漆内浸泡数分钟，再取出拧干在阴暗处晾晒数日，干固后再加工成各种绿化材料。由于酚醛树脂与聚氨酯泡沫塑料会起一定的化学反应，容易自燃起火，所以晾晒时要散开放平，切忌在太阳光下曝晒，并应注意通风与观察。

（六）玻璃透明油漆

玻璃透明油漆由色精、透明剂、硬化剂和稀释剂组成。玻璃透明油漆为桶装类油漆。使用时，根据颜色需求可相互混合，可随意调节浓度，可采用手绘或喷涂的方式操作。油漆干燥时，常温固化或烘烤均可，干燥后涂层饰面独特亮丽、晶莹剔透，是透明体造型面层色彩涂装的材料。

（七）模型专用漆

模型专用漆为瓶装类面漆。此类漆在模型专业店有售，是进口产品（图 3-39）。该类漆价格高，适用于小面积使用。使用时需配置喷笔构成小型专用喷漆设备。该类漆干燥速度快，面层效果好。

图 3-39　模型专用漆

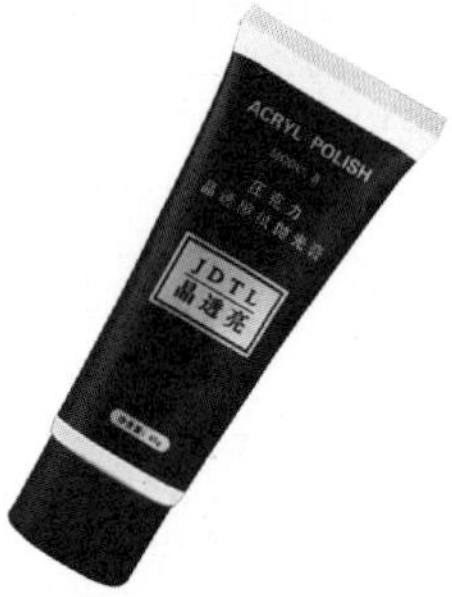

图 3-40　有机玻璃抛光膏

（八）丙烯颜料

丙烯颜料是一种水性颜料。该颜料使用简便，干燥速度快，附着力强，但颜色覆盖力较差，面层效果与漆面效果接近，适用于小面积涂饰及划痕修补。

（九）有机玻璃抛光膏

有机玻璃抛光膏以稀土金属氧化物为磨料，加入上光剂等辅助原料制成（图 3-40）。该材料可用于手工或机械抛光，具有抛光速度快、抛光后对有机玻璃表面无损伤、有机玻璃表面光洁明亮等特点。主要用于透明有机玻璃加工后，表面的研磨抛光。

（十）清洁剂

清洁剂如松节水、二甲苯等都被用于清洁盘面，具体用法视造成污瑕的原因而定。

总之，涂料的选择非常重要，它直接影响最终的制作效果。以上介绍的几种漆，价格、性能、使用要求各异，模型制作者在具体选择时，要根据具体制作要求、使用量、设备配置情况等综合考虑。

三、仿真类材料

（一）花纹纸

花纹纸表面压印有凹凸浮雕效果的各式花纹，重量为100～300g不等（图3-41）。常见的花纹纸有虎皮纹、波纹、条纹、布纹等，可用来制作道路、墙面、地坪、绿地、花圃等。

（二）刚古纸

刚古纸质硬平滑、顺视而不反光、裁剪黏贴方便、坚韧度高、弹力好可卷曲、且防湿性强，是模型建筑外墙表现的优良材料（图3-42）。刚古纸有厚薄之分，纸面又有平面与网面之分，重量在115～280g之间不等。

图3-41 花纹纸

图3-42 刚古纸

（三）渐变色纸

渐变色纸为具有色彩秩序调和渐进的色纸，用于表现烟雾混合和深度感（图3-43）。渐变色纸的渐变形式有色相渐变和明度渐变两种，常用于背景的衬托和模型中墙面、地坪、绿地的装饰。

（四）过胶墙砖纸

过胶墙砖纸是一种含有特种表层专用于环境艺术模型墙面装饰的专业用纸，纸面表层印有不同比例的砖纹、石纹、瓦纹，并经过哑光或光胶印制处理，装饰效果逼真，目前在环境艺术模型表现中被广泛采用（图3-44）。

图3-43 渐变色纸

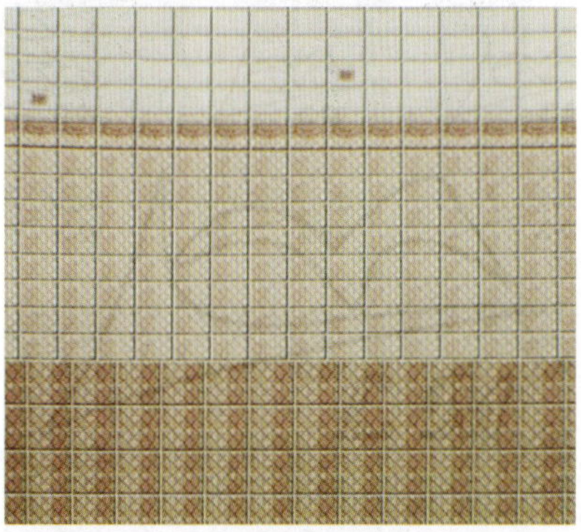

图3-44 过胶墙砖纸

（五）墙纸

市场上各种的墙纸、墙布均可直接或间接地表现环境艺术模型的墙面、地坪或屋顶，尤其是细纹的绢墙布可以仿制成花岗石、大理石的装饰效果（图3-45）。

（六）方眼描图纸

方眼描图纸是一种印有不同比例方格的胶版或铜版纸，色泽有绿、灰、橙、蓝多种，常用于表现模型中的广场和人行道地砖（图 3－46）。

图 3－45　墙纸

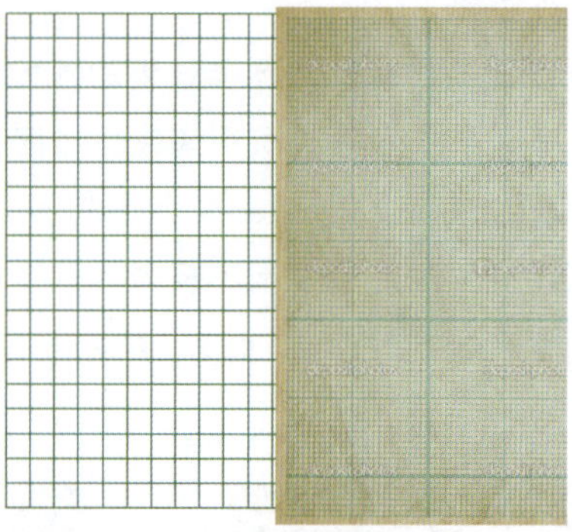

图 3－46　方眼描图纸

（七）仿真材料纸

市场上有一种进口的仿石材、木纹和各种墙面、屋顶的半成品纸张。这类纸张使用方便，在制作模型时只需剪裁、黏贴后便可呈现其效果，但在选用这类纸张时，应特别注意图案比例的选择，否则将弄巧成拙。

（八）镭射纸

镭射纸是模仿镭元素制成的装饰纸，常见为金色和银色，具有放射状的闪光效果（图 3－47）。在模型表现中常用于建筑外墙的装饰。

（九）涤纶纸

各色涤纶纸用于建筑模型的窗、环境中的水池、河流等仿真装饰（图 3－48）。

图 3－47　镭射纸

图 3－48　涤纶纸

（十）锡箔纸

锡箔纸常用于建筑模型中的仿金属构件的装饰（图 3－49）。

图 3－49　锡箔纸

（十一）砂纸

木砂纸本来是用做打磨材料，但在模型表现中，黄色木砂纸可以制作沙滩、球场、路面、文字等，效果也不错。

（十二）透光 PVC 胶片

透光 PVC 胶片是一种硬质超薄型塑料，其机械强度好，表面可进行化学浸镀，品种有银色、金色、茶色、蓝色、绿色等，具有镜面效果（图 3－50）。可卷曲和刻划加工，适合模型制作中表达现代建筑和透光的玻璃幕墙。

图 3-50 透光 PVC 胶片

图 3-51 确玲珑胶片

（十三）确玲珑胶片

确玲珑胶片是一种以塑料类材料为基底，表层附有反光涂层的复合材料，色彩种类繁多（图 3-51）。确玲珑胶片又称 ABS 塑料电镀片，是一种极好的非金属电镀材料，不透明，有金色、银色、茶色、绿色、蓝色等。该材料耐热性好，镀色或染色不易脱落，可以任意刻制，具有最佳的耐热耐候能力，表面有特殊的玻璃光泽，基底部附有不干胶，可即用即贴，使用十分方便。由于材料厚度较薄，制作弧面时不需特殊处理，靠自身的弯曲度即可完成，是一种制作玻璃幕墙的理想材料。

（十四）赛璐珞片

赛璐珞是由胶棉（低氮含量的硝酸纤维素）和增塑剂（主要是樟脑）、润滑剂、染料等加工而成的塑料（图 3-52）。外观呈珍珠光泽，有多种颜色和花纹，有透明、半透明、不透明等三种类型。1mm 以下的赛璐珞片韧性好、易弯曲、易加工，可以做房屋、透空墙、路边石等。赛璐珞片有热塑性，可在 80～90℃ 软化；耐水、耐稀酸、耐弱碱、耐盐溶液，并能耐烃类、油类等；但浓酸、强碱和许多有机溶剂可使之溶解或破坏；遇明火、高热极易燃烧；久储会逐渐发热，若积热不散会引起自燃，因此要注意存放安全。

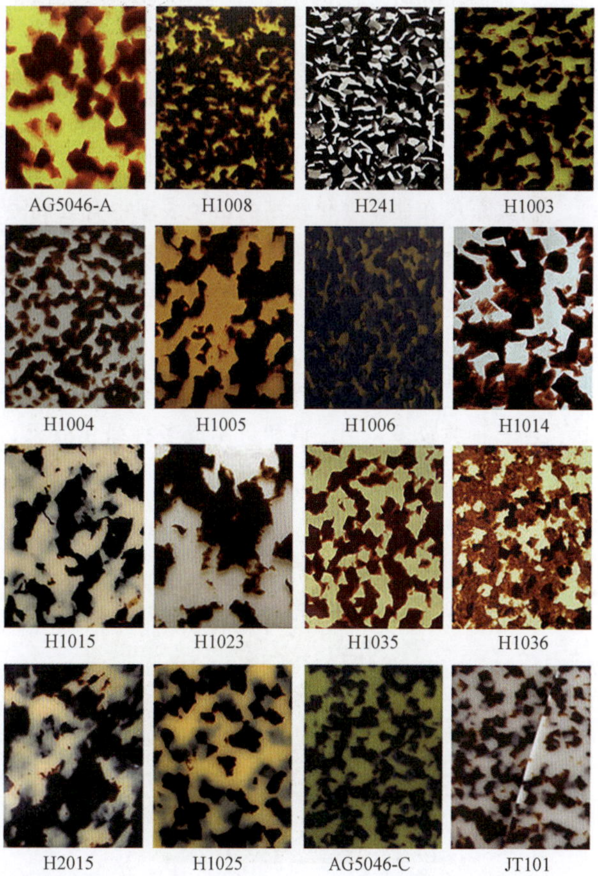

图 3-52 赛璐珞片

（十五）即时贴

即时贴是一种软质丙塑（PP 塑料），质轻强度大，色泽丰富（图 3-53）。即时贴分为不透光贴、透光贴、镭射贴、荧光贴、花纹贴、反光贴等。一面色泽鲜艳，一面自带不干胶，剪刻下来撕去衬纸即可贴用。即时贴可以装饰模型的水面、房屋立面、建筑饰线、地坪、屋顶、横行道、快慢车道中界线等。

（十六）贴膜

贴膜是一种模型面层装饰材料。该材料有金属膜、透明膜和彩色膜系列，色彩品种多样。材料具有很强的延展性、贴合性和耐久性，操作工艺简便，可完成曲面造型的面层装饰（图 3-54）。

（十七）植绒即时贴、仿真草皮

植绒即时贴，是一种表层为短毛绒面的装饰材料，又称“绒纸”。在文化用品商店可买到，常用于

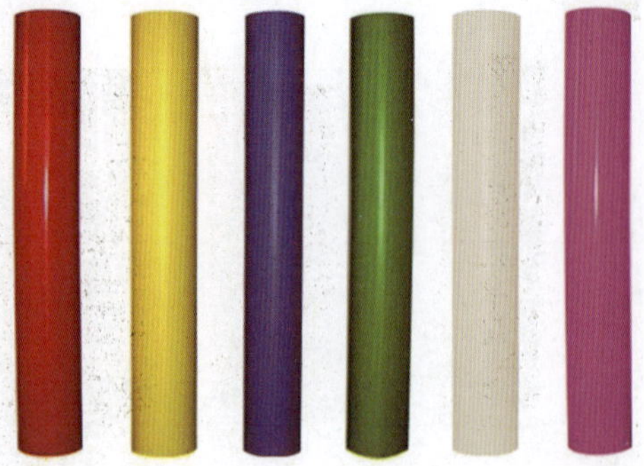

图 3－53　即时贴

图 3－54　贴膜

制作草坪、绿地、球场、底台面等（图 3－55）。该材料单面覆胶，操作简便，常用于制作小比例规划模型。

仿真草皮又叫草绒纸，是用于制作模型绿地的一种专用材料（图 3－56）。该材料质感好，颜色逼真，使用简便，仿真程度高。草绒纸有国产和进口之分，颜色种类很多。

图 3－55　植绒即时贴

图 3－56　仿真草皮

仿真草皮在曲率变化较高的山地表现中有其局限性，故专业公司一般都直接采用静电植绒。草绒纸也可根据需要进行自制，其方法是：将细锯末染上所需的颜色，然后选择相应的有色卡纸，在卡纸表面涂上乳胶，再将染色的锯末撒在纸上，直至达到所需的效果为止。

（十八）绿地粉

绿地粉主要是草粉和树粉，用于绿化树木和草地的制作（图 3－57、图 3－58）。绿地粉有粉末状和颗粒状，色彩种类较多，通过调和可制成多种绿化效果，是目前制作绿地环境常用的一种材料，市面上有成品出售。

图 3－57　草粉

图 3－58　树粉

（十九）发泡海绵（泡沫塑料）

图 3-59 发泡海绵

发泡海绵主要用于绿化环境的制作（图 3-59）。该材料是以塑料为原料，经过发泡工艺制成。染色后是制作比较复杂的山地、沙滩、树木等环境的理想材料。它具有不同的孔隙与膨松度。泡沫塑料松软、弹性好、透气、可塑性强，经过特殊的处理和加工后，可制成各种仿真程度极高的树木、草坪和花坛，是一种使用范围广、价格低廉的制作绿化环境的基本材料。在制作时，用剪刀修剪成所需的形状，一般是剪成球形、锥形和自由形等。在制成所需的形状后，再用颜料染成所需的颜色。

（二十）多股裸铜线

多股裸铜线主要用于绿色植物树干部分的塑造。根据模型比例的不同，应选择不同粗细和股数的铜线。

（二十一）水面胶

水面胶又称 AB 水，是一种双组分树脂类材料，仿制水面效果极佳。使用时按比例调制，搅拌均匀后，倒入模型的相应位置，数分钟后即可固化。该材料适用于小面积水面的仿真制作。

（二十二）型材

模型型材是将原材料初加工为具有各种造型、各种尺度的材料。现在市场上出售的型材种类较多，主要包括各种尺寸的角棒、平圆棒、圆棒、圆管，还有各种比例的仿真瓦、仿真砖、台阶板、文化石等，瓦面用于制作别墅屋顶、仿古屋顶，方格砖、仿古砖、花纹砖、文化石、墙纸等用于制作地面、墙面、路面等（图 3-60～图 3-66）。

图 3-60 方木棒

图 3-61 圆木棒

图 3-62 ABS 塑料方管

图 3-63 ABS 仿真瓦

图 3-64　ABS 仿真砖

图 3-65　ABS 台阶板

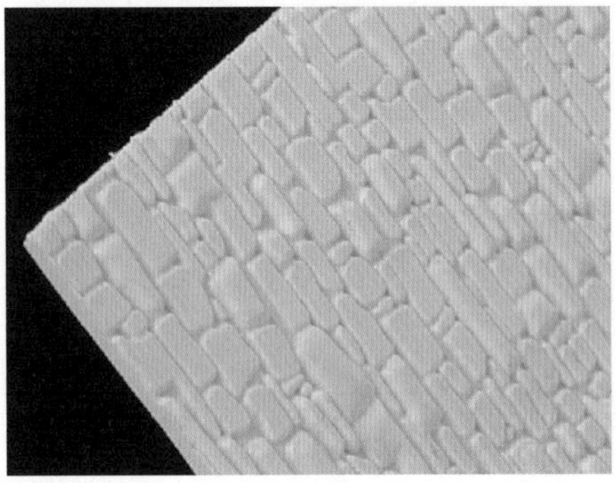

图 3-66　ABS 文化石

（二十三）成品与半成品材料

随着建筑与房地产业的发展和模型产业的崛起，模型材料的专业化、成品化、系列化开发已逐步发展成为一个行业。德国、日本、美国、中国香港等多个国家和地区的厂商纷纷抢滩中国，开拓模型成品材料市场。目前市场上常见的成品模型材料有德国“FALLER”产品、美国“TONKA”产品、韩国“ACADEMY”产品等。成品与半成品材料主要用于模型配景及室内模型的制作（图 3-67～图 3-74)。专业公司为突出产品个性，通常也考虑自己制作型材，通常有以下一些类型。

(1) 暖房及花园：用于别墅模型的成品材料，用倒模材料浇铸成型。

(2) 喷水池：结合水面用纸，配有电动小水泵，可作自动循环喷水装置用。

(3) 游乐场：配有风车、滑梯、泳池、千秋、旋转台等。

(4) 车站与路轨：配有小火车、铁道、站台、站房等。

(5) 路标：配有停车、放行、红绿灯、直行等国际通用路标。

(6) 自行车：配有 16 辆自行车及 2 个车棚的组装盒。

(7) 电话亭：配有电话亭、公用电话标志、模型小人等。

(8) 饰品：报栏、长桥、栏杆等。

(9) 树：松树、柏树、红棉树、柳树、果树、椰树等。

(10) 树带：条状小树林，长约 30cm。

(11) 长草：长草分绿长草与多彩长草两种，用作海藻或小树丛。

(12) 模型小人：配有学生、旅行者、上班者、军人、男、女等。

(13) 模型小车：多种比例的小汽车、公交车、货车、货柜车等。

(14) 太阳伞：配有红、橙、黄、绿、蓝、紫各色太阳伞。

(15) 砂砾布：用于制作沙滩、石场。

(16) 模型家具：沙发、餐桌、床、床头柜、写字台、梳妆台、低柜、大衣柜等。

(17) 彩石粒：制作沙滩用。

(18) 路面漆：涂饰后，具有沥青路面效果。

(19) 石纹、木纹、岗纹、花纹、水纹有机片：用于制作路面、地坪、水面等。

上述成品与半成品材料，应当根据商家提供的资料按照自己想要表达的效果选择购买。

图 3-67　模型树

图 3-68　模型小人

图 3-69　模型小车

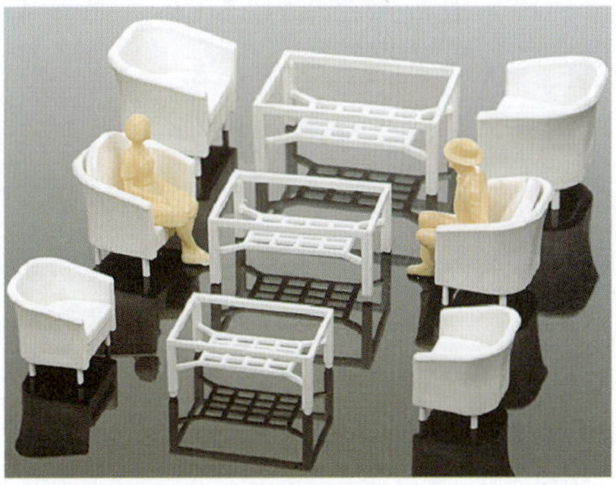

图 3-70　模型家具

图 3-71　模型栏杆

图 3-72　模型游乐场

图 3-73　模型雕塑

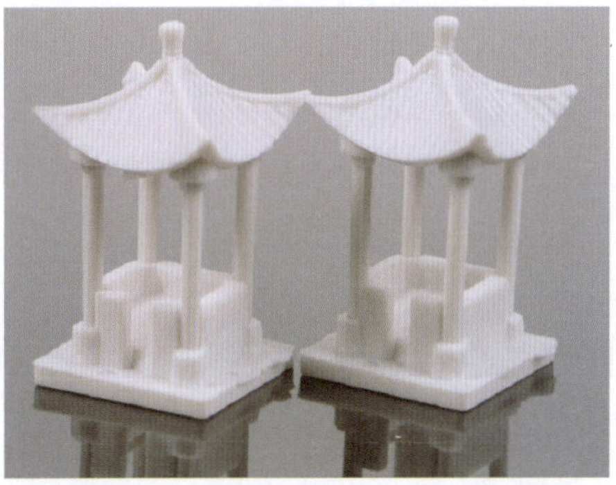

图 3-74　模型凉亭

（二十四）生活中的废弃物

我们周围有许多可用在模型制作中进行装饰或仿真的材料，所收集的大量有关废弃物也可以培养人们对模型半成品的鉴别力。只要善于发现和运用，结合模型的使用目的就可以在模型中创造出更有特色的仿真装饰效果。生活中的小型材质，如图钉、牙签、大头针、记号针、铝箔、各种线条等都是模型制作中经常用到的材料。例如在图钉的圆头表面黏上各色的不干胶，可模拟遮阳雨伞；牙签、大头针和记号针可用于组合模型和固定模型，也可用其制作模型；线条可以表现钢索构造，还可以确定出街道、巷道、工作模型中的平面边界；用大于0.5mm宽、不同颜色的胶带，可以表现出模型外观、窗户、门的侧面和外框。制作汽车、灯笼或家具以及构造上的接合点等，一些较小的废弃零部件都能派上用场。小木球和木栓可以用来做树林；一个铝制铆钉头可以用来做天窗；小螺丝、小滚珠可以用来做雕塑小品；医用注射器针头可以用来做路灯；造型独特的炉灰渣可以用来做假山石等。平时收集一些有关的废弃物，包括电子元件、建筑部件、金属线、钢丝球、金属片等可以应用在船只、飞机、油库或铁路的模型制作中。

（二十五）天然材料

在制作植物模型时，可用松果和小树枝、干燥的花草、伞形花序或一些植物的果实以及其他天然物质进行制作。例如：天然植物的果实类，松树的松果，法桐的球果；各类豆子、天然植物的枝干、树皮，棕树或落叶松的小树枝；天然植物的花，干枯的鲜花及相类似的伞状花序都可以进行适当修剪整理制作植物模型，且形态自然、美观。内部结构不紧密的丝瓜纤维组织适用于制作大比例的森林或是小比例的森林外围树木。

四、快速成型类材料

（一）水性黏土

水性黏土俗称黏土，是黏土粉末与水调和，经过“洗泥”和“炼熟”过程，形成质地细腻、均匀的“熟泥”。熟泥以柔软而不黏手，干湿度适中为宜（图3－75）。

黏土材料以无机非金属矿物等为主要原料，包括多种含水的铝硅酸盐的混合体，如高岭土（$Al_2O_3 \cdot 2SiO_2 \cdot 2H_2O$）、钠长石（$NaAlSi_2O_3$）、石英（$SiO_2$）等几种。由于天然原料中杂质较多且成分复杂，导致黏土呈现白、黄、红、黑、灰等各种不同的颜色。

黏土材料可以从耐火材料商店或建材市场购买粉碎好的陶土粉，这种陶土粉通常有粗细不同的型号，如60目、100目、200目和300目等。目即网目，是表示标准筛的筛孔尺寸的大小。目数越大说明颗粒越小，对于模型制作的陶土粉要求越细越好。如果购买的陶土颗粒太大，还需要用筛网重新筛选。

黏土材料也可以直接从自然界中挖取杂质少、颗粒较细、质地较为均匀的泥土，经晾干、粉碎、筛选后得到均匀、细小的黏土粉末。需要注意的是，并非所有自然界中的泥土都能制作黏土，模型制作需要的黏土主要是看其是否有良好的黏性，因此取材前先要试验其黏性。

用黏土材料来加工制作模型，其优点是材料来源广泛、取材方便、价格低廉、黏合性强、可塑性强、加工效率高。黏土材料在塑造过程中可以反复修改，任意调整，修、刮、填、补都比较方便，这是其他材料无法比拟的，非常适合用于自由曲面的表达与较复杂形体的塑造。对于用过的泥料或已干固的泥料，可敲碎放回泥池或泥缸，加水闷湿，反复使用。塑造时需注意泥的清洁，勿黏混杂质，否则会影响加工与表面光洁度。

黏土模型完成后，一般要使用石膏进行翻模或用其他可以替代的材料翻制胎模。黏土材料常用于制作小体积的配景模型的原型。

（二）纸黏土

纸黏土是由纸浆、纤维束、胶和水混合而成的泥状体，市面上销售的纸黏土有多种颜色（图3－76）。纸黏土模型制作可以运用雕塑的手法快速进行形态塑造，由于该材料具有可塑性强、便于修改、干燥后较轻等

图 3-75 黏土

图 3-76 纸黏土

特点，常用来制作小雕塑、具有民族风格的建筑屋顶、屋檐等，有时在制作大比例的模型时也用来制作一些人物、动物等造型。但该材料的缺点是收缩率大，因此在制作过程中，要避免尺寸的偏差。

（三）软陶

软陶是一种聚合体黏土（图 3-77），是由聚氯乙烯 PVC、无机填料和颜色色素混合而成的一种复合物。该材料有多种色彩，具有高度延展性和可塑性。软陶模型制作与纸黏土一样，可以运用雕塑的手法快速进行形态塑造，成型后用加热设备进行烘烤定型。软陶烘烤定型温度为 120～150℃。在模型制作中是一种快速成型的材料，常用于制作小体积的配景模型的原型。

（四）油泥

油泥是一种人工制造的材料，是模型制作中理想的配景材料（图 3-78）。该材料的特性和纸黏土相似，其不同之处在于油泥是油性泥状体，比纸黏土更具表现力，也更加细腻，不易干燥，表面不易开裂，并可以在收光后进行涂饰，油泥还可以反复修改与回收使用。

图 3-77 软陶

图 3-78 油泥

目前，油泥有国产和进口两种。国产油泥冷却后可塑性差；进口油泥以日本产的最佳，冷却后可塑性较强，但价格较贵。油泥材料的主要成分是滑石粉、凡士林和石蜡，使用时需要加热至 55～60℃。但不同品种的油泥加温软化的温度不同，购买使用时应按使用说明进行操作。油泥塑造模型方便，成型过程可以随意雕塑和修改，被广泛应用于异形和曲线较为复杂的模型形态塑造，也被广大设计师应用于草模型的制作与设计推敲。

应用油泥制作比较大的模型时，需要与其他材料配合使用以增强模型的强度和节省制作的费用。油泥是模型的表层材料，需要加热后堆敷在填充材料模型（根据整体形态制作）的表层，一般堆敷表层的油泥厚度不低于 20mm，当模型较大时，堆敷表层的油泥应适当增加厚度。表层油泥堆敷完成后即可进行粗刮、精刮与后期处理。如模型较大，内部填充的材料既要考虑支撑的强度，也要考虑使用能够减轻重量的轻质材料和结构。油泥常用于制作小体积的配景模型或配景模型的原型。

（五）模具硅橡胶

常用的模具硅橡胶是双组分室温硫化硅橡胶，其生胶通常是羟基封端的聚二甲基硅氧烷。该材料为白色或透明液体，黏度低、流动性好，硬度调节范围大，拉伸性能、抗撕裂性能优异，硫化后具有优良的防黏性能，硫化时收缩率极小，可在65～250℃温度范围内长期保持弹性，用法简单，工艺适用性强。在模型制作中，主要用于构件复制的软模具制作（图3－79）。

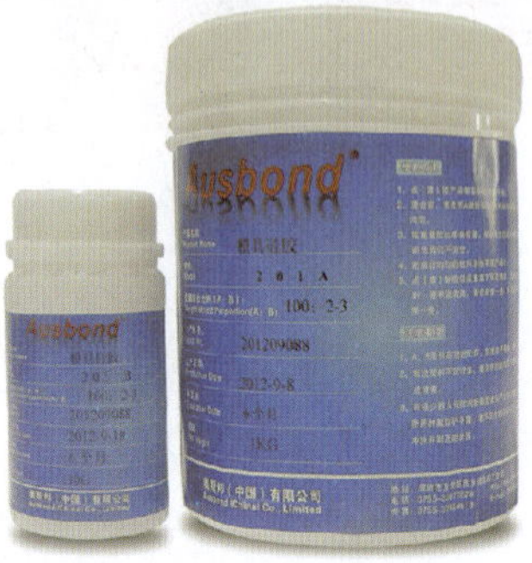

图3－79　模具硅橡胶

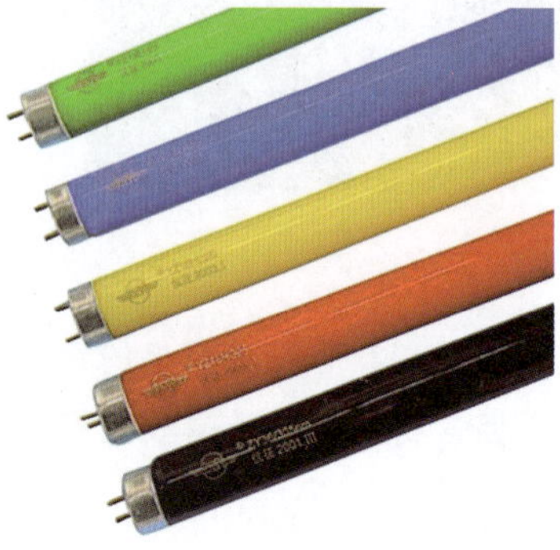

图3－80　荧光灯

五、光效仿真类材料

（一）荧光灯

荧光灯是一种通用型照明灯具，灯具形状各异（图3－80），工作电压为220V，是一种冷光源发光灯具。该系列灯具具有光照强度高、安全度高等特点。在建筑模型光效仿真的制作中，主要用于大面积发光光源的仿真制作。

（二）发光二极管

发光二极管简称为LED（图3－81）。是由镓（Ga）与砷（As）、磷（P）的化合物制成的二极管。管体直径有3mm、5mm等规格。通电时可呈现不同色彩的光效。发光二极管具有体积小、工作电压低、工作电流小、发光色彩品种多样、高仿真等特点。在建筑模型光效仿真的制作中，主要用于点光源的仿真制作。

（三）米泡

米泡是一种微型的小灯泡（图3－82）。该灯泡为单色发光体，泡体直径为2mm。具有体积小、工作电压低、工作电流小、发光均匀稳定、响应速度快、寿命长、高仿真等特点。在建筑模型光效仿真的制作中，主要用于配景灯具系列的仿真制作。

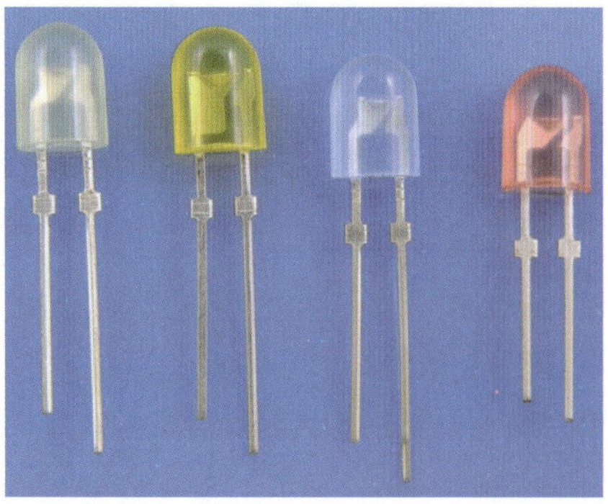

图3－81　发光二极管

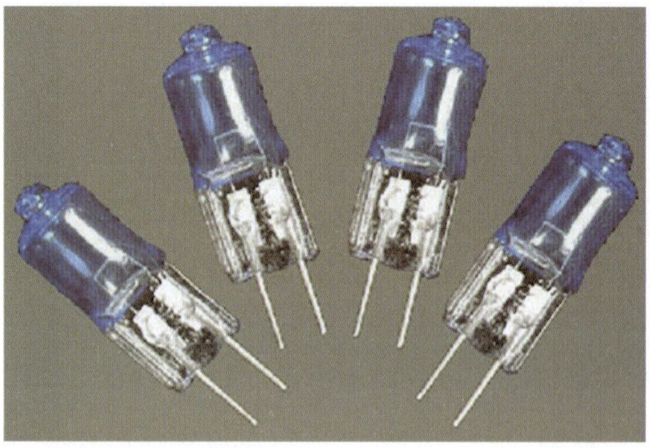

图3－82　米泡

（四）霓虹灯发光线

霓虹灯发光线是一种发光线材（图3－83）。直径范围为0.8～8mm之间。该线材具有工作电压低、线性柔软、发光均匀细腻、颜色丰富、色彩亮丽、高仿真等优点。使用时，需配置专用驱动器，可裁减、拼接、折叠和弯曲。在建筑模型光效仿真的制作中，主要用于线光源仿真制作。

(五) EL 发光片

EL 发光片基材为 PET 塑料片，采用电致发光（EL）原理（图 3－84）。片材厚度一般在 0.2～0.5mm。该发光片工作电压低、颜色丰富、使用时需配置专用驱动器、可弯曲、可剪裁、重量轻，是一种冷光源平面发光材料。在建筑模型光效仿真的制作中，主要用于平面光源仿真制作。

(六) 偏光膜

偏光膜是制作动感水面的主要材料。光片厚度为 0.5mm。该材料在制作动感水面时，需配以同步电机、有机玻璃、环形灯管和镇流器等辅材，利用材料的光学特性，可以模拟流动水面效果，制作工艺简捷，仿真效果极佳。

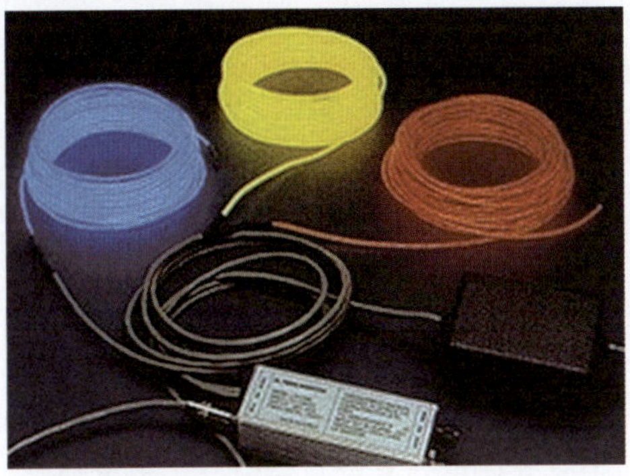

图 3－83 霓虹灯发光线

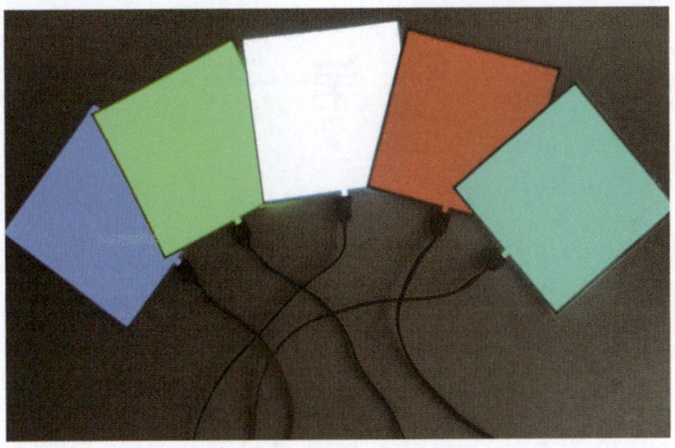

图 3－84 EL 发光片

第四章 模型制作材料加工工艺与方法

第一节　塑料加工工艺与方法

一、塑料板材冷加工工艺

（一）一次划线

为了从大块板料上截取某个构件的毛坯材料需要进行一次划线，用以确定锯削、切割下料的基础。一次划线时必须留有加工余量，也就是说要在各个方向上比要加工的零件尺寸多出一定尺寸，根据加工方法与加工者技术的不同，所留的加工余量也有所不同。切割加工一般各个方向留有 0.5～1mm 的加工余量，锯削加工一般各个方向留有 1～2mm 的加工余量。一次划线分为直线划线和曲线划线。

直线划线：大尺寸构件常用丁字尺划线，小尺寸常用直尺、角尺等工具为倚靠，用划针划线，也可以用铅笔或游标卡尺等进行划线（图 4－1）。

图 4－1　直线划线

用游标卡尺画线时，先用酒精将板材上面的油污擦干净。用游标卡尺画线，可即量即画，方便、快捷、准确。画线时，游标卡尺用力要适度，只要在表层留下轻微划痕即可。待线段画完后，可用手沾些灰尘、铅粉或颜色，在划痕上轻轻揉搓，此时图形便清晰地显现出来。

曲线划线：规则的几何形状可以用几何作图的方法进行划线。对于不规则图形，可以从计算机模型中提取轮廓线，按照比例打印出线图，然后在板材上平铺一张复写纸，用透明胶带固定，将打印图纸平铺其上，注意保持图纸不要变形，并用透明胶带固定，再用铅笔将图纸上的轮廓线复制到板材上。划线完成后，去除图纸和复写纸。运用这种方法对不规则图形进行划线时，不方便留加工余量，此时的轮廓线是零件最终轮廓界线。因此在锯削下料过程中，要始终保留轮廓线，并留出 1～2mm 的加工余量。有以下几点需要注意：

（1）划线时，铅笔应紧靠直尺或样板的边沿。

（2）要合理排料，以充分提高材料的利用率。同规格的材料尽可能采用套料。

（3）考虑构件加工的工艺性，划线时应先初步划线，留出加工余量。根据后续加工工艺的不同，留出的加工余量是不一样的。如用勾刀沿直线边缘进行切割下料，一般只留出 0.5～1mm 的修边加工余量。而复杂的热弯或热压加工的工件，则需要根据情况留出较多的加工余量。

（4）左右对称的两个零件，用同一块样板划线时，需注意零件的正反面。

(5) 划线时应划出中心线，并注明接头处的字母。

(二) 下料

1. 切割下料

将钢板尺的边缘与所画直线平齐，一手压紧钢板尺不要移动，另一手用勾刀（或者美工刀的背面）紧贴在直尺的一侧，沿直线从头至尾轻缓地连续勾划几次。需要注意的是，用力不要过大、过急，否则勾刀容易偏离线路。如果切割大尺寸板材，最好有一人专门负责压紧直尺，防止手换位置时，直尺位置发生偏移（图4-2)。勾划到一定深度后移开直尺，按住勾刀的前部继续反复从头至尾缓慢用力连续勾划。当划痕深度超过板材厚度的一半时，将板材上划好的线，对齐操作台的边缘，一只手按紧板材，另一只手沿着操作台边缘的另一方向用力往下按压，这时板材会沿着刀刃划线处准确地断开（图4-3)。此方法适合于厚度在5mm及以下的塑料板材。

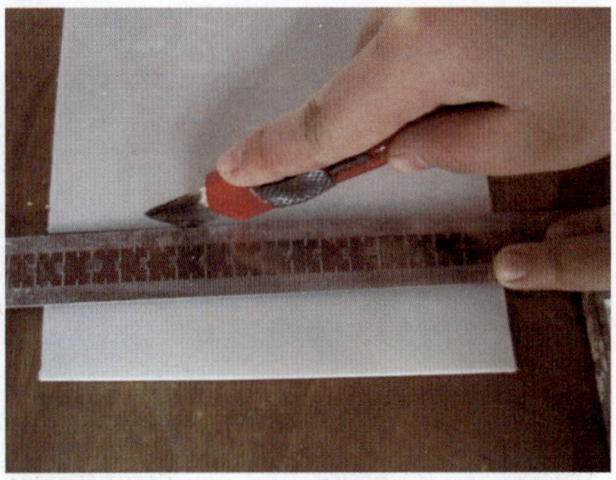

图4-2 勾划板料

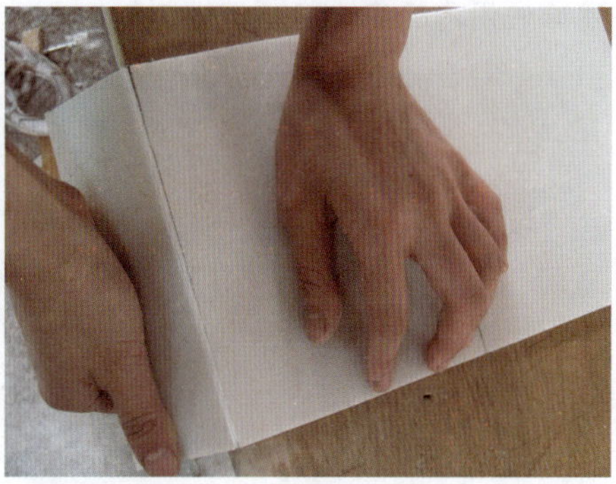

图4-3 折断板料

2. 锯削下料

对于厚度在5mm以上的板材，可以采用钢锯、钢丝锯、手提式电动曲线锯、台式电动曲线锯等进行锯削下料。进行锯削加工时，用力要均匀、平稳，速度要慢，锯条要锋利。

(1) 沿直线下料。沿直线锯削时，锯齿对准所划直线进行锯削。

(2) 沿一般曲线外轮廓边缘下料。使用钢丝锯或台式电动曲线锯沿曲线外轮廓边缘外侧下料，并留出1～2mm的加工余量。加工时将压板调整到较低的位置，使其有较大的力量压住工件，同时还要能推动工件，推进时务必扶稳工件缓慢进行。推动工件时，用力要均匀、平稳，速度要慢，匀速移动，防止锯条折断。锯条应保持垂直不能发生倾斜，否则会走形，也容易折断锯条。如果遇到尖锐的拐角，锯条不能转弯通过时，应使锯条进退几次，锯出较宽的锯缝，再向前锯削。也可以事先在拐角的外侧用钻床或手持电钻钻一个3mm的孔，以便锯条通过（图4-4)。锯削过程中由于摩擦产生高热可能会将已切割的部分重新黏连，可用容积较大的注射器在切割的部位少量滴注冷水或冷却剂降温，防止材料因受热重新黏连。台式电动曲线锯比手提式电动曲线锯的加工精度高，但由于其本身是固定的，其加工工件的尺寸受到工作台面的限制，没有手提式电动曲线锯灵活。因此，对于不使用台式电动曲线锯加工的工件则需要用手提式电动曲线锯加工。在手提式电动曲线锯割工件时，底座必须贴紧于工件表面，而锯条必须保持直角。如果底座与工件分离，会造成锯条断裂。沿着事先划好的切割线向前轻轻推进工具，不得使劲用力推压，不要过于用力歪曲地推锯切割。锯割薄板时，如遇到反跳现象，要夹牢薄板。如果遇到尖锐的拐角，锯条不能转弯通过时，应将锯条进退几次，锯出较宽的锯缝，再向前锯削。也可以事先在拐角的外侧用钻床或手持电钻

图4-4 沿一般曲线外轮廓边缘下料

钻一个10mm的孔，以便锯条通过。钢丝锯属于手动工具，加工效率要低一些，也可用于复杂曲线切割。这几种锯的工作原理、使用方法、锯削工艺基本相似，因此在锯削时应根据需要进行选择。

(3) 沿圆形的外轮廓边缘下料。对于圆形的外轮廓边缘下料加工，可以用划规直接裁切。由于划规的尖脚由硬质合金钢制成，完全可以直接切割塑料。切割时，先用划规轻缓地连续刻划几圈，再用力裁切，直至裁切完全，切割过程中需防止圆心处的尖脚滑动（图4-5）。需要注意的是，由于划规的尖脚与板面并不垂直，最后裁切得到的圆板的尺寸会略小于设定的直径，因此要留出更多的加工余量。

对于圆形的外轮廓边缘下料加工，也可以参照上述方法用曲线锯进行曲线锯削加工，但后续修边工作量较大。

(4) 沿曲线内轮廓边缘下料。使用台式电动曲线锯沿曲线内轮廓边缘内侧下料，并留出1～2mm的加工余量。在内轮廓边缘的内侧用钻床或手持电钻钻一个3mm的孔，将锯条从其中穿过（图4-6），安装好锯条后参照上述方法沿内轮廓边缘进行锯削加工。

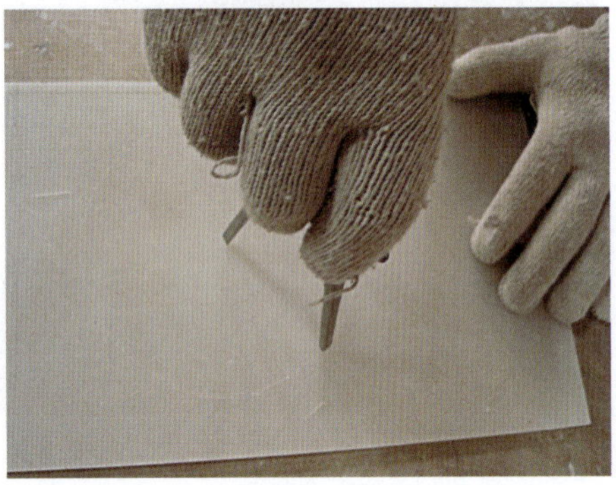

图4-5　沿圆形的外轮廓边缘下料

图4-6　沿曲线内轮廓边缘下料

（三）二次划线

通过手工切割或锯削下料加工后，得到的毛坯材料的边缘还很粗糙，尺寸达不到零件的技术要求，还需进行精细加工，在精细加工前，需要对毛坯零件进行二次划线，作为精细加工的轮廓界线。

（四）修边

对下料后的毛坯零件的边缘进行精细加工，俗称修边。修边时通常使用金属锉、什锦锉、砂纸、自制打磨工具、修边机等工具对毛坯工件的内、外轮廓边缘进行修平、倒角、修斜边等加工处理，逐渐加工至轮廓界线，达到形状要求。

对塑料板进行锉削和打磨修边时，需要对工件进行装夹。对于修平加工，应将工件夹在台虎钳钳口宽度的中间。对于倒角、修斜边加工，应用C形钳将工件夹在工作台的边缘处，以方便加工。由于塑料材质较软，装夹既要稳固，但又不能使工件变形，台虎钳口应衬以软钳口（橡胶片、三合板等较软材料），以防表面夹坏，但锉削面离钳口不要太远，以免锉削时工件产生振动。

对塑料板进行锉削修边时，由于塑料材质较软，顺向锉法和交叉锉法单次切削量太大，容易将塑料边缘锉成波浪状，故加工量较大时可以采用顺向锉法和交叉锉法进行锉削加工，加工量较小时一般采用推锉法进行锉削加工。在锉削曲线内轮廓时，也可以向斜上方进行推锉，这样加工出来的边缘整齐、平滑。对于加工量较大部位用粗锉刀进行锉削，对于加工量小或者局部细节加工用什锦锉进行锉削。

通过锉削逐渐加工至接近轮廓界线后，通过打磨进行精细加工，达到零件的技术要求。由于零件边缘通常都还要进行黏接，在此只要求零件的精度，而不要求表面粗糙度，因此不必用很细的砂纸打磨，以免影响进度。表面粗糙度是模型整体组装完后再进行精细打磨处理的。

直接用砂纸打磨塑料薄板的边缘很不方便，因此需要自制一些打磨各种形状的工具进行打磨修边，如打磨平面的工具，打磨大圆角的工具，打磨直角、锐角和圆形的工具等（图4-7、图4-8）。

图 4-7 打磨锐角

图 4-8 打磨大圆角

（五）钻孔、铣槽

如需在板材上钻孔或铣槽，可在钻铣床上安装不同直径的钻头或铣刀进行钻孔、铣槽等加工操作。钻孔划线时应该在孔心位置划出“十”字形，而不需要划出孔的轮廓，因为孔的轮廓由钻头直径决定，钻孔加工时钻头尖对准“十”字形孔心位置即可，而不是对准轮廓线。钻孔前将零件夹紧固定，一般钻 8mm 以下的小孔，而且工件又能用手握牢时，可以用手拿住工件钻孔，比较方便。但工件上锋利的边角要倒钝，当孔将钻穿时要特别小心，以防发生事故（图 4-9）。钻孔直径超过 8mm 时，必须用压板夹紧工件。压板夹紧工件时，螺栓的一端压住工件，另一端用厚度相同的垫片将压板垫平。钻通孔时，通常要在工件的下方垫木块或铁块以保护工作台面。

普通麻花钻头只能加工直径范围为 1～16mm 的孔。对于直径范围为 14～100mm 的孔可以将开孔器装夹在钻床或手电钻上进行加工（图 4-10）。

图 4-9 钻小孔

图 4-10 钻大孔

由于铣槽时产生的切削力量较大，因此必须用压板夹紧工件后再进行铣削加工（图 4-11）。

二、塑料棒材、管材冷加工工艺

（一）一次划线

根据要求在选用的棒材或管材上划出加工位置（图 4-12）。考虑构件加工的工艺性，划线时应先初步划线，留出加工余量。根据后续加工工艺的不同，留出不同加工余量。如制作有曲线变化的零件，要按曲线展开长度计算下料尺寸。

（二）下料

将塑料棒材或管材夹持在台钳上，为防止钳口夹伤材料表面可在钳口与材料之间垫上橡胶片等，然后用钢锯沿着加工位置进行切

图 4-11 铣槽

割（图 4－13）。

图 4－12　一次划线

图 4－13　下料

（三）二次划线

通过手工锯削下料加工得到的塑料管材、棒材毛坯材料的端面还很粗糙，尺寸达不到零件的技术要求，还需进行精细加工，在精细加工前，需要对毛坯零件进行二次划线，作为精细加工的轮廓界线。

图 4－14　修整端面

（四）修整端面

参照上述塑料板修边加工工艺，对塑料管材、棒材的端面进行修整至尺寸符合技术要求（图 4－14）。

（五）钻孔、铣槽

如果还需在零件上加工出孔、槽等形状，在钻铣床上配用不同直径的钻头、铣刀加工出相关形状（图 4－15、图 4－16）。

图 4－15　钻孔

图 4－16　铣槽

（六）回转体零件加工成型

使用车床按图纸形状进行切削加工，制作回转体零件（图 4－17）。加工过程中使用游标卡尺不断测量各部位尺寸，防止加工过量。

图 4－17　回转体零件加工成型

三、塑料管材制作圆弧面零件

塑料管材制作圆弧面零件的步骤如下。

（1）参照上述塑料管材加工工艺进行一次划线和毛坯下料。

（2）二次划线。用一张打印纸将塑料管包围一圈并将纸的边缘对齐（因为打印纸是规则的，此时打印纸边缘形成的圆形与塑料管的轴线垂直），将周长在打印纸上标记出来并测量，通过弧长与角度的正比关系，根据需要在打印纸上将周长等分（图4-18）。再将打印纸包围塑料管并将其等分标记（图4-19），将塑料管平放于工作台并固定，然后用高度游标卡尺对准标记点依次划出塑料管的等分母线（图4-20）。

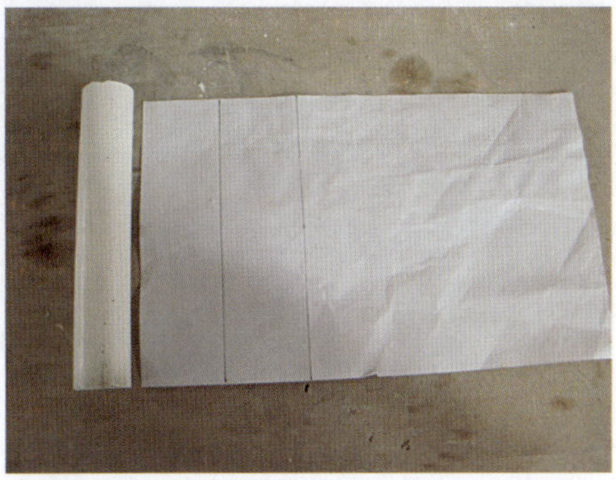

图4-18 周长等分

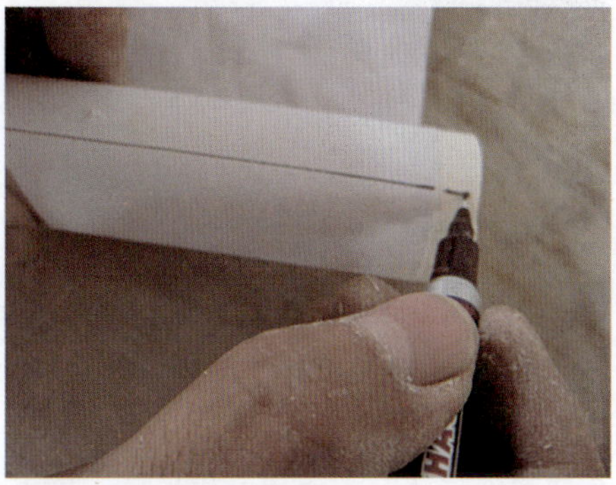

图4-19 等分标记

(3) 沿母线下料。将塑料管固定，用勾刀、钢锯等将其切割成几块圆弧面（图4-21）。

图4-20 划出等分母线

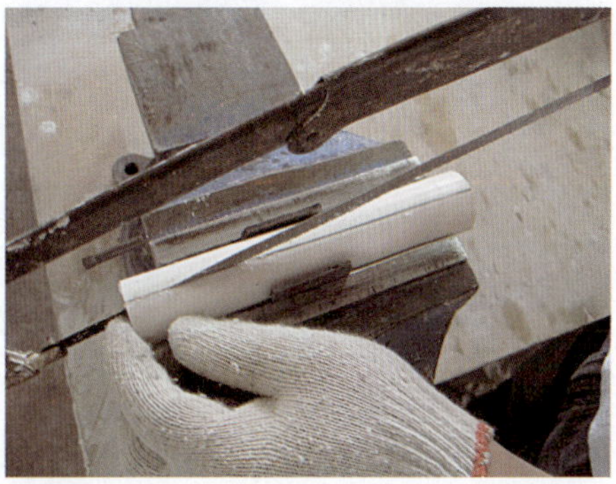

图4-21 沿母线下料

(4) 修边。参照前述塑料板修边加工工艺对其边缘进行修整（图4-22）。

(5) 黏接。将修整好的圆弧面与其他板状零件黏接，若接缝处强度不够，可在内部黏接加强筋。

四、塑料棒材、管材的热弯曲成型

（一）制作压型模具

(1) 选用细木工板制作压型模具，板的厚度应大于被加工材料的直径。参照塑料板冷加工的划线方法对细木工板模板进行一次划线（图4-23）。

图4-22 修边

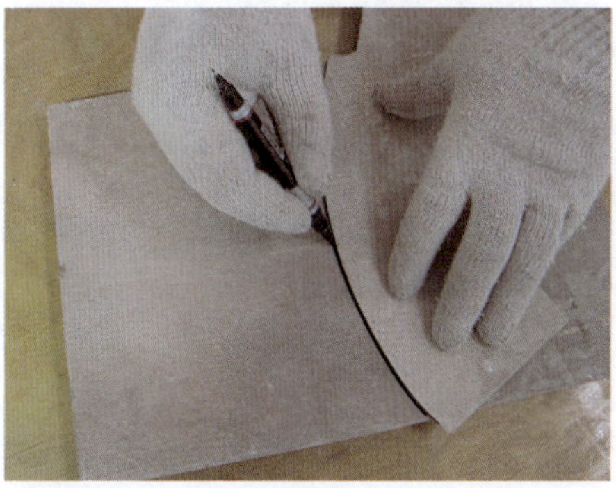

图4-23 一次划线

(2) 参照塑料板冷加工方法对模板进行下料（图 4－24)。

(3) 参照塑料板冷加工方法对模板进行二次划线（图 4－25)。

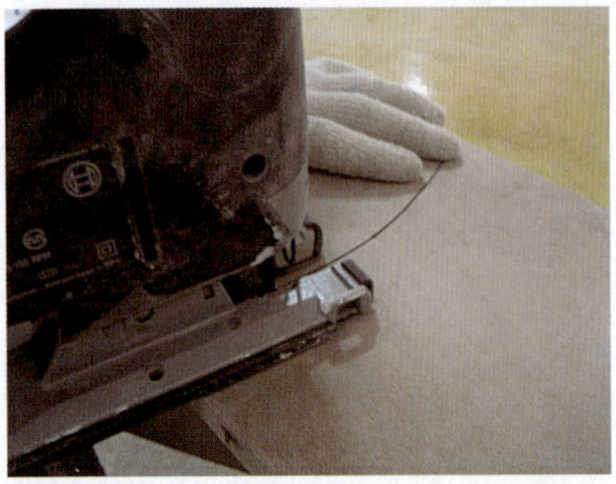

图 4－24　下料

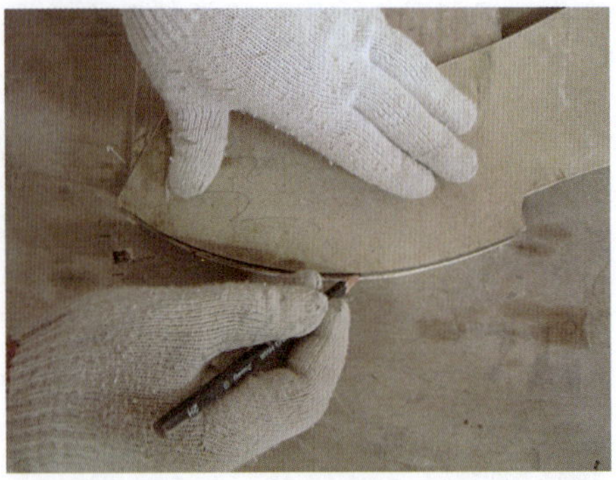

图 4－25　二次划线

(4) 参照塑料板冷加工方法对模板进行修边（图 4－26)。

(5) 用螺钉将其中一块模板固定在工作台面上（图 4－27)。

图 4－26　修边

图 4－27　固定模板

（二）准备需要加工的棒材、管材

(1) 根据需要选择要加工的棒材、管材，选择管材时应该根据需要选择相应的壁厚，壁太薄的管材弯曲时容易塌陷变形。计算弯曲零件的实际展开长度，参照塑料棒材、管材冷加工方法进行划线，留出足够的加工余量，以便按需要截取弯曲长度，同时长一点的材料有利于弯曲作业。

(2) 参照塑料管冷加工方法进行下料。

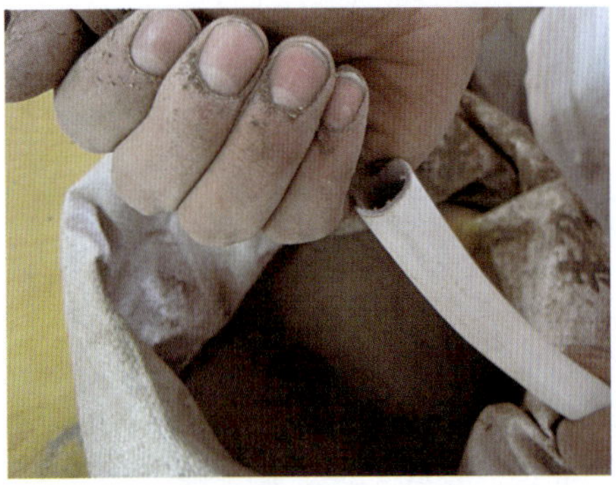

图 4－28　管内填砂

（三）管内填砂

使用管材加工曲线形状时，由于管材内部中空，直接弯曲容易出现径向变形。为防止这种情况发生，通常在管材内部灌入干净、干燥的砂粒，用木塞子堵住两端，再进行弯曲加工（图 4－28)。但是，管材不适用于加工成急剧转折的曲线变化形状，即使在管材内部灌入填充物也容易在弯曲过程中使急剧转折部位产生塌陷。

（四）加热

用热风枪均匀加热管材或棒材要弯曲的部分时，注意不要让热风枪距离塑料表面太近，防止局部过热。在加热时应不断旋转棒材（图 4－29)。也可将材料放入电烘干箱加热，薄壁管材加热温度控制在 100～120℃，棒材加热温度控制在 120～140℃。加热时防止加热过度，否则会产生气孔，致使材料组织疏松。

(五) 压型

(1) 将受热软化的管料或棒料放置在固定模板与活动模板之间，推挤活动模板使管材与两块模板紧紧靠严并贴实（图4-30）。

图4-29 加热

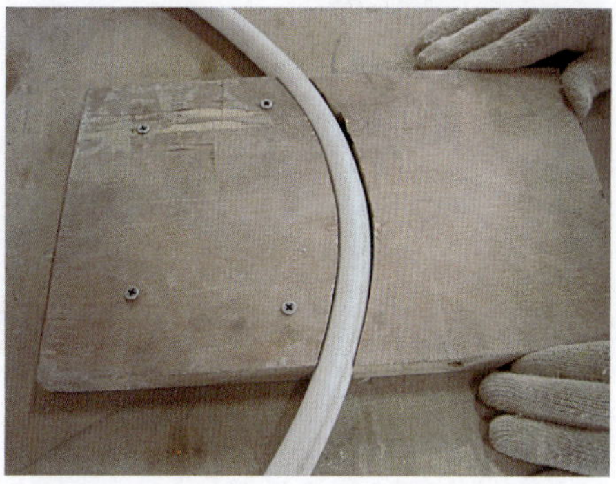
图4-30 压型

(2) 用毛巾蘸取冷水冷却工件表面（图4-31）。当工件表面降到常温以后迅速取下工件放入冷却水槽中，等到工件完全冷却定型后取出。

(六) 精细加工

根据图纸要求将多余的长度切除，将管中的细砂倒出，用清水冲洗干净、晾干，参照塑料管冷加工方法修整端面（图4-32）。

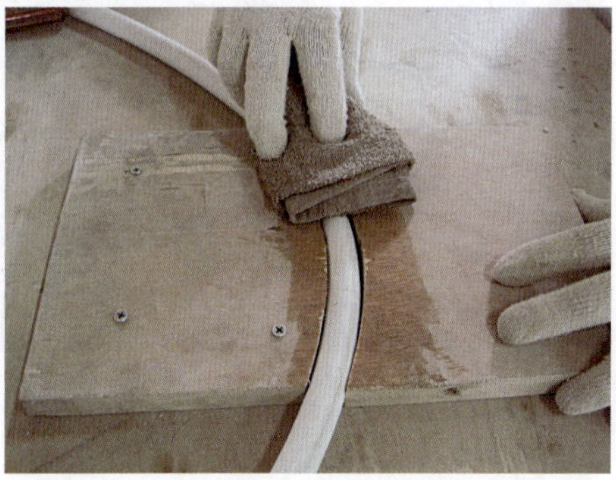
图4-31 冷却

图4-32 修整端面

五、塑料板材的角形弯折成形

角形弯折是将塑料板弯折成一定夹角的平面弯折，尤其以弯折成90°角的形式居多。

(1) 参照塑料板材冷加工方法进行划线，并划出弯折标记线。

(2) 参照塑料板材冷加工方法进行下料。

(3) 尺寸较小的工件，可在台虎钳上直接弯折。将工件弯折线与台虎钳口对平齐，夹紧，台虎钳口应衬以软钳口，以防表面夹坏。

(4) 在台虎钳口上方的板料上面衬垫一块平直的薄木板，用于隔热和压型，木板下沿距台虎钳口5mm左右，露出塑料板的部位用于加热。用热风枪在弯折部位来回移动均匀加热（图4-33）。

(5) 塑料板受热变软后用木板压紧、压实塑料板材于台虎钳口上（图4-34）。

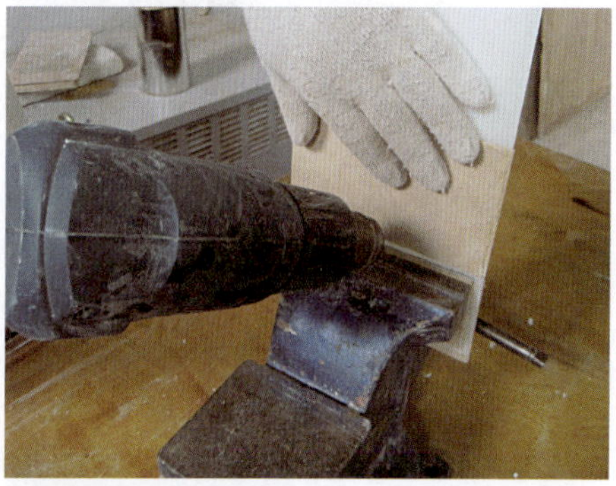
图4-33 加热

(6) 用毛巾蘸冷水冷却转折部位，冷却定型后方可取下弯折工件（图 4－35）。

图 4－34　压型

图 4－35　冷却

(7) 对弯曲部位进行打磨修整。

对于较大的工件，可以直接利用平台的直角边缘作基准，进行弯折。

对于非 90°的角形弯折，需先用细木工板按照弯折角度制作弯折模（图 4－36），弯折模的展开长宽尺寸要大于工件的长宽尺寸。将工件弯折线与 C 形钳钳口对齐，夹紧（图 4－37），然后按照上述方法进行弯折（图 4－38、图 4－39）。

图 4－36　制作弯折模

图 4－37　夹持工件

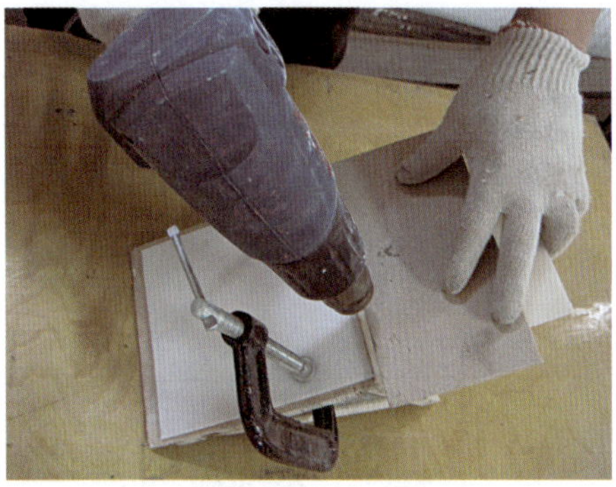

图 4－38　加热

图 4－39　压型

六、塑料板材的圆柱形曲面成型

当现有塑料管材的尺寸不符合形态表现要求时，可以自己用塑料板加工成型圆柱形曲面。

若要弯曲 1mm 厚度的 ABS 板、丙烯酸板或氯乙烯板，应先准备适合所需弯曲曲面的圆形瓶子或罐子，将材料包卷在瓶罐外面，用胶带或绳子固定。然后放入约 90℃的热水中浸泡 1～2min，退出中间的瓶子或罐子，待板材完全冷却后就可以获得被弯曲的材料（图4－40）。如果厚度不到1mm，则适当降低热水的温度。

如要弯曲2mm厚度的ABS板、丙烯酸板或氯乙烯板，单纯用胶带或绳子无法固定其形状。这时可以将其卷紧后放在适合所需要弯度的圆筒内，随后放入接近100℃的热水中浸泡2～3min（图4－41）。厚于2mm的板材一般都很硬，所以首先要用口径较粗的圆筒，然后逐步缩小尺寸，并逐步改用小口的管筒，直至弯曲为所需的圆柱形曲面（图4－42）。

图4－40 薄板的圆柱形曲面成型

图4－41 厚板的圆柱形曲面成型

除了用热水浸烫加热的方法，也可以用红外线灯照射或高温电吹风机加热等方法加热。

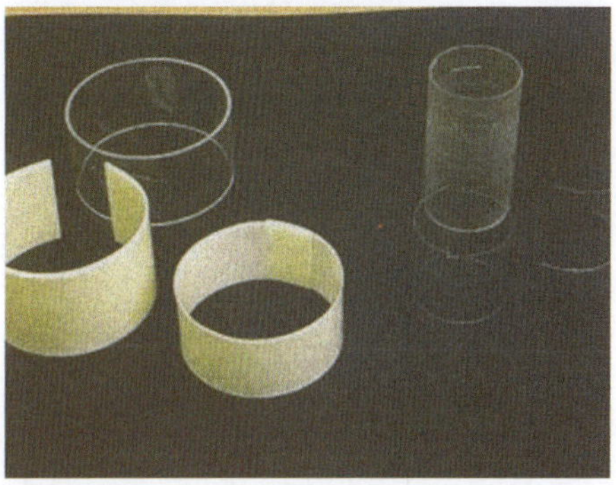

图4－42 弯曲好的圆柱形曲面

七、塑料板材的自由曲面成型

自由曲面形态的成型过程比较复杂，需要借助事先做好的原型翻制压型模具，通过模具将加热软化的塑料板材压制成为曲面形态。当曲面形态较复杂时，一般需要将整个模型拆分为几部分，然后进行连接。因此在自由曲面成型前，需要先制定工艺方案。首先将整个模型分成若干个构件，确定各个构件之间的交界线，然后根据各部分形态的特点确定适合的成型方法、各个构件之间的连接方式、制作顺序等。由于受手工制造者力量的限制，自由曲面成型一般只能加工1～3.5mm厚度的板材。自由曲面成型方法的制作方法如下。

（一）制作石膏压型模具

（1）用黏土或油泥等材料制作出标准原型。

（2）参照石膏翻制成型方法翻制石膏阴模，注意在调和石膏溶液时石膏粉的比例要高一些，用以增加石膏压模的强度。用电钻在阴模的最低点位置打通孔，用于压型过程中排放塑料板与阴模之间的空气。

（3）根据压型板材的厚度制作间隙层。将泥擀压成与塑料板厚度相同的薄片，用手轻轻按压泥片逐渐贴实并铺满于石膏阴模内表面。贴合过程中泥片出现褶皱的地方用刀片切开，将多余的泥片切割掉，出现空隙的地方要接着补泥片并局部修形。注意各部位的泥片厚度要一致。

（4）使用美工刀沿石膏模的边缘将泥层外边切割整齐。

（5）参照石膏翻制成型方法翻制石膏阳模。首先沿石膏阴模外侧搭建型腔，调制石膏溶液并注入型腔中，石膏凝固成型以后打开型腔取下石膏阳模，然后揭除间隙层。在阳模的最高点位置打通孔，用于排放压型过程中塑料板与阳模之间的空气。

（二）加热、压型

（1）根据曲面形态估算展开面积，下料。下料时一定要留出足够余量，防止塑变时余量不足。

（2）在烘箱中将塑料加热软化至模塑温度后取出迅速放置在石膏阴模上面，一般2mm厚的ABS平板在

142℃左右时，软硬程度比较适合自由曲面压型。用烘箱加热ABS板时，应该在其下面衬垫一张木板，防止烘箱内的金属条局部温度较高，使其发生局部变形。操作时应该佩戴石棉隔热手套，防止烫伤。

(3) 将阳模放在塑料板上，向下施加足够的压力使塑料板塑变成型。

(4) 压紧阳模的同时用冷水持续不断地注入到石膏模具的出气孔中冷却塑料板材。

(5) 降低到一定温度后将压制成型的板材从模具中取出。为确保形状不发生变化应继续放入冷水槽中冷却固形。

上述压型方法比较严谨，是一种常用的曲面成型方法，适用于各种凹凸变化的自由曲面，缺点是制作模具的工艺较复杂，且只适合做体积比较小的模型。

下面介绍一种相对简单的自由曲面成型方法。先用石膏雕刻成型制作出阳模，用细木工板制作压模板(阴模)，在制作阳模和压模板时，必须考虑塑料板的厚度，即阳模加上塑料模型等于标准原型的大小。再自制一个软质阴模，所谓软质阴模就是类似包袱状的装有滑石粉或细砂的布袋。压型时，一人负责从电烘干箱中取塑料板并向下拉拽，一人负责将压模板向下压，一人负责用软质阴模对向内凹的部位进行压型。压型时，软质阴模一般不移动，待塑料板基本贴合阳模后，用布沾冷水进行冷却固形，如中途出现褶皱，应先将褶皱拉平，再用压模板压型。操作时要戴上隔热手套进行操作，防止烫伤。如果向下凹的部位为平面，也可以制作与其形态相同的木板代替软质阴模进行压型。这种方法比前一种方法相对要简单一点，适合于制作更大的模型，但曲面成型的质量相对低一些。如果模型形态变化较大，压型效果不好，可以将其重新放回烘箱中加热到相同温度后进行二次压型。对于局部形态缺陷，可以采取相应的措施进行修补，如褶皱、翘曲等，可以用热风枪加热软化，进行局部压型。对于模糊、不肯定的棱角线条，可以在后续刮腻子时进行修补。

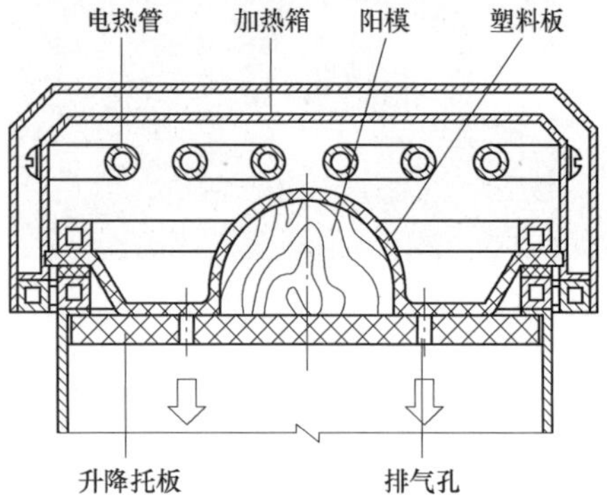

图4-43 真空吸塑成型

除了上述两种成型方法以外，还可以借助真空吸塑机制作自由曲面（图4-43）。真空吸塑成型的步骤是：①按模型的形体特征做成阳模，然后将阳模放入真空吸塑机内，并在阳模上覆盖一张1～2mm厚的ABS塑料板；②通过加热使塑料板软化，然后放入真空机内利用真空后的压力，使塑料板均匀地吸附在阳模表面；③数分钟后取出模型，将阳模剥离，就可获得一个具有中空的塑料模型部件。

利用真空吸塑机加工带有曲面的壳体模型十分方便、快捷，凹、凸形态均可塑制，能准确地达到理想的形态要求，不足之处是消耗很大。

（三）划线、切边、修边

按照工件尺寸划出加工界线。加工界线划线时，对于简单的平面划线，常用高度游标卡尺、直尺、角尺等工具就可以划出。而对于复杂的立体划线，尤其是对于两个自由曲面相连接的界线很难一次精确划出，通常需要以阳模为依靠，通过几次划线，相互比对，逐步加工才能得到所需的形态。然后用曲线锯沿加工界线外侧将多余的部分切割下来，注意留有加工余量，再用砂轮机进行粗加工，打磨掉多余的部分。最后，参照前述塑料板冷加工的修边方法进行修边，使工件达到技术要求。

八、组装成型

ABS塑料模型常用黏接的方式进行组装成型。黏接是用黏接剂永久固定各零件的工序，是塑料模型制作过程中最常见的连接方式。在模型黏接过程中，一般是按照由下而上，由里而外的顺序进行黏接。一般黏接有三种形式，即面对面、边对面、边对边。

面对面黏接主要是各体块之间组合时采用的一种黏接方式。在进行这种形式的黏接时，要注意被黏接面的平整度，确保黏接缝隙的严密。

边对面黏接主要是立面间、平立面间组合时采用的一种黏接形式。在进行这种形式的黏接时，由于接口接触面较小，所以一定要确保接口的严密性。同时还要根据黏接面的具体情况考虑进行内加固。

边与边黏接主要是面间组合时采用的一种黏接形式。在进行这种形式的黏接时，必须将两个黏接面的接口，按黏接角度切成斜面，然后再进行黏接。在切割对接口时，一定要注意斜面要平直，角度要合适。这样才能保证接口的强度与美观。如果黏接口较长、接触面较小，同样也可根据具体情况进行内加固。

总之，在黏接过程中，一定要注意以下三个方面问题。一是面与面之间关系，也就是说先黏哪个面和后黏哪个面。二是如何增强接缝强度以及哪些节点需要增加强度。三是如何保持模型表层的整洁。

黏接 ABS 塑料和有机玻璃常用三氯甲烷（也称氯仿）作为黏接剂。黏接过程如下。

(1) 黏接之前用细砂纸打毛黏接部位，并用洗涤剂除去零部件上的油脂、污物，用清水清洗零部件后晾干以备黏接。

(2) 用划针划出黏接的边界线。

(3) 对准边界线，用注射器将氯仿注入连接处，观测空间位置的准确性，如常见的垂直关系，要用角尺测量，调整到合适位置时，扶稳零件。需要注意的是：氯仿溶剂的一次推入量不要太多，防止流到其他部位腐蚀模型表面。待 3～5min 后，溶剂基本挥发完全，即可松开。15～20min 后，溶剂完全挥发后，部件黏接牢固，可以进入后续工作。曲面连接时将两者放于阳模的相应位置上，调整到合适位置时，扶稳零件，对于有回弹趋势的曲面可以用绳子将其绑在阳模上，待黏接牢固后再取下工件。

(4) 如发现有黏接不牢的地方补充氯仿溶剂，继续黏接。

使用氯仿时要注意环境通风，每次用完后应盖上针头盖，以保持注射针管畅通。

影响黏接质量的一个重要的因素是黏接面积。黏接面积越大，黏接越牢固，为了得到可靠的黏接效果，需要在制作时设计适当的黏接形式，必要时可以在模型内部增加衬板增大黏接面积。

溶剂黏接时会迅速溶化板料，黏接处立即呈黏稠状，有利于压合后接近全面积接触而黏接牢固。但使用其他非溶解性黏接剂，如使用 502 瞬间黏接剂时，由于其黏稠度很低，使黏接局限于一些最高点上，黏接可靠性较低。因此，ABS 与有机玻璃选用氯仿溶剂作为黏接剂，黏接效果优于其他非溶解性黏接剂。但是当不同材料进行黏接时，一般不能用溶剂进行黏接，而需要使用其他种类的黏接剂进行黏接。

使用其他种类的黏接剂进行黏接时，应根据黏接剂的使用说明进行操作。需要注意的是，黏接剂要均匀涂抹于黏接部位，尽量不要超出黏接部位，以防止黏接剂腐蚀和污染模型表面。还需注意黏接剂固化后的强度，如硬度相差较大，在打磨时会留下痕迹。对于凝固时间较长的黏接剂要使用夹紧器固定零件防止黏接位置移动，待黏接牢固以后方可取下工件。此外，有的黏接剂使用两种成分调和而成，分别具有长期黏接、中期黏接、短期黏接的不同特性，届时黏接力有可能自动降低而使模型解体，需要引起注意。

九、塑料模型表面涂饰

（一）表面处理

1. 刮腻子

模型表面如果有凹形缺陷，需要用腻子补平。局部细微形态缺失，如棱角线条模糊或不肯定，可以用腻子进行造型。

首先需要按照说明书的配比调制腻子。塑料模型表面处理常用原子灰作为腻子，原子灰需要加入固化剂才能凝固，固化剂加入越多，凝固时间越短，反之则凝固时间长或者难以凝固。初次使用时应先取少量原子灰配比不同剂量的固化剂进行样本分组试验，注意观察各种样本的颜色特征与凝固时间的关系，一般凝固时间在 5～10min 比较合适。调腻子时一次不要调的太多，腻子固化的时间很短，短时间用不完的腻子就会浪费。每次刮完腻子应马上清理刮子，否则腻子黏固在刮子上很难再去除。通常用油灰刀刮平面上的腻子，用软刮子刮曲面上的腻子。刮腻子时通常将模型表面通刮一遍，这并非浪费，因为很多细微的凹陷是很难发现的，如果只刮看到的凹陷部位，要想把模型打磨光整，要么打磨掉高出的塑料部分，要么进行二次刮腻子重新打磨。实际上眼睛看不出来的差别可以用手摸出来，因此打磨时要不断地用触觉去感受和判断。需要注意的是，刮腻子时刮子的表面应尽量贴紧模型，这样形成的表面比较平整，打磨工作量很小。一些初学者容易将腻子随意的糊在凹陷部位再进行打磨，这种的做法不仅效果差，而且费时间。

2. 粗打磨

刮好腻子后，用木块包裹 100 目左右的砂纸进行干打磨，打磨的顺序是先整体后局部。有些人喜欢手持砂纸随意直接打磨，打磨很久后会发现高出部分依然存在，只是平缓了一些而已。这是因为腻子和塑料板之间存在材料硬度差，因此尽管操作者努力打磨腻子部分，但捎带磨掉了腻子周边的部分 ABS 材料，使原来的形状仍保留下来。木块包裹砂纸进行打磨时，砂纸只切削突出部分而不触及其他，这样才能避免徒手打磨的失败。此阶段主要是将模型表面一些凹凸的地方打磨平滑，以达到后面工序的技术要求，在未达到要求前，不要进行精打磨，否则会浪费很多时间在精打磨上。

3. 精打磨

精打磨一般选用 400～600 目的水砂纸蘸水打磨，主要目的是打磨掉粗砂纸留下的划痕，其后进行抛光。模型表面不能留存有砂纸的痕迹，要求形态平整光滑和线形过度均匀，打磨时可以将模型表面用水冲洗干净，形成比较光亮的表面，然后借助光线的阴影来仔细观察表面的光滑程度。打磨是一项很辛苦的工作，其质量的高低直接影响模型的最终效果。一些细小的划痕不仔细观察是不太容易发现的，但是一旦喷漆以后就非常明显，因此必须认真、仔细。

（二）喷漆涂饰

（1）喷漆涂饰前，使用洗涤剂除去零部件上的油脂、污物及打磨灰尘，用清水冲洗干净，用纳米擦车巾擦拭水分，晾干后方可进行涂饰，涂饰环境要求无尘。

（2）喷漆常用罐装自喷漆或者低温烘烤的汽车修补漆。喷漆前先上下摇动漆罐，让罐内的搅拌块晃动起来将漆搅匀。将喷嘴和工件保持 30～50cm 的距离，按下喷头快速在工具表面扫掠而过让漆层覆盖薄而均匀。

（3）喷涂第一遍底漆的颜色以白色为宜。通过第一遍涂饰能反映出模型表面是否还存在缺陷。如发现模型表面出现微小的凹凸，应继续刮腻子、打磨平滑，除净粉尘后再继续进行喷涂操作。喷漆过程应遵循先大面积后小面积的原则。

（4）使用涂料进行表面涂饰要经过反复多次才能获得理想的表面涂层，后面几次正式喷涂可以适当多喷一些，但注意不要对一处喷涂过量。等待涂料基本干固后再进行下一次涂饰，否则很容易挂流。一旦出现挂流现象，需要等漆膜干固后将漆膜打磨掉，重新喷涂，非常耽误时间。

（5）模型上如果需要喷涂两种以上的颜色，用低黏度纸胶带沿分色界线黏贴遮挡，其他不需要喷涂的地方用纸张包裹住，然后换用所需颜色的自喷漆继续涂饰。待换色喷涂的涂料完全干燥以后才能将遮挡纸及纸胶带揭下。

（6）按捺住好奇心等待干燥，在还能闻到漆层香味之前不要去触摸没有干透的工件。气温较低时，可用电吹风适当加热加快干燥，但应先用手试探一下确定不烫手才行，同时注意不要轻易用烘箱烘烤。

第二节　纸材加工工艺与方法

模型常用的纸材为纸板。纸板分为薄纸板（厚度在 0.5mm 以下）和厚纸板两大类。利用纸板制作建筑模型是最简便且较为理想的方法之一，主要用于工作模型和方案模型的制作。常用的纸材加工工具有美工刀、手术刀、雕刻刀和剪刀等。下面介绍纸板加工工艺与方法。

（一）划线

由于薄纸板的裁切误差可以控制的比较小，而且纸模型作为工作模型精度要求相对低一些，通常一次裁切即可获得所需形态，而不必后期修整，因此只需要一次划线。在制作薄纸板单体工作模型时，也可以将建筑设计的平立面直接裱于制作板材上。具体做法是：先将薄纸板裱于图板上，然后将绘有建筑物的平立面图喷湿，待数秒钟后，均匀地刷上经过稀释的糨糊或胶水并将图纸平裱于薄纸板。待充分干燥后，便可进行剪裁。剪裁时，可以直接按事先画好的切割线进行剪裁。在剪裁接口处时，要留有一定的黏接量。在剪裁裱有设计图纸的工作模型墙面时，建筑物立面一般不作开窗处理。

（二）切割下料

参照塑料板切割下料的方法进行下料。切割时，一般在被切割物的下边垫上切割垫，同时切割台面要保持平整，防止在切割时跑刀。切割顺序一般是由上至下、由左到右，沿这个顺序切割，不容易损坏已切割完的物件和已绘制完未被切割的图形。

切割厚纸板时，由于很难一刀将纸板切透，所以一般要进行重复切割。重复切割时，一方面要注意入刀角度要一致，防止切口出现梯面或斜面。另一方面要注意切割力度，要由轻到重，逐步加力。如果力度掌握不好，切割过程中很容易跑刀。

在切割立面开窗时，不要单个窗户独立加工，要按窗口横纵顺序依次完成切割。这样才能使立面的开窗效果整齐划一。

（三）折叠

薄纸板裁剪好后便可按照建筑的构成关系，通过折叠进行黏接组合。折叠时，面与面的折角处要用手术刀将折线划裂，以便在折叠时保持折线的挺直。

（四）黏接

在黏接薄纸板时，模型制作人员要根据具体情况选择和使用胶黏剂。在做接缝、接口黏接时，应选用白乳胶或胶水做胶黏剂。使用时要注意胶黏剂的用量，若胶液使用过多，将会影响接口和接缝的整洁。在进行大面积平面黏接时，应选用喷胶作胶黏剂。喷胶属非水质胶液，不会在黏接过程中引起黏接面的变形。

在使用装饰纸装饰建筑表面时，应该先按照装饰面的大小裁剪。在裁剪好的装饰纸的背面贴双面胶条或涂乳胶，对准被贴面的角轻轻固定，然后用手或其他的工具从被贴面的中间向外铺平。铺平后，若面上有气泡可用大头针刺透再用手指尖压平。如果装饰面上有门窗，可在贴好装饰纸后用笔轻画出门窗洞，再用钢板尺和单面刀或手术刀刻去装饰纸，这样就会露出一扇扇的门窗。

在黏接厚纸板时，一般采用白乳胶作为胶黏剂。在具体黏接过程中，一般先在接缝内口进行点黏。由于白乳胶自然干燥速度慢，可以利用吹风机烘烤，提高干燥速度。待胶液干燥后，检查接缝是否合乎要求，如达到制作要求即可在接缝处进行灌胶。如感觉接缝强度不够，要在不影响视觉效果的情况下进行内加固。

在全部制作程序完成后，还要对模型作最后的修整，即清除表层污物及胶痕，对破损的纸面添补色彩等，同时还要根据图纸进行各方面的核定。

第三节 泡沫塑料加工工艺与方法

一、构件加工

（一）一次划线

参照塑料板划线方法对泡沫塑料板进行一次划线，一般留有 3～6mm 的加工余量。需要注意的是，PS

材料颗粒大，应多留些加工余量。PU 颗粒细小，可少留些加工余量。块材的切割、锯削加工偏移尺寸大，应多留些加工余量。板材的切割、锯削加工偏移尺寸小，可少留些加工余量。一次划线分为直线划线和曲线划线。

（二）下料

1. 切割下料

对于厚度在 20mm 以下的板材，可以采用美工刀切割下料。下料时，先将钢板尺、丁字尺等的边缘与所划直线平齐，一手将其压紧不要移动，一手用美工刀紧贴在直尺的一侧，沿直线从头至尾轻缓地连续勾划几次，再逐步加力进行切割直至切透。需要注意的是，用力不要过大、过急，否则美工刀容易偏离线路。如果切割大尺寸板料，最好有一人专门负责压紧直尺，防止手换位置时直尺发生偏移。如果切割小尺寸板料，可以直接用美工刀进行切割（图 4－44）。

2. 锯削下料

对于厚度在 20mm 以上的板材，可以采用板锯、刀锯、鸡尾锯、钢丝锯、钢锯条、手提式电动曲线锯、台式电动曲线锯等进行锯削下料。进行锯削加工时，用力要均匀、平稳，速度要慢，锯条要锋利。

（1）沿直线下料。沿直线锯削时，锯齿对准所划直线进行锯削（图 4－45）。

图 4－44　切割下料

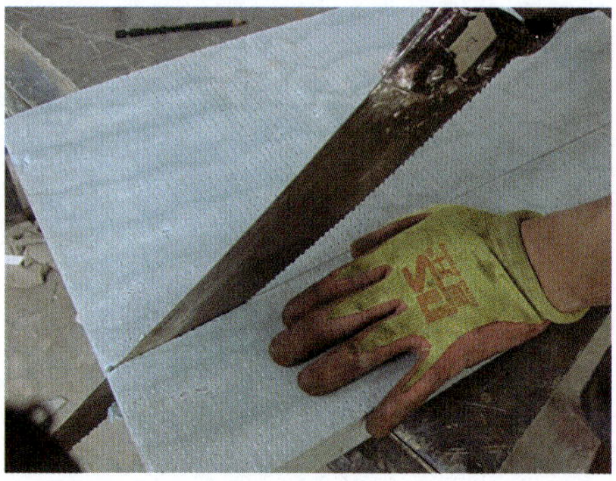

图 4－45　锯削下料

（2）沿曲线下料。参照塑料板沿曲线锯削外轮廓与内轮廓方法对泡沫塑料板进行锯削，并留出 3～6mm 的加工余量。

（3）热切割下料。热切割下料是根据泡沫塑料受热熔化的特性，将电热丝切割机的电阻丝通电发热后进行切割。一般电阻丝不动，沿所划的线推动泡沫塑料进行切割。电热丝的温度可以根据要切割的泡沫塑料类型和密度进行精确调节。如果电热丝温度过高过热，切割线路会太宽，不均匀。如果温度太低，在切割时使用的推力会使切割线变形，甚至断掉。所以在使用前应先用废料试切割一下。

沿直线切割时，可以在台面上固定一块木板作为靠板，以靠板为导向，电热丝对准划线，匀速缓慢推动泡沫塑料进行切割，这样切割的线形平直且表面平整（图 4－46）。

沿曲线切割时，与上述用台式曲线锯沿曲线锯削的加工工艺和方法基本相同。

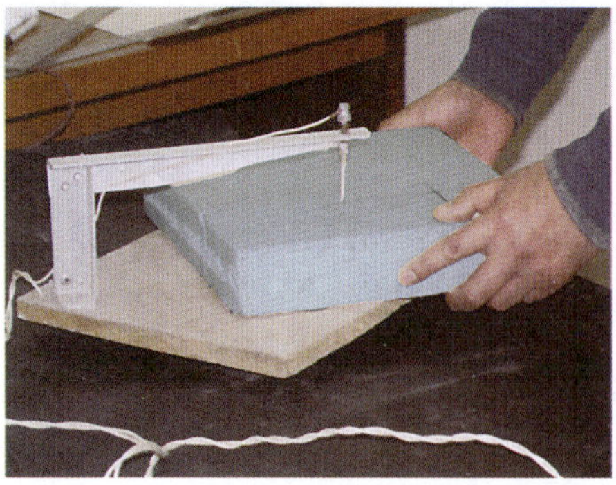

图 4－46　热切割下料

（三）二次划线

通过手工切割或锯削下料加工后得到毛坯料。选择毛坯料上尚未加工的平面作为基准面，已加工面的作为相对面，进行三视图划线。如果已加工面很粗糙，影响划线，则需要先用木棒裹砂纸打磨平整后再划线。对于大尺寸构件，可能需要将几层泡沫板黏接组成泡沫块进行加工成型，此时应将泡沫块打磨平整后再划线（图 4－47）。

（四）加工成型

(1) 粗加工。用刀锯、钢锯条等将大块多余的部位锯掉，粗加工应留有3～6mm加工余量。

(2) 半粗加工。用木锉刀、锉片等将多余的部位锉削掉，半粗加工留有1～2mm加工余量。加工过程中应随时借助度量工具检验加工部位。加工时注意保留中心线等重要的基准线，不要一次全部锉掉，锉掉的线应及时补划上。

(3) 精细加工。用自制打磨各种形状的工具进行打磨修整。打磨的顺序是先粗打磨，后精打磨；先整体后局部，打磨至尺寸符合要求即可。加工时注意保留中心线等重要的基准线。至此，主体基本形制作完成。

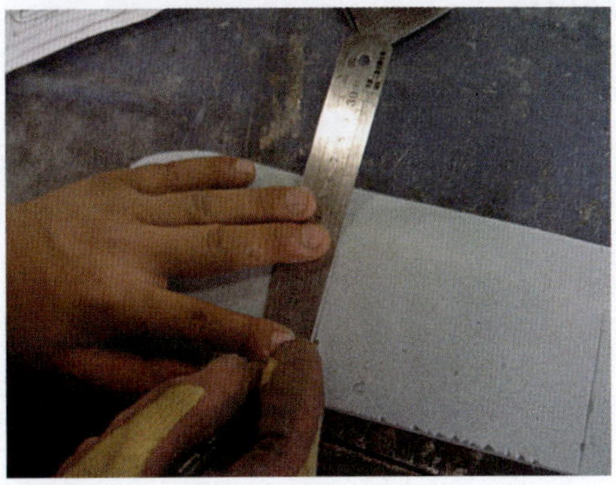

图4－47 二次划线

(4) 局部形加工。主体基本形加工符合要求以后，对局部形进行加工，如修边、钻孔、开槽等。

(5) 构件的修补。对于局部的加工错误，可以对其进行修补。对于大面积的修补，可以用同类材料补黏上一块，干固后对其进行锉削加工，再打磨到适合尺寸。对于较小的凹坑、洞孔和裂纹，可用水、滑石粉和白乳胶调制腻子进行填补，干后用砂纸砂磨平整。如果凹坑较深时，一般要分多次填补腻子灰，待上一层腻子干后，再填补下一层，直至填补平整后，再打磨到所需尺寸。

二、组装成型

泡沫塑料模型常采用黏接的方式进行组装成型。

（一）选用胶黏剂

黏接前应选用适合的胶黏剂，如选择不当，胶黏剂会腐蚀泡沫模型工件，导致前功尽弃。

常见的木工白胶通常很容易成为被考虑的使用对象，但在这里不适合。因为白胶需要水分蒸发后才能有效黏接，而PS不透气，白胶很难干透，因此无法使用。

泡沫胶是专供泡沫塑料黏接用的，在舞台美术布景制作中使用较多。这是一种类似万能胶的黏合剂，不腐蚀泡沫塑料，不会在彻底干透后形成脆硬的胶层，而是保持着一些柔性且结合力很强。

双面胶带因为在必要时可以拆开修改，比较方便、快捷，但其柔软的带基在遇到锉片锉削时不能被有效去除，只会顺着锉削方向倒下并继续留在原来位置形成一条突起的脊形，因此需要使用锋利的刀片将其切除，非常耗费时间，而且影响表面光洁。因此，使用双面胶带时也必须预先准确划线留出加工余量。另外，双面胶带很容易因为沾上了泡沫屑和灰尘而丧失黏接力，因此黏贴前需要将黏接部位清理干净。

（二）黏接工艺

在黏接前先将加工好的零件以积木式堆砌组成一体。可用大头针或竹销暂时定位进行试组合，试组合是为了深入观察、分析、比较整体与局部的体量关系，认定不再修改时，将各连接处用笔做上记号，拆开后涂胶黏接。

黏接时将两个需要黏接的表面均匀地抹涂一层薄薄的黏胶，并在内部插入两根竹销进行定位和增加强度，然后用重物或夹钳压夹紧，也可用绳索捆绑紧密，几小时后即黏接牢固。需要注意的是，在给泡沫塑料上胶时不能将胶液涂在靠近两块材料的边缘位置。如果把胶涂得太靠近材料的边缘，会因胶水干涸后比泡沫塑料更坚硬，更耐砂纸打磨，而在以后对其表面进行打磨时，在两块材料之间会形成凸出的脊。出于相同原因，也不要在后续需打磨的可见表面上涂胶。

影响黏接质量的一个重要的因素是黏接面积，黏接面积越大，黏接越牢固。为了得到可靠的黏接效果，需要在制作时设计适当的黏接形式，必要时可以在模型内部增加衬板增大黏接面积。

三、泡沫塑料模型表面涂饰

泡沫常用于制作设计模型，仅用于最初的设计探讨过程，主要供设计师之间交流和论证设计思路，不适合与用户见面。由于受材料特性和模型性质的影响，泡沫设计模型的表面通常不做很多修饰，没有特别要求的话，也不刻意改变泡沫材料本色。

泡沫模型表面粗糙，即使是可以用砂纸打磨也不能得到光洁的表面，因此涂刷了颜料和油漆也不会产生光亮的反光效果。罐装自动喷漆含有苯等有机溶剂会溶蚀模型材料，因此绝对不能使用。

如果一定要进行表面涂饰，也可用水、滑石粉和白乳胶调制腻子，填补、打磨后进行涂饰处理。

第四节　木材加工工艺与方法

一、配料

通常木模型中各个构件的形状、尺寸、规格和用料等技术要求是不同的。根据构件的形状、尺寸与工艺技术要求，将原木、型材或人造板锯割成各种规格毛料（或净料）的加工过程称为配料，这是木模型制作的第一道工序。配料时应根据木模型的造型表现要求，按构件在木模型上所处部位以及受力程度等方面的要求，合理的确定各构件所用的树种、纹理、规格等技术指标。在配料时，应尽量避开木节、虫眼、裂纹、变质等缺陷，木材颜色和纹理应基本一致。

二、板材构件加工

（一）一次划线

参照塑料板划线方法对木板进行一次划线，一般留有 2～3mm 的加工余量。

直线划线：大尺寸构件常用墨斗划线（图 4－48），小尺寸常用直尺、角尺等工具为依靠，用划子蘸墨划线，也可以用铅笔划线（图 4－49）。

图 4－48　墨斗弹线

图 4－49　角尺划线

曲线划线：规则的几何形状可以用几何作图的方法进行划线（图 4－50）。不规则图形划线方法有两种，一种是前面讲到的塑料板的不规则图形划线的方法，另一种方法是将设计图的图纸分解成若干个制作面，然后将分解的图纸用稀释后的胶水或糨糊（不要用白乳胶或喷胶）依次裱于制作板材上，待干燥后便可以直接进行切割。切割后，板材上的图纸用水打湿即可揭下（由于塑料的湿润性不好，不适用这种方法）。还应特别指出的是，无论采用何种方法绘制图形，都要考虑木板材纹理的搭配，确保模型制作的整体效果。运用上述方法对不规则图形进行划线时，不方便留加工余量，此时的轮廓线是零件最终轮廓界线，因此在锯削下料过程中要始终保留轮廓线，并留出2～3mm的加工余量。

（二）锯削下料

参照塑料板锯削加工方法选择合适的锯削工具进行下料，如板锯、框锯、钢锯、手提式电动曲线锯等（图4-51～图4-53）。使用电动工具锯削时要均匀用力，防止伤人与损伤构件或工具。使用手提式电动曲线锯沿直线下料时，使用靠模（也就是通常说的靠山板）可以保证精确直线锯割。若想减少木材切断面起毛，可使用刀口板。

图4-50 墨斗划大弧线

图4-51 板锯下料

图4-52 钢锯下料

图4-53 曲线锯下料

（三）二次划线

参照塑料板划线方法进行二次划线。

（四）刨边

下料后产生毛坯零件边缘比较粗糙，尺寸达不到零件的技术要求，还需要对木板的边缘进行精细刨削加工，俗称刨边。刨边时通常使用平底刨、圆底刨、轴刨、球形小刨、手提式电刨、木工刨床等刨削工具对毛坯工件的内、外轮廓边缘进行修平、倒角等加工处理，逐渐加工至轮廓界线，达到形状要求（图4-54～图4-56）。

图4-54 木工刨刨边

图4-55 电刨刨边

三、方材构件加工

方材构件加工步骤如下。

（一）一次划线、锯削下料

参照前述板材构件加工方法进行一次划线、锯削下料（图 4－57、图 4－58）。

图 4－56　刨床刨边

（二）方材构件的基本形加工

1. 基准面的加工

为了获得方材构件正确的形状、尺寸和光洁的表面，并保证后续工序定位准确，必须对毛料进行基准面加工（图 4－59），它是后续加工的尺寸基准。一般尽可能选择较大的或较长的平面为基准，把它先加工好，其作为检验时的基准比较可靠。基准面加工可利用手工平底刨或在平刨床、铣床上完成。手工刨削加工时，先用粗平刨进行粗加工，快速去除凸出的部位。当表面基本平整后，再用细平刨修刨至平整。平面的平面度可以用直尺以透光法进行检验。修刨合格后，作为第一基准面。然后进行二次划线（图 4－60），划出与基准面平行的平面的位置，再刨削与基准面平行的面作为第二基准面。不允许在基准面加工未达要求前就急于去刨削其他平面。

图 4－57　一次划线

图 4－58　锯削下料

图 4－59　基准面加工

图 4－60　二次划线

2. 相对面的加工

方材基准面加工完成后，以基准面为基准进行第三次划线，加工两个与基准面垂直的平面，最后获得平整、光洁、符合技术要求和尺寸规格的木制品构件（图 4－61）。刨削与基准面相垂直的面至平面度、表面粗糙度和垂直度达到图样要求。垂直度误差可用 90°角尺以透光法检验。经过反复检验和修刨达到要求。刨端面时，先要在端面的边缘处倒角，用粗刨刨到基本平直，然后用细刨从两头朝中间刨，这样做的目的是防止木材劈裂。

四、曲面与局部形态加工

图 4-61 相对面加工

曲面与局部形态加工步骤如下。

1. 圆弧面加工

圆弧面常用圆底刨进行加工。

2. 单曲面加工

单曲面常用轴刨进行加工。

3. 球面加工

球面常用球形小刨进行加工。

4. 薄板内曲面加工

薄板内曲面加工常用电动曲线锯、台式曲线锯锯出大致形状，再用木锉刀修形，最后用砂纸打磨光滑。

图 4-62 钻孔

5. 开槽加工

开槽常用平槽刨、边刨、铣床等进行加工。

6. 铣花边

铣花边常用的工具是电动雕刻机、铣床、修边机等，加工时应根据需要选择不同规格的花边刀具或不同形状的铣刀。

7. 雕花加工

雕花常用木刻刀、电动雕刻机、电脑雕刻机等进行加工。

8. 钻孔加工

参照塑料板钻孔方法进行钻孔（图 4-62）。

五、木构件的结合

单件的木制工件制作完成以后需要相互连接在一起，木制构件结合的方式很多，如榫结合、圆钉结合、螺钉结合、螺栓结合、黏接剂结合、钉结合、预埋件结合、楔结合、圆形构件结合、板面拼合等，在木制模型制作过程中应根据实际情况正确使用连接方式。下面介绍环境艺术模型制作中常用的几种结合方式。

（一）榫结合

1. 榫结合的各部名称

榫由榫头和榫眼（槽）两部分组成（图 4-63）。

2. 榫的制作方法

(1) 在已经制作好的木方构件上按图纸要求划出榫眼、榫头的位置（图 4-64）。划线时应一对一对地划，如果是批量构件，应按批相对划线（图 4-65）。划线应准确无误，线条清晰。

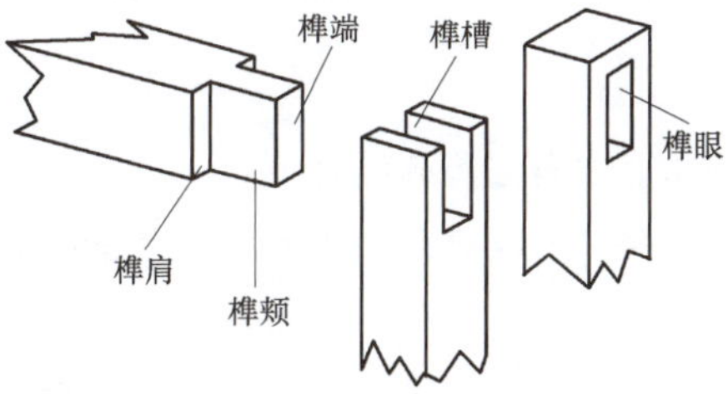

图 4-63 榫的各部名称

图 4-64 划线

图 4-65　按批划线

(2) 根据的榫眼宽度选择相应宽度的平凿进行加工。打榫眼前先划好榫眼的墨线，木料放在垫木或工作凳上，打眼的面向上，人可坐在木料上面，如果木料短小，可以用脚踏牢。打眼时，左手紧握凿柄，将凿刃放在靠近身边的横线附近（约离横线 3～5mm），凿刃斜面向外。凿要拿垂直，用斧或锤着力敲击凿顶，使凿刃垂直进入木料，这时木料纤维被切断（图 4-66），再拔出凿子，把凿子移前一些斜向打一下，将木屑从孔中剔出（图 4-67）。如此反复打凿及剔出木屑，当凿到另一条线附近时，把凿子反转过来，凿子垂直打下，剔出木屑。当孔深凿至木料厚度一半时，再修凿榫眼前后壁，但两根横线应留在木料上不要凿去。打全眼时（凿通孔），应先凿背面，到一半深，将木料翻身，从正面打凿，这样加工的榫眼四周不会产生撕裂现象。

图 4-66　垂直敲击

图 4-67　斜向敲击

(3) 榫眼制作完成后，在另一工件上制作与之互相配合的榫头。用细齿的手锯或刀锯按画线位置锯割出榫头形状（图 4-68）。注意榫头要稍大于榫眼，以便榫头进入榫眼后比较充盈，使两构件连接牢固。榫头锯割时，左手的大拇指指甲靠定锯割线，锯条挨指甲在榫头端轻轻锯几下，再翻边对正锯割。锯条要拉直，锯架要掌稳。对于较宽的榫头，要多翻转几次。锯榫的锯路不宜过大，否则，榫头平面毛糙，影响装配。

(4) 榫头、榫眼制作完成以后用平铲将内、外表面的凿痕、锯痕修整平滑（图 4-69）。

图 4-68　锯割榫头

图 4-69　修整平滑

(5) 榫头、榫眼全部制作完成以后按工件连接顺序编号排放，准备进行榫结合。

(6) 榫结合连接时，在榫头、榫眼上分别涂抹少许白乳胶，榫头对准榫眼，垫上木块用锤逐渐用力击打直至榫头完全进入榫眼。

（二）圆钉结合

圆钉结合是采用圆钉作为连接键来结合木质结构，是木构件中最简单、操作最方便的一种形式，分为单剪连接与双剪连接两种连接形式。单剪连接是两个工件间的相互连接，双剪连接是三个工件的连接（图4-70、图4-71）。圆钉使用广泛，品种很多，长度规格从10～200mm有20余种，每种又有标准型、轻型和重型之分，可根据需要选用。

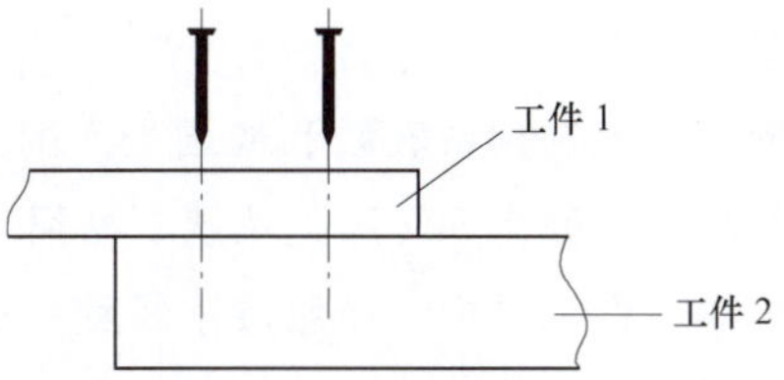

图4-70 单剪连接

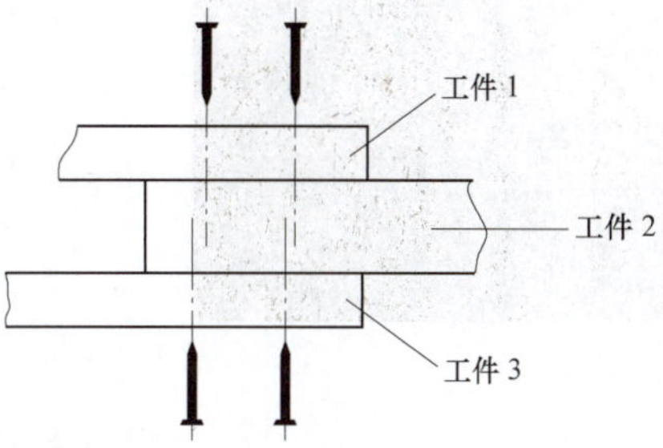

图4-71 双剪连接

木模型制作使用圆钉结合应注意以下几点。

(1) 搭接所用圆钉的长度一般不小于上层板厚的2～3倍。两层板料叠合时，圆钉应钉到下层板厚3/4的深度。圆钉的直径一般不大于板厚的1/4，硬而脆的木料应先钻孔，孔的直径要略小于钉的直径。在木料的边缘钉圆钉时，钉孔与边缘的距离应不小于圆钉直径的3倍，并且不要钉在一条直线上。要略微错开，防止木纹开裂。

(2) 一次将工件钉牢固时，圆钉应斜向钉入，倾角为70°～80°。

(3) 尽量避免在节子、裂缝上钉钉。非钉不可时，应先钻孔，并将节上的钉孔挖出沉头坑。

(4) 敲击圆钉时，木料下部要支垫牢实，不可悬空，防止敲断木料。钉入的圆钉偏歪时应当拔出，换个位置再钉。

(5) 圆钉脚如穿过反面，应予“伏脚”。即将钉脚用铁钳夹弯。钉帽用斧头抵住，然后用锤子将钉尖锤入木内。

(三) 螺钉结合

螺钉结合的优点是联接力强，可松可紧，还可拆卸。木工用螺钉一般为平头，头部有一槽沟，供起子旋紧使用。木模型制作使用螺钉结合应注意以下几点。

(1) 应根据被钉入木料的厚度（不穿透为宜）、工件的受力要求和五金件上的孔径等情况选用长度合适的螺钉。

(2) 硬质木料宜用粗杆螺钉，软木料宜用细杆螺钉。

(3) 用螺钉结合木质工件时先在第一个工件上打出稍大于螺钉直径的通孔，后换用大于螺钉圆帽直径的钻头对通孔边缘进行划窝处理，目的是使螺钉拧入工件后螺钉圆帽藏于工件内（如图4-72）。

图4-72 划窝处理

(4) 螺钉结合的工件，上层应钻孔，孔的直径与钉直径相同。如下层是硬木，也应钻小于钉杆直径、深10～20mm的孔。

(5) 螺丝刀要与钉槽的大小适合，旋扭时应扶正钉杆用力按住钉帽，使螺钉垂直扭进木料内。遇上坚硬木料，旋扭不进时，可在螺纹上沾些肥皂润滑。

(6) 硬木料上钉螺钉应钻孔，并挖出沉头坑。

(四) 螺栓结合

螺栓与螺帽、垫片配合使用。安装螺栓时，先在木料上划出十字线钻孔（图4-73)，孔径应略大于螺栓

图 4－73 钻孔

直径。螺栓两端应装上垫片，应用扳手旋紧螺帽。退出螺栓时，应在螺栓尾部垫一块硬木敲打，以防止敲坏螺纹。

（五）枪钉钉接

枪钉又称为气排钉，是利用射钉枪与高压气流将钉子射出，对木材产生钉接作用。枪钉的钉接效果良好，提高了工作效率。

（六）黏接剂结合

在木构件黏接时，一般选用白乳胶和德国生产的 HUH 黏接剂。切忌使用 502 胶进行黏接。因为 502 胶是液状，黏稠度低，它在干燥前可顺木材的孔隙渗入到木质中。待胶液干燥后，木材表面则留下明显的胶痕，这种胶痕是无法清除掉的。而白乳胶和德国生产的 HUH 黏接剂的胶液黏稠度大，不会渗入到木质内部，从而保证黏接缝隙整洁美观。

黏接形式有面对面、面对边、边对边三种形式。同时在具体黏接组装时，还可以根据制作需要，在不影响其外观的情况下，使用木钉、螺钉共同进行组装。在组装完毕后，还要对成型的整体外观进行修整。

在木模型组装时应根据需要运用各种结合方式将所有零部件按一定顺序组装起来，注意各零部件的面与面是否垂直，结合是否严密。然后对主体进行美化加工，如净面、倒角、贴线等，并根据需要安装相应的五金零件。

六、木模型表面涂饰

（一）木材面混色油漆

（1）基层处理。首先用油灰刀将木料表面的油污、胶迹、灰浆等清理干净，然后用 1 号木砂纸打磨一遍。要求磨光、磨平，木毛茬要磨掉，阴阳角胶迹要清除，阳角要倒棱、磨圆，上下一致。打磨时应注意以下三点：一要顺其纹理进行打磨；二要依次打磨，不要反复推拉；三要打磨平整，表层有细微的毛绒感。在打磨大面时，应将砂纸裹在一个方木块上进行打磨。这样打磨接触面受力均匀，打磨效果一致。在打磨小面时，可将若干个小面背后贴好定位胶带，分别贴于工作台面，组成一个大面打磨。这样可以避免因打磨方法不正确而引起的平面变形。

（2）刷第一遍底漆。多用白色油性漆作为底漆，也可选用与面漆配套的底漆。底漆要涂刷的薄而均匀，油漆稠度要适中，不可漏刷。节疤处及小孔抹石膏腻子或油性腻子，拌和腻子时可加入适量磁漆。干燥后用砂纸将残余的腻子磨掉，清扫并用湿布擦净。

（3）满刮腻子补平打磨。用油灰刀满刮油腻子，要求刮光、刮平。干后用 1 号木砂纸打磨，局部缺陷嵌补的腻子如有收缩渗陷，要用腻子再嵌补填平，干后用 1 号木砂纸打磨。油腻子按石膏粉：熟桐油：松香水：水＝16：5：1：4 的配合比调制。调配时，先按比例将熟桐油、松香水倒入铁桶内充分搅拌，再按比例加入石膏粉（从中取出 20%的石膏粉待用）放在拌板上用油灰刀搅拌均匀，在其上挖一凹坑，然后把存余的 20%石膏粉和需用量的 50%水倒入凹坑中全部搅拌，一面搅拌一面逐渐加入剩余的水，反复搅拌均匀呈糊状再涂刮。对于表面平整性较差的树节、接缝处可用原子灰填补打磨平整。

（4）刷第二遍底漆。涂刷时要横平竖直，不得漏刷和流坠。刷每道漆间隔时间应根据当时气温而定，一般夏季约 6h；春、秋季约 12h；冬季约为 24h 左右。

（5）补腻子、打磨。如发现有不平之处，要及时补抹腻子打磨，干燥后用 320 号水砂纸打磨，用湿布擦净。

（6）刷第一道混色面漆。使用不同的面层油漆其稀释比例不同，可依据选用产品的使用说明按比例稀释。常用配比为：硝基磁漆：稀料＝1：（1～1.5）；醇酸磁漆：醇酸稀料＝1：（0.05～0.1）。涂刷面漆时注意不得漏刷和流坠，顺一个方向收理均匀。

(7) 水砂纸打磨。干透后用600～800号水砂纸打磨。如局部有不光、不平处，应及时复补腻子，待腻子干透后，用砂纸打磨，清扫并用湿布擦净。

(8) 刷第二道混色面漆。刷最后一道漆之前应完成玻璃、五金等的安装，并将室内地面、台面浮尘清扫干净，做好其他饰面的遮盖保护，面漆刷法与要求同第一道面漆。要求刷纹通顺、平展、厚薄均匀一致、不流不坠，不得漏刷。

(二) 木材面清色油漆（以醇酸清漆、聚酯清漆为例）

(1) 基层处理。首先与上道工序进行交接检查，检查饰面板板面有无木纹破损，木线接头是否严密吻合，木饰面阴阳角接茬是否严密顺直，如有不合格之处，交由木工重新处理。基层处理时，首先将木板表面用木砂纸顺木纹统一打磨一遍，将油污、斑点打磨掉，手感光滑、无毛刺、无凸点为合格。用潮布将磨下的木屑粉末擦掉，如木质有色差首先应进行漂白，漂白液按双氧水：氨水＝（4～5）：1的比例配制。

(2) 润水粉、打磨。用干净的白棉布蘸着色剂（着色油、色精、色油）擦涂于木材表面，使着色剂深入到木纹棕眼内，用白布擦涂均匀，使木材基层染色一致。干后用木砂纸轻轻顺木纹打磨一遍，使棕眼内的颜色与棕楞上的颜色深浅明显不同，用潮布将磨下的粉尘擦掉。

(3) 刷（喷）底油一遍（底油按油：稀料＝1：6的比例配制），并打磨光滑。

(4) 刷第一遍清漆底漆。作业环境保持清洁、通风良好。涂刷前先将羊毛板刷的刷毛在稀料中浸湿，然后甩去多余的稀料，以免板刷刚刚开始吸漆太多，用羊毛板刷涂刷底漆于木材表面。

(5) 补钉眼、刮腻子。用大白粉、着色剂、清漆、稀释剂和成有色腻子补钉眼及饰面板接缝。用油灰刀将腻子刮入钉孔、裂纹内，待腻子干透后用木砂纸顺木纹轻轻打磨一遍，注意将钉眼以外的有色腻子完全磨掉，这样可以避免将钉眼扩大化。用潮布将磨下的粉尘擦干净。

(6) 刷第二遍底漆。刷漆时要求羊毛板刷不掉毛，刷油动作要敏捷利落，不漏刷。要勤刷勤理、涂刷均匀、不流不坠。刷完后应仔细检查，有缺陷及时处理。干透后再进行下道工序。刷第二遍底漆时，聚酯漆底漆可用配套产品，也可用面漆。

(7) 打磨。底漆24h干透后，用水砂纸蘸清水或肥皂水全面认真打磨一遍，使木材表面无油漆流坠痕迹，木线顺直清晰无裹棱，手摸光滑平整无凸点。打磨完毕后用潮布将磨下的木屑粉末擦掉，晾干。

(8) 喷刷第一遍面漆。作业前保证室内通风良好，干净无灰尘，将非油漆部位用纸遮盖，然后喷刷第一遍面漆。如用喷涂，前先在废板上试喷，调整喷枪的压力及喷枪嘴距板面的距离，使喷涂的油漆厚薄均匀、不流不坠，之后再大面积正式喷涂。

(9) 打磨、修色。漆膜24小时干透后再磨一遍砂纸，用水砂纸将细部及大面光感稍有不平及其他有刷毛等杂质的部位最后打磨一遍，力求木材表面色泽一致、光滑无杂质。磨后过潮布，晾干。

(10) 喷刷第二遍、第三遍面漆。必须确保室内清洁无灰尘、在通风良好的条件下喷刷第二遍面漆，接着喷刷第三遍面漆。

第五节 金属加工工艺与方法

一、金属板（网）材加工工艺

(一) 划线

金属板材划线通常采用几何作图的方法进行平面划线，如果零件形态复杂或者相同零件较多时可以先制作样板，进行样板划线。划线时，用毛笔在板材的划线部位均匀涂抹一层金属工艺墨水，依照加工图纸尺寸借助画线工具及度量工具准确画出零件的展开加工尺寸轮廓。

（二）剪切

1. 手工剪切

利用手动剪切工具进行剪切操作即手工剪切。

（1）剪外圆。当被剪件是大圆（不小于 $\phi300$）或大圆弧时，沿顺时针方向进行；剪小圆或小圆弧时，可按逆时针方向剪切。

（2）剪内圆或内圆弧。剪内圆前，要在内圆里靠近内圆圆心处打一个孔，以便下剪；剪切方向为逆时针。最好使用弯头剪刀剪切，剪切方向按弯头剪刀的自然剪切方向进行。

（3）剪直料。剪直料分为剪短直料和剪长直料。

1）剪短直料被剪掉的部分位于剪刀的右边，每剪一次剪刀张开约 2/3 刀刃长，两刀刃之间不留空隙。

2）剪长直料被剪掉的部分位于剪刀的左边，并使之向上弯曲。

2. 电剪刀剪切

使用电剪刀进行剪切应先根据钢板厚度调节刀头间隙量，机具启动后，应空载运转，检查并确认机具联动灵活无阻。剪切过程中加力应平稳，不得用力过猛，当遇刀轴往复次数急剧下降时，应立即减少推力。

（三）弯曲

手工弯曲是借助于工具夹和垫块，通过手工操作弯曲板料。

1. 角形弯折操作要点

角形弯折是将金属板料弯折成一定夹角的平面弯折，尤以弯折成 90°角的形式居多。

（1）在金属板料表面上用划针划出弯折标记线。

（2）对于尺寸较小的工件，可在台虎钳上直接弯折。将工件弯折线与台虎钳口对平齐并夹紧，用木锤沿弯折方向依次敲击露出钳口外面的部分，直至弯折成 90°为止。取出弯折件，用木锤将被弯折的两个表面适当整平。若板料露出钳口较长，则应以左手压持板料上部，右手持锤敲击钳口部分弯折，可减少反弹现象。弯折达到 90°角，取出工件，依次平整两个被弯折表面。

（3）对于尺寸较大的工件，弯折部位的尺寸超过虎钳口的宽度和深度时，用两条角钢分别对称放置在弯折部位的两面，对齐折弯部位，用台钳同时夹紧角钢与金属板材。用木拍板靠在折弯位置，使用锤子敲击木拍板逐渐使金属板材发生弯折变形。当弯折至实际角度后将木拍板放平，使用榔头敲击木拍板使得折弯根部更加平直。卸下工件后如发现板材有翘曲或不平整的地方继续用木拍板敲击，逐渐调平板面。

（4）部件的边缘需要弯折，可以直接利用平台的直角边缘作基准，用木锤敲击板料露出平台棱边部分进行弯折。

2. 弧形件的弯曲操作要点

弧形件的弯曲是将板料按图纸要求弯成圆弧或圆筒形工件。首先，根据图样画出圆弧件展开图并下料，视使用的工具不同，有两种不同的操作方法：

（1）在台虎钳上弯曲。视具体情况，将钳口张开到适当位置，将板料置于钳口上，沿着钳口方向用手锤适度敲击。每敲击完一行，移动一下板料进行下一行敲击，依次使板料逐渐成为圆弧形。

（2）在圆钢上弯曲。将板料置于圆钢上，沿轴向用按压法或用木锤敲击法使板料一行一行依次弯成圆弧形。此方法适用于轴向尺寸较大的圆弧件弯曲。

（四）卷边

卷边是将板件的边缘卷起来，其目的是增强边缘的刚度和强度。卷边分为夹丝卷边和空心卷边两种。夹丝卷边是在卷边内嵌入一根铁丝，以加强边缘的刚性，铁丝直径为板料厚度的 4～7 倍，包卷铁丝的边缘应不大于铁丝直径的2.5倍。卷边的操作步骤如下：

(1) 将板料剪切成所需尺寸。

(2) 沿边量出2.5倍铁丝直径距离并划线。

(3) 将板料按划线弯折成直角。

(4) 用钢丝钳剪取适当长度的铁丝，用木锤在光滑平板上打直铁丝。

(5) 将铁丝放入已折妥的边内，并用手钳固定铁丝位置。

(6) 用木锤或铆钉锤捶打板缘包住铁丝。

(7) 用铆钉锤逐段扣紧成型。

如将铁丝抽出来，便成为空心卷边。

二、金属线材、棒材、管材加工工艺

(一) 划线

金属线材和尺寸较小的棒材容易发生弯曲变形，划线前应当调直。在划线部位涂抹金属工艺墨水，借助划线方箱在管材或棒材上准确画出槽、孔等加工位置与加工界线。如果制作不发生曲线变化的零件，在选用的管材或棒材上准确画出长度尺寸。制作有曲线变化的零件，要按曲线展开长度计算下料尺寸。

(二) 下料

用钢锯在加工界线的外侧进行切割下料，下料时应留出一定的精细加工余量。

(三) 加工成型

1. 回转体零件加工成型

(1) 使用车床按图纸形状进行切削加工，制作回转体零件。

(2) 如果还需在零件上加工出孔、槽等形状，需要在钻铣床上配用不同直径的钻头、铣刀加工出相关形状。

2. 线材的弯曲成型

将金属线材平放在工作台面边缘处，用钳子一侧对准要弯曲的位置夹紧，缓慢向上弯折。注意不要一手抓金属线，一手拿钳子弯折，这样容易发生弯曲变形。

3. 棒材的弯曲成型

弯曲比较粗的棒材需要专门的设备与技术。对于直径8mm以下的棒材进行弯曲加工可以用手工操作完成。

(1) 加工前按图纸要求提前制作出轮廓模板用来界定加工形状。

(2) 使用台钳夹紧棒材，对于曲线变化比较平缓的形状使用金属锤、木榔头或木拍板逐渐敲打成型。加工过程中随时使用模板界定形状变化，经过反复敲打、调整直至与模板曲线形状完全吻合。

(3) 如有急剧转折变化的形状，用瓦斯枪对转折部位进行加热处理。金属材料受热达到一定温度其硬度、抗弯强度均降低，便于加工操作。加热的同时用手夹钳逐渐弯曲、调整形状。

(4) 弯曲成型后，用钢锯切割掉多余的部分并对工件的端面进行打磨处理。

4. 管材的弯曲成型

弯曲比较粗的管材需要专门的设备与技术。对于直径8mm以下的管材进行弯曲加工可以用手工操作完成。一般应该选用管壁比较厚的（0.8～1mm）管材，否则弯曲部位很容易变形。管材的弯曲步骤如下。

(1) 根据所需弯曲的曲线用3片胶合板制作一个中间带凹槽的胎模，凹槽的宽度略大于管材直径，深度略小于管材直径，胶合板之间用螺钉固定，然后将胎模固定在台钳上。

(2) 由于管材内部中空，直接弯曲容易变形，通常在管材内部灌入干净、干燥的砂粒，用木塞子堵住两端，再进行弯曲加工。

(3) 将管材放在胎模上，对准要弯曲的位置，一手抓住管材的一端使其紧贴胎模，一手用木块缓慢地将管料平顺的推压到胎模的凹槽内，进行弯曲成型。

(4) 如弯曲后的形态略有偏差，可以在管材上垫上木块，用锤子轻轻捶打矫正。

另外，管材不适于急剧转折，即使在管材内部灌入填充物也容易在弯曲过程中使急剧转折部位产生塌陷。

三、金属零件连接工艺

金属零件间的连接方式比较多，如焊接、铆接、黏接和螺纹连接等。各种连接方式有不同的优缺点，模型制作时根据需要选择合适的连接方式，提高模型质量。

(一) 焊接

1. 焊接的原理与分类

焊接是两种或两种以上同种或异种材料通过原子或分子之间的结合和扩散连接成一体的工艺过程。促使原子和分子之间产生结合和扩散的方法是加热或加压，或同时加热又加压。金属的焊接，按其工艺过程的特点分有熔焊、压焊和钎焊三大类。这里只介绍模型制作中常用到的钎焊。

钎焊工艺相对简单，主要是由两种冶金性相似的金属通过使用第三种金属作为一种黏接剂而连接。使用比工件熔点低的金属材料作钎料，将工件和钎料加热到高于钎料熔点且低于工件熔点的温度，利用液态钎料润湿工件，填充接口间隙并与工件实现原子间的相互扩散，从而实现焊接。钎焊过程中被焊工件不熔化，且一般不发生塑性变形。

焊接时应根据金属模型的连接要求选用适合的焊接方法，使用焊接设备进行焊接时应有专业人员指导操作。

2. 手工焊接工艺

在制作金属模型时通常使用电烙铁、锡焊丝等工具将金属零件进行手工焊接。用锡焊丝焊接金属零件属于钎焊焊接，在此主要介绍手工锡焊的工艺与方法。

(1) 焊接操作姿势与卫生。焊剂加热挥发出的化学物质对人体是有害的，如果操作时鼻子距离烙铁头太近，则很容易将有害气体吸入。一般烙铁离开鼻子的距离应至少不小于 30cm，通常以 40cm 时为宜。电烙铁拿法有三种，反握法动作稳定，长时间操作不宜疲劳，适于大功率烙铁的操作；正握法适于中等功率烙铁或带弯头电烙铁的操作；一般在操作台上焊印制板等焊件时多采用握笔法。

焊锡丝一般有两种拿法。由于焊丝成分中，铅占一定比例，众所周知铅是对人体有害的重金属，因此操作时应戴手套或操作后洗手以避免食入。使用电烙铁要配置烙铁架，一般放置在工作台右前方，电烙铁用后一定要稳妥放于烙铁架上，并注意导线等物不要碰烙铁头，以免烫伤导线，造成漏电等事故。

(2) 手工焊接操作的基本步骤。

1) 准备。将被焊件、电烙铁、焊锡丝、烙铁架等准备好，并放置于便于操作的地方。焊接前要先将加热到能熔锡的烙铁头放在松香或蘸水海绵上轻轻擦拭，以去除氧化物残渣；然后把少量的焊料和助焊剂加到洁净的烙铁头上，常称之为“让铬铁头吃上锡”，使烙铁随时处于可焊接状态。

2) 加热被焊件。将烙铁头放置在被焊件的焊接点上，使焊接点升温。烙铁头上带有少量焊料可使烙铁头的热量较快传到焊点上。

3) 熔化焊料。将焊接点加热到一定温度后，用焊锡丝触到焊接件处，熔化适量的焊料。注意，焊锡丝应从烙铁头的对称侧加入到被加热的焊接点处，而不是直接将焊锡加在烙铁头上。

4) 移开焊锡丝。当焊锡丝适量熔化后，迅速移开焊锡丝。焊锡量控制是非常重要的，要在熔化焊料时注意观察和控制。

5）移开烙铁。当焊接点上的焊料流散接近饱满，助焊剂尚未完全挥发，也就是焊接点上的温度适当、焊锡最光亮、流动性最强的时刻，迅速拿开烙铁头。移开烙铁头的时机、方向和速度，决定着焊接点的焊接质量。正确的方法是先慢后快，烙铁头沿 45°角方向移动，并在将要离开焊接点时快速往回一带，然后迅速离开焊接点。

(3) 对焊接质量的要求和检查。焊接完毕后，要对所焊点进行质量检查。对焊接质量的基本要求如下：

1）焊点上的焊料要适当。焊点上的焊料过少，不仅机械强度低，而且由于表面氧化层逐渐加深，容易导致焊接失效。若焊料过多则浪费焊料，堆的焊锡多仍可造成虚焊现象。

2）具有一定的机械强度。为使被焊件不松动或脱落，焊点应有一定的强度。锡铅焊料中的锡和铅的强度较低，为了增加强度，可根据需要增大焊接面积。

3）焊点表面应有光泽。优良的焊点应光滑，有特殊的光泽和良好的颜色，不应有凹凸不平和颜色光泽不均的现象。这主要与对焊接温度的掌握和对使用的助焊剂量的控制有关。

4）焊点不应有毛刺、空隙。

5）焊点表面应清洁。焊点表面的污垢，特别是助焊剂的有害残留物，如不及时清除，会留下隐患。

焊接结束后，针对上述基本要求进行焊接点的外观检查和清理。清除污物和有害残留物，及时发现问题进行补焊。

(4) 手工焊接的要点。

1）注意烙铁头与焊件和焊盘两者间的接触。不要只将烙铁与工件接触而远离焊盘，或只与焊盘接触而远离被焊工件。

2）掌握好加热时间。使用不同的烙铁焊接不同的工件，一定要掌握好焊接时间。加热时间太短或加温不够会造成焊接质量差，而加热时间过长会使被焊工件变形或损坏。

3）控制好焊锡量。用焊锡丝作焊料时，注意观察焊锡丝熔化量和控制焊锡丝的给进速度。

（二）铆接

1. 铆接的原理

铆接是指采用铆接工具、设备，利用铆钉的形变将两个或两个以上加工有铆钉孔的零件或构件（通常是金属的板材或型材及其半成品）连接成为整体的方法。铆接有冷铆和热铆两种形式。小直径铆接多用冷铆法，大直径铆接多用热铆法。铆接手段则有手工铆、风枪铆和液压铆三种。

2. 铆接的特点

铆接的优点有工艺设备简单，受力均匀可靠；装配后不产生变形，强度较高，铆钉材料的塑性、韧性良好；铆接质量容易控制，检查方便；铆接产品在大多数情况下属于永久性连接，接头不易松动，使用寿命长，便于维修等特点。所以对于承受冲击和振动载荷构件的连接、某些异种金属材料的连接以及焊接性较差的金属连接，往往需采用铆接方法。不过仍应注意铆接存在工序多、钢材消耗多、劳动强度大、噪声大的缺点。

3. 铆接工艺

铆接工艺的主要流程如下：

(1) 选择铆接的形式，确定搭接、对接、角接等连接形式。

(2) 确定铆钉的排列方式及其结构尺寸参数，如铆钉数量、排距、钉距、边距等。

(3) 选择铆钉的种类、材料、规格。

(4) 选择铆钉孔加工方法及加工设备、刀具、加工参数等。

(5) 确定铆接设备、工具及装配工装。

(6) 选择合理的铆接顺序等技术措施及工艺参数。

(7) 确定铆钉的加热、接钉、穿钉、顶钉、铆接等操作要点。

(8) 铆接质量检验。

在铆接工艺中应主要考虑以下工艺问题：

(1) 铆接结构的尺寸偏差通常取决于大、小零件或部件的加工精度、装配精度及铆接变形大小。合理选择工艺分离面组合顺序和选择正确的装配基准，对保证铆接结构尺寸精度尤为重要。因此作为装配基准的工艺分离面大多有较高的加工要求。在铆接件装配过程中，铆接件的定位和固定至关重要。常用的定位方法有划线定位、工艺孔定位、胎夹具工装定位等。已定位零件多采用固定铆钉、固定工艺螺栓、定位销、穿心夹等加以固定，以便进行铆接，并保证在铆接过程中铆接件之间保持正确位置关系。

(2) 有效控制铆接变形。在铆接过程中，由于铆钉杆在镦粗时挤压铆钉孔壁，同时钉头、镦头挤压铆接件表面而产生内应力。在此应力作用下，铆钉附近的材料将延伸。当铆钉镦粗时，挤压力并不是沿铆钉杆全长均匀分布的，越靠近镦头处挤压力越大。另外当不同材料或不同厚度的铆接件生产时，延伸量也不一样。当产品结构比较复杂，同时铆接方法和铆接顺序也不相同，就极易产生变形，致使铆接件产生弯曲、扭曲等不同形式的变形。

(3) 手工铆接时，将铆钉插入钉孔后，应将铆钉顶严紧，然后用手锤捶击铆杆外伸部分，将其打成粗帽状或打平。如采用热铆则应将铆钉整体加热（或加热铆杆外伸部分）至樱红色，用与铆钉头形状相同的罩模盖上并击罩模，并随时转动罩模直到将铆钉铆好为止。

（三）黏接

将非金属黏接剂置于被黏接件结合面之间，轻轻加压经过固化使黏接件黏接在一起的工艺称为黏接。黏接对于所有的材料都适用，特别对于不能焊接或不宜铆接材料的固紧结合尤为重要。模型制作中，应用黏接技术相当普遍而且有效。由于金属工件重量较大、表面相对光洁，与木材和纸张相比，黏接的难度较大，能应用于金属表面黏接的胶类品种比较少。常用于黏接金属的黏接剂有环氧树脂胶黏剂、酚醛树脂胶黏剂、氧化铜黏接剂等。

提高黏接强度的方法如下：

(1) 用三氯乙烯等易挥发的有机溶剂清洁黏接面。

(2) 用砂纸打磨黏接面，提高其粗糙度。

(3) 设计构件结构，尽量提高黏接面的面积。

四、金属模型表面涂饰

（一）去毛刺

去毛刺就是清除工件已加工部位周围所形成的刺状物或飞边。毛刺虽然很小，但却直接影响到产品模型的品质。手工去毛刺的方式是用钢锉、砂纸、磨头打磨。而修边刀逐步取代了这些传统的方法，使用起来简单方便，不需要技术处理，节约成本并且环保。

（二）除锈

传统工业除锈的方法有手工除锈、机械除锈、化学除锈和超声波除锈。

手工除锈是模型制作中常用的一种除锈方式，作业者通过铲刀、刮刀、钢丝刷、锉、砂布、磨片等工具进行除锈。手工除锈方法简便，但劳动强度大，劳动条件恶劣，除锈效率和质量低下。在手工除锈前，通常需要先行除去堆积的油和污物。

手工除锈工艺与技巧步骤如下：

(1) 除锈前首先除去表面各种可见污物，然后用三氯乙烯等有机溶剂或烷基醇酰胺等清洗剂除油。

(2) 用钨钢铲刀铲去大面积锈蚀。

(3) 用刮刀和钢丝刷除去边角部位锈蚀。

(4) 用锉除去焊渣等突出物和各种毛刺。

(5) 用砂布和钢丝刷进行清理。

(6) 用干净抹布沾取三氯乙烯等有机溶剂进行清洁并及时涂装底漆。

(三) 喷漆涂饰

金属模型表面处理好后，可以进行喷漆涂饰。根据颜色、质感、肌理的需要，选择合适的漆进行喷涂。模型制作中常用罐装自喷漆，或者低温烘烤的汽车修补漆。喷漆过程应遵循先大面积后小面积的原则。使用涂料进行表面涂饰要经过反复多次才能获得理想的表面涂层，每一次涂饰不要太厚，等待涂料基本干固后再进行下一次涂饰，否则很容易挂流。一旦出现挂流现象，需要等漆膜干固后将漆膜打磨掉并重新喷涂，这将非常耽误时间。

第六节 石膏加工工艺与方法

石膏成型的方法比较多，在模型制作过程中常用的成型方法有翻模成型、旋坯成型、雕刻成型等。

一、石膏浆调制

熟石膏粉与水混合后发生化学反应会凝固成型。石膏凝固后的各项物理性能与加工性能与加入水的多少以及石膏浆调制工艺密切相关，高质量的石膏浆的调制对后续石膏模型加工成型带来很大便利。

(一) 石膏与水的配比关系

熟石膏与水的比例通常由厂商提供，因为从不同产地购进的石膏粉本身就存在着特性差异。此外，调制过程中的水温、工作环境温度也影响配比关系。在石膏粉质量一定的条件下，石膏模型的密度、气孔率、硬度、强度、致密程度与加工性能取决于石膏浆调制时的加水量。加水量量越少，石膏模型密度越大，气孔率越低，硬度、强度越高，组织越致密，越难加工。反之，则石膏模型密度越小，气孔率越高，硬度、强度越低，组织越松软，越易加工。根据经验，一般熟石膏与水的配比关系如下：

(1) 致密的模型（翻模成型中的石膏阴模，也称石膏母模），石膏粉：水＝163：100。

(2) 正常的模型（旋坯成型、雕刻成型），石膏粉：水＝122：100。

(3) 疏松的模型（翻模成型中的石膏阳模），石膏粉：水＝100：100。

对于新购置的石膏粉或搁置陈久的石膏粉，在使用前须先测出其含水量，没有试验设备时可取出一点进行浇注试验。如果贮存时间长，或存放虽然时间短但由于管理不善受潮，还须取少量石膏加水试验，与水调配成石膏浆，若放置 15min 还未凝固，则说明此石膏粉不能再用了。

影响石膏凝固时间的几种因素：

(1) 与水的比例有关。如果水少则凝固时间短，反之则增长。

(2) 与水的温度有关。如果水温高凝固的时间加快，反之时间减慢。水温应控制在 10～25℃ 为宜。

(3) 与搅拌有关。搅拌愈多愈急剧则凝固愈快，反之凝固减慢。

(4) 与添加的材料有关。加入一些胶液可以减慢凝固时间，如加入少量的食盐，则能加快凝固速度，同时还可以增加石膏的硬度与强度。

(二) 石膏浆调制工艺

(1) 根据模型浇注的体积以及石膏与水的配比关系大致确定石膏和水的用量。通常情况下调制的石膏浆的体积约等于水的体积的110%，因此根据浇注体积也就是石膏浆的体积可以计算出水的体积与重量，根据配比关系可以估算出石膏的用量。准备好干净的塑胶容器，用秤称量相应的水和石膏的重量，通常略多估算一些，避免二次调制石膏浆。

(2) 将准备好的干净水倒入塑胶容器中，再将石膏粉均匀、慢速地撒入水中，以保证石膏粉沉入水底时与水混合。注意一定要按照顺序先加水再加石膏，否则石膏浆容易结块，难以得到均质的石膏浆。石膏浆调制时，应该佩戴塑胶手套以防石膏腐蚀损伤皮肤。

(3) 观察石膏粉撒入量，直到石膏粉露出水面不再自然吸水沉陷时立即停止撒入。如果在同一用量、同一温度的清水中撒入的石膏粉过少，石膏溶液不易凝固，即使凝固后强度和硬度也不高。撒入过多的石膏粉，石膏溶液的凝固速度加快，溶液流动性变差，不利于浇注。

(4) 等待石膏粉被水全部自然浸透以后，沿同一方向匀速、缓慢搅拌。速度太快时，容易产生气泡，对于石膏浆中的结块，可以用手捏碎，感觉没有结块后，停止搅拌，此时便形成了质地均匀的石膏浆。切记不要在撒入石膏粉的同时进行搅拌，这样容易产生气泡，也容易使凝固后的石膏质地不均匀，这些都会影响加工质量。

二、旋坯成型

对于一些规则的、回转体石膏的模型常采用旋坯成型法制作。其成型原理和车削加工原理相同，只不过进行车削的刀具是一块金属板制成样板，车削出一个石膏体外形为样板的负形。旋坯成型的优点是节省石膏、节约加工时间、成型准确、易于加工、造型和尺寸准确。

(1) 准备一个结实牢固的木箱子，在箱子上互相平行的两条对边的中间点处相应地开一对凹槽。

(2) 制作两个中间有孔的金属片作为轴承，将轴承用螺钉固定在凹槽处，注意孔的高度保持一致。

(3) 将一根直径10mm左右的铁棒作为转轴，并将一端弯曲成一个摇把，以便旋转，然后将转轴穿在轴承上。

(4) 在一张纸上绘出模型的半边剖面图。

(5) 从一张厚为1.5mm的铝板上剪下一块铝板作为样板，使铝板的长度与箱的内长相等，宽度为箱内宽的一半。

(6) 用一张复写纸将图样复印到铝板上。

(7) 锯削掉铝板上的半边剖面。

(8) 用台钳夹紧样板，使用不同的锉刀锉掉不理想处并锉光粗糙的部位。

(9) 制作样板的支撑板。将样板放在支撑木板上，并用螺丝钉固定，以免转动石膏时样板移动。注意样板和转轴的中心线的高度一致，然后将支撑板固定在箱壁上。

(10) 转动转轴并在上面缠绕一根绳子，拉紧两端系一个死结。

(11) 调制少量的石膏浆。边转动转轴边将石膏浆涂抹在绳子上，直到覆盖整个表面。逐层增加石膏浆，不要太急。如果中途需要停顿，可保留参差不齐的表面，盖起来防止变干。继续施加石膏浆之前，应润湿表面。

(12) 将石膏浆逐步添加，此时石膏尚未触及样板。

(13) 随着石膏浆的不断添加，石膏模的局部开始呈现标准的外形，当旋削工作接近尾声时，一些小的局部尚缺少石膏。

(14) 继续添加石膏，直至模型表面达到比较理想的光滑程度。

(15) 当石膏模制作完成后，用铅笔沿金属样板在石膏模的两侧标出剖面线。剖面线将指出后续翻模的分割位置，因为这是一个两块对开模。

(16) 将箱体上固定转轴的螺丝取下来，然后将石膏模放在桌子上，按住石膏模，转轴便能取出来。如果取不出来，可提着转轴将其提高约 2.5cm，垂直下降到桌面上，或者用锤子敲击转轴的顶端，石膏模便可以从转轴上取下来了。

(17) 调制少量石膏溶液填补、找平两个端面的孔洞。

(18) 放置在平整、通风的地方等待自然干燥。干燥时间的长短取决于周围的温度、模型的湿度和模型的体积（体积越小的模型干燥时间越短）。在干燥的环境中一般需要 3～5 天，而用烘箱将模型加热至 50～60℃ 则可缩短干燥时间，注意不能超过此温度，因为温度过高会使模型脱水、脆化而无法使用。

三、翻模成型

翻模成型是对已经成型的模型用石膏翻制石膏模具，然后依据石膏模具重新生成与原型外观形态相同但材质不同的新原型。因此石膏翻模实际上是保留模型某阶段形态的有效手段，也是一种常用的模型复制技术。石膏模具大致分为两种，即阴模（也称石膏母模）与阳模，还可分为死模与活模。死模为一次性模具，又称作破碎模。一次性翻制脱模后，就不能再用了，但活模可以连续批量翻模产品。翻模的制作程序是先使用黏土或油泥等易于加工的材料制作出标准原型，再用石膏制作出的阴模，然后利用阴模，通过注浆、糊裱等工艺方法复制出其他材质的原型。由于石膏模具具有多孔、吸水强、成型工艺简单、硬度好、必要时可以轻易敲碎等优点。因此，石膏成为模型制作中制作阴模的常用材料。

石膏模型按制品的不同形状和要求，可采用一件模、两件模、多件模翻制，模的件数越少制作工艺越简单，两件模阴模制作工艺与方法如下。

(1) 参考本章第八节中黏土模型翻模分型的要求确定分型线。

(2) 修整原型。塑造好的原型变坚硬以后，对其加以适当的处理，如清除体表浮泥杂物、检查和填补可能出现的裂缝、间隙等。由于这些细节与翻成的模具内壁光洁度和表面规整性相关，因此还会影响到模具翻制的质量。原型通常采用黏土、油泥等材料制作，这些材料相对比较柔软，翻制过程中不会对石膏母模的内表面产生伤害。需要注意的是，原型需要变坚硬以后再进行翻模，否则在模型制作的过程中，模型会因受到接触挤压而变形。因此，在制作黏土模型时注意加水量不要过多。

(3) 在工作台上放置一块平整干净的细木工板作为型腔的底板，木板上放置一泥块，并将原型平放其上。将已经制作好且变坚硬的原型稳固于工作台面。被复制的原型最好采用黏土、油泥等材料制作，这些材料相对比较柔软，翻制过程中不会对石膏阴模的内表面产生伤害。

(4) 调整划线盘指针和平放的原型，使分型线中三个关键点与线盘指针处于同一高度。调整好三点等高后，移动画线器，使指针顺着原型四周轻轻勾划出一等高线，此等高线即为分型线。

(5) 根据分型线高度用泥板机将黏土压平成为一定厚度的泥片。如果没有泥板机，可用手工方法擀平黏土。将泥片切割成泥条，宽度为 40～50mm。将泥条紧靠原型的外形衬垫至分型线位置，以拇指平压土块，并与原型紧密贴合。用金属刮刀刮平分型面，时常在上面喷水保持湿润，将泥条边缘修平。

(6) 用圆形雕塑刀在泥条上挖出定位孔。一般情况下阴模由多块组合而成，每块阴模之间需要有准确的定位才能确保翻制的原型形状不发生变化。

(7) 制作型腔的围板。制作型腔是根据原型的形态在其四周制作一个用于浇注石膏母模的合围腔体。型腔距离模型的外缘 15～30mm，此厚度就是将要浇注的石膏母模的壁厚。壁厚的确定与原型大小有关，原型越大，壁厚越厚。型腔高度要高于原型的最高点 40～50mm。制作型腔的围板可选用木板、玻璃板、塑料板或泥土等。各种围材之间的连接方式可以根据需要进行确定。

一种简单实用的型腔制作方法是：在细木工板底板上用角尺、铅笔画出围板内壁所处的位置，在两围板结合处的内、外表面用宽胶带黏接。根据之前的标记对齐围板和底板，然后在围板与底板连接处的内、外表面用泥条将围板固定，内表面用料少一些，外表面多一些，泥条同时起到密封作用。用宽胶带连接的好处是既有连接的作用，又有密封的作用。制作、拆卸方便快捷，围板可以反复利用。不足之处是连接不够稳固，不易形成规矩的型腔。

制作规矩的型腔的方法是：根据型腔底面的尺寸用细木工板制作型腔的底板，用细木工板制作四块尺寸稍大的围板，再用木螺丝将围板分别与底板连接，然后用木螺丝将围板进行连接，再在底板与围板的接缝处的内表面用宽胶带黏接密封以防止漏浆。这样形成的型腔规矩，拆卸方便，可以多次使用，而且木板本身可以很好吸收石膏中的水分，凝固速度更快，所得石膏母模质量更好。

(8) 参照前述方法调制石膏浆。

(9) 浇注石膏浆之前，喷洒细水珠于原型表面，以帮助石膏浆流动。然后将原型表面均匀浇注一层石膏溶液，浇注时保持在一个点位，动作要轻缓、均匀，使石膏溶液自然流平，充满型腔内每个角落。继续将石膏溶液浇注于型腔之中。细流轻缓地注入过程能够保证石膏溶液在型腔中缓缓上涨，防止空气混入。单块阴模最好是一次性足量完成浇注，避免因两次调和石膏浆出现硬度不均的现象。浇注石膏浆高度应高出原型最高点 20～40mm，并于其上插一针孔，作为脱模时鼓入空气用。

(10) 石膏凝固后，将型腔拆除。

(11) 趁石膏尚未硬化前，用铲刀等刮削工具将浇注好的第一块阴模的顶部和边缘修饰平整。然后将阴模连同原型翻转过来，去掉泥条。用铲刀等刮削工具将阴模的分型面、边缘修饰平整。

(12) 清理分型面，涂刷脱模剂。为了防止石膏模在浇注时与石膏浆黏接，必须先涂一层脱模剂，使之不吸水。脱模剂可用医用凡士林，也可以自己用钾肥皂配制。配制脱模剂方法为将水煮至沸腾，将钾肥皂放在玻璃或塑料容器中，并在容器内插一根铁棍用以吸收一些热量，这样可以避免玻璃容器炸裂或塑料容器软化。将沸腾的水倒入其中并不断搅拌，直至成为胶状物，肥皂水冷却后即可使用。每升水加入 500g 钾肥皂，这个配比可使肥皂水具有合适的稠度。肥皂水应稠一些，但也不能太稠，根据需要可加水稀释。脱模剂配置好后，将石膏母模模口朝上置于工作台上，用画笔或软毛刷蘸肥皂水直接涂抹在石膏母模的内腔中，以便于翻模。石膏母模的内腔应用肥皂水涂抹完全。涂肥皂水时将会产生一些泡沫，可用笔或刷子将泡沫抹去使涂有脱模剂的表面光润亮泽。尤其是内模凹处的皂液一定要仔细地清除干净，以免影响翻制后阳模的形态。对于刚塑成或处于半干状态的用黏土制作的原型，因为石膏不会与其黏接，所以不用涂抹脱模剂。假如用这些材料制作的原型已经干燥，就必须涂抹脱模剂，使原型不会吸收石膏浆中的水分，否则会损坏石膏模和原型。

(13) 参照前述方法沿第一块阴模的边缘继续制作型腔，将其围合起来。

(14) 切割几块长方形泥条黏接在第一块阴模上面，作为开启另一块阴模的扣手。

(15) 参照前述方法调制石膏浆。

(16) 参照前述方法浇注石膏浆。

(17) 石膏凝固后，将型腔拆除。用刀具将阴模边缘倒棱，防止划伤手臂。第二块阴模翻制完成。

(18) 使用雕塑刀剔除泥条，露出扣手。握住扣手小心扣动阴模露出缝隙。如果脱模剂使用的是肥皂液，应在扣动的同时不断注入一些清水，促使阴模分开。

(19) 分开阴模，对阴模上的残缺部位或气孔可以用油画刀、雕塑刀或毛笔挑取水性多功能建筑胶或木工油灰泥（滑石粉或腻子粉加白乳胶）等进行修补。凸起的地方将其轻轻刮除，使用平口修形刀修刮面的转角部位，使用镂刀刮削修整阴角。

(20) 阴模修补完以后用水清洗，并用画笔或其他软毛刷刷掉残留的泥料。

(21) 在每块阴模上按结合顺序编号后合模，用绳子将模具捆在一起并用木楔将绳子绷紧。至此，石膏阴模制作完成。

一件模的翻制不必考虑分型的问题，其他步骤同两件模翻制相同。

多件模翻制需要考虑分型线的位置与几件模型成型的先后顺序，其他步骤与两件模翻制相同。

四、雕刻成型

雕刻成型是利用各种切削、雕刻工具直接在石膏块上进行“减法”加工，获取外观形状。雕刻成型的原理与钳工、木工等加工原理相同，即先加工一个标准的长方体，然后在其上面进行三视图样板划线，逐步加工出各个方向上大体的型面。再用模板进行控制，加工复杂的曲面，最后进行局部形体加工。由于石膏的质地较软，对其进行雕刻加工效率较高，相比较黏土成型的效率要略微低一些，但是可以省去翻模的步骤，两者总体的加工时间不相上下，因此石膏雕刻成型也是模型制作中常用的一种方法。石膏雕刻成型工艺与方法如下。

(1) 制作型腔。根据模型整体形态的尺寸，参照前述方法制作一个规矩的长方体型腔并密封。型腔的长、宽、高尺寸要略大于形态的实际尺寸，每个加工面留出 2～5mm 精细加工余量。型腔越规矩，加工余量可以越小。

(2) 调制石膏浆。在调制石膏浆时，有意将水的比例适当增加一些，使水分稍多些而不易快干，可以获得一个稍湿润的形坯，便于塑造。为了使形体在塑造过程中保持一定湿度，可在每次工作结束后，用块湿布盖上以保持湿润，以便于下一次再继续塑造加工。

(3) 参照前述方法浇注石膏浆。

(4) 拆除型腔。

(5) 基准面加工。为了获得正确的模型形状和尺寸，并保证后续工序定位准确，必须确定模型的基准面。基准面确定以后，不可再更改变动，也不能再对其进行加工。大多数模型都有一个平面作为自然位置的底面，通常选择此底面作为模型制作的基准面。但也有些模型各个面都是曲面，没有自然的底面作为基准面，此时则需要在制作之前预留一个底座作为支撑来辅助制作。这个底座的底面成为制作的基准面，在加工过程中不做变动，也保证其他面都有恒定的相对位置，待其他部位全部加工到位以后，再削去辅助底座。由于底面为不可见面，其表面质量通常不影响整体模型质量。因此，一般情况下对浇注好的石膏块的底面不必进行精细加工，只要保证底面平整、稳定即可。如需加工，则可用木框锯带齿的一面对其进行刮削，将大的缺陷基本刮去后用木框锯的光面进行刮削，再将锯齿痕迹基本刮去，最后用直尺以透光法检验平面的平面度，平面度合格即可，粗糙度可以不作要求。

(6) 主视面加工。基准面加工好以后，根据模型的形态特征确定一个面作为主视面。所谓主视面就是对形态控制起主要作用的面。主视面确定后，用划线盘或高度游标卡尺进行一次划线，初步确定顶面（主视面）粗加工的位置，划线时要注意确保与地面的平行度，并要留有 5～8mm 加工余量。划好线以后，对顶面进行粗加工，方法是用板锯斧沿线锯削，去掉多余的部分。然后进行二次划线确定顶面的实际位置，进行半粗加工，方法是用木框锯或板锯对其进行刮削。用直尺以透光法检验平面的平面度，顶面平面度合格即可，粗糙度可以不作要求。如果主视面与基准面垂直，加工方法同上，检验时还需用直角尺反复检验垂直关系。

(7) 轮廓模板制作。详见本章第一节塑料板制作曲线轮廓的加工方法。

(8) 在主视面上依据轮廓模板用铅笔或记号笔进行样板划线。对称形体划出中心线，中心线是另一个加工基准，位置始终不能变动。中心线位置需要加工时，注意不要一次全部加工掉，加工掉的线应及时补上。

(9) 粗加工。依据轮廓线大致划出粗加工界线，并留有 4～8mm 加工余量。用板锯将大块多余的部位锯掉，然后用木工凿、木工刨刨刃、手锤等将小块多余的部位凿掉。再用木工刨刨刃、木工凿等将加工余量较大的地方铲掉。

(10) 半粗加工。用板锯或木工锯带齿的一面进行刮削，刮削时从不同方向进行，这样便于观察形体的平滑度。加工时要均匀用力，缓慢推进，防止锯条断裂。半粗加工留有2～3mm加工余量。加工过程中应随时借助度量工具检验加工部位。

（11）借助轮廓模板用同样的方法从其他两个方向进行粗加工和半粗加工，并留有2～3mm加工余量。加工过程中要用模板反复比对，不要加工过界，直至将整体形态基本加工到位。

（12）精细加工。依据轮廓模板用钢锯条带齿的一面进行刮削。加工曲面时，可以将锯条弯曲进行刮削。弯曲的锯条所形成的曲线的曲率均为二次以上的样条曲线，因此加工出来的曲面质量很高，符合模型曲面的质量要求。加工过程中要用模板反复检验，尺寸基本接近实际尺寸以后，用钢锯条的光面进行刮削，刮去锯痕，使尺寸符合要求即可。

（13）根据形态要求利用钢锯条、修形刀等各种相应工具对局部进行加工。

（14）参照前述方法对石膏模进行干燥。

（15）参照前述方法对石膏模进行打磨。至此，雕刻成型的石膏模完成。

五、石膏模型表面涂饰

由于石膏本身多孔，很容易吸附水性或油性涂料，一般方法对石膏模型进行处理都很难得到理想的表面质感与光泽。许多书籍介绍用虫胶清漆作为底漆，再喷涂油漆或颜色的方法效果也不是很理想，步骤也比较繁琐。根据笔者试验探索得到一种比较简单实用且效果很好的表面处理方法，即在石膏模型表面涂覆一层薄薄的环氧树脂打底。待其固化后，刮腻子，打磨，再在其表面进行喷涂处理。此法可以得到良好的质感和光泽的表面效果。环氧树脂优于虫胶清漆主要在于其可以完全隔离石膏里的气孔。

第七节　玻璃钢加工工艺与方法

一、玻璃钢手糊成型

（一）模具准备

参照第六节石膏阴模的制作方法准备阴模。

（二）调制树脂

将一定量的树脂倒入调制容器内（容器最好选择塑料制品），先加入一定量的催化剂，慢慢地搅拌均匀，再加入一定量的固化剂，均匀搅拌后即可使用。树脂加入催化剂和固化剂后在短时间内会迅速发热凝固，所以应随调随用。

一般情况下树脂与催化剂的重量比为100∶(2～4)，树脂与固化剂的重量比也是100∶(2～4)。由于各种树脂本身的性能以及固化剂和催化剂的类别相差很大，使用时应参考套装购买的使用说明并根据气温情况投放固化剂、催化剂的用量。初次使用时一定要先进行样本固化试验，具体操作方法是：在一定的室温环境中取定量的不饱和聚酯树脂分别放入三个容器中，先按100∶2、100∶3、100∶4的重量比例将催化剂分别投入到三个容器并与树脂充分搅拌均匀。继续按100∶2、100∶3、100∶4的重量比例将固化剂分别投入到三个容器之中并搅拌均匀。然后分别涂刷在石膏块上，进行分组样本固化试验，从投入固化剂以后开始计时，观察每个石膏块上树脂的固化时间并详细记录。一般凝固时间在30～90min比较合适。通过样本固化试验掌握树脂配比与固化速度的关系，可以有效控制加工操作时间以获取理想的制作效果。

玻璃钢模型需要多遍裱糊过程才能完成，每次调制树脂要按照下述步骤进行操作。

（1）称量一遍裱糊所需树脂的重量，将树脂倒入塑料容器中。

(2) 按比例用天平分别称量取催化剂和固化剂。先将催化剂放入树脂中并充分搅拌均匀。在树脂中加入一定量的填充材料，可以改变树脂的密度和颜色，还可以产生特殊的肌理使树脂模型的颜色可以得到改变。常见的填充料有石膏粉、滑石粉、石粉、钛白粉、玛瑙粉等。当加入滑石粉和钛白粉，树脂的颜色可变为与石膏相近的不透明白色，易于表面涂饰。加入适量的填充料后将其与树脂搅拌均匀。

(3) 最后将固化剂放入树脂中充分搅拌均匀随即开始裱糊操作。

需要注意的有以下几点：

(1) 加入固化剂的量大，凝固速度快，易成型。反之，加入固化剂的量小，凝固速度慢，不易成型。由于加入固化剂后，产生化学反应而发热，会产生收缩和变形，因此固化剂的用量要适当。

(2) 在调制搅拌树脂的过程中会产生许多小气泡，固化后的树脂内部与表面会产生许多不必要的空洞，影响模型质量。工业生产中经常采用真空机来抽出空气。所以在手工搅拌树脂时就需要格外小心，尽量顺着一个方向均匀慢速的搅拌，从而减少气泡的产生。

(3) 固化剂与催化剂应当分放保存，如两者相混会发生快速反应容易出现危险。

(三) 涂刷脱模剂

在涂刷脱模剂（医用凡士林）前，应该对模具进行再次检查，清除杂物，然后在模具上刷涂二至三遍的脱模剂，使石膏母模与树脂模型之间形成一层光滑的隔离层，易于脱模时两者完好分离。涂刷脱模剂时特别要注意一些死角的位置。

(四) 树脂裱糊成型

(1) 涂刷脱模剂完成以后就可以进行第一遍树脂的刷涂。用毛刷蘸取已调好的树脂均匀地在模具内表面涂刷一遍，使模型表面挂一层胶衣。内表面中有沟槽、凹陷的地方一定要将树脂充斥进去。第一遍树脂刷涂的好坏直接影响模型的表面质量。值得注意的是涂刷树脂的刷子不能用涂刷脱模剂的刷子，刷涂完后必须马上清洗刷子并擦干，否则会影响第二遍刷涂树脂，导致翻制的玻璃钢模型里面形成空隙。

(2) 树脂基本凝结后，重新调制适量的树脂，开始第二遍树脂刷涂。先用油画刀挑取树脂在局部刮抹平整，将玻璃纤维布裁剪成相应的形状铺贴在刚才刮抹的树脂上，继续用油画刀轻轻将玻璃布刮平。裁剪玻璃纤维布时留出余量，使得布与布之间的相互搭接，一般搭接宽度不小于 30mm，尽量不在棱角处搭接，受力处可增加布层，但每次铺贴布层一般不要超过两层。铺贴时要均匀平整，不要产生皱褶。再用毛刷在玻璃纤维布上涂刷第二遍树脂，涂抹均匀，树脂要渗透玻璃纤维布，否则易产生分层现象使强度下降。操作时用刷子在无纺玻璃布上轻缓移动，不能来回刷，以防玻璃布随刷子滑动，且石膏模型的死角一定要贴上玻璃布。

(3) 糊制时沿布的经向和纬向用力，朝一个方向赶气泡，或从中间向两头赶气泡。使布层贴紧，含胶量均匀。

(4) 根据需要反复铺贴玻璃纤维布和涂刷树脂液，直到达到所需要的厚度为止。其厚度应根据模型的体量需要来确定，使壳体达到使用的强度要求。一般情况下为 2～3mm 左右。模型越大，所需厚度就越厚。铺贴涂刷时，要铺贴紧密，树脂涂刷充足。

(五) 固化

树脂裱糊操作完成后，将模型放置通风干燥处，让其自行固化。手糊玻璃钢脱模时间一般不少于 24h。也可用加热器等提高环境温度，通常在 60～80℃ 的环境下，脱模时间可缩短为 2～3h。影响固化时间的因素有很多，一方面催化剂与固化剂加入的量不同对树脂固化时间影响非常大。另一方面由于催化剂和固化剂保存方式不当或者生产时间过久等方面的原因导致使用效果变差，以致树脂无法凝固或者凝固时间长达几天的情况也时有发生，后果严重者会导致母模作废。因此，为了保证模型制作的正常进度，模型制作前必须提前做固化试验，这样可以较为准确地掌握固化时间。

(六) 脱模

脱模是将树脂模型从石膏母模中分离的过程。脱模时先用木槌或橡皮槌轻敲石膏母模四周，尽量通过振动使其与树脂模型分离。如果此时不能顺利分离，可用油画刀等金属薄片在母模与树脂模型接触的边缘刻去小量石膏，将油画刀沿两者接触面插入一定深度，然后按住树脂模型内壁与油画刀轻轻拔出树脂模型。在形态复杂或实在不好脱模时，也可毁掉石膏模具取出树脂模型。

（七）修边

树脂模型脱模后应仔细地清理模型表面的石膏残渣，用美工刀、勾刀、剪刀、锯削工具或砂轮等工具沿模具边缘将多余的毛边去除，再用打磨机、砂纸等将边缘打磨平齐。

（八）拼接壳体

对于组合模具成型的树脂模型需要将它们准确拼接组成完整的壳体零件，拼接时要注意定位正确及拼接牢固美观两个方面。定位可以借助原来的石膏母模为依靠，将树脂模型原放入石膏母模中，再将母模拼合在一起对齐合模线拼接成型，用线绳将石膏依托捆绑结实防止松动。之所以先进行脱模，又放进母模进行拼接是因为如果先拼接后脱模的话，脱模难度加大，容易损伤模型。当然也可以借助其他辅助工具进行拼合与固定。壳体拼接好后，调制少量树脂，将玻璃丝剪成小段放入树脂内搅拌，然后裱糊在模型内壁的接缝处，等待固化后各部分便黏接成完整的壳体零件。

（九）模型修整

拼接完成后需要把模型整体修整一次，包括将接缝和边缘锉齐，明显的突起如树脂和杂质形成的颗粒和鼓包磨平等。一些凹下的缺陷只能在补腻子时逐个解决。操作时要注意安全、谨防毛边刺伤手。

二、玻璃钢模型表面涂饰

玻璃钢模型表面涂饰工艺与塑料模型制作相似，请参看塑料模型表面涂饰工艺与方法。

第八节　黏土及油泥加工工艺与方法

一、黏土和油泥塑造成型

黏土和油泥材料由于切除或添加十分方便，所以可以得心应手地按设计的形状尺寸、细部要求塑出所需的模型。待干燥后刷上一层合成树脂涂料，然后进行表面涂饰。

黏土模型和油泥模型大多采用传统的手工加工方式来制作，两者加工方式大致相同，其基本的工艺过程如下。

（一）前期准备

在设计方案确定、准备模型塑造之前，将准备好的黏土粉与水混合搅拌、揉捏、槌打，或采用拌泥机来拌和，以不黏手为宜。黏土材料宜选用含沙量较少，颗粒细腻的黏土。

（二）初型的塑造

通常以手工加工方式来塑造。塑造前应先对模型做通盘考虑，再动手塑造出大致的几何形体，而后逐步加工过渡成初型。切记不要一开始就陷入局部结构、形态、准确的尺寸中进行精雕细刻。

如果要塑造稍大一点的模型，先要做出骨架，再把黏土或油泥一小块一小块抹压在骨架上，用木棒或木槌拍实锤紧。程序是先内后外，先大面而后局部，不停槌拍和添加泥料，直至达到大致形态。

（三）深入塑造加工

以主要的面、线为基础进行重点、局部、细微的加工，如对称关系、转折关系、结构细部关系、比例协调关系的处理，使初型逐渐过渡到明确肯定的形态。在加工过程中，根据形态的特征、大小选择适合的泥塑工具和油泥加工工具。对于几何形体的加工需要用尺规进行划线。对于不规则形体，需要制作几个关键截面的形态控制模板。在制作过程中，需要不断用模板检验所加工形态。

(四) 总体调整和局部加工

对深入加工后的形体进行总体和局部的观察，避免局部影响总体效果。比较局部与总体之间的关系，准确地从各个方向、角度去观察分析存在的问题，对局部做细微的修整，使加工塑造出来的形体符合设计要求的完整性。

制作过程中，为了保持黏土的湿度，应用潮湿的布进行覆盖，以达到防止水分蒸发、避免作品产生龟裂现象。

二、泥胚模型分型设计

由于泥胚模型会随着水分的蒸发而产生收缩、龟裂。所以泥胚模型原型塑造完成之后，应及时翻制成石膏模，以便长时间的保存。

翻制石膏模最关键的问题是要使翻制的模具能从所塑造的原型上按确定的方向无障碍地分离开来，如果做不到这一点，便无法成形。要能做到方便地脱模，顺利地使泥胚模型合理地被分离，在原型塑造中就要考虑泥胚模型分型的要求。

(一) 分型线

两件以上的分模的模具设计，关键是定出合理的“分型线”。分型线要设置在易于开启的地方，如圆弧部位的最高点、面的转折部位等。如制作圆球体时，它的分型线，应是通过球心的圆。在确定分型线时，可不受自然位置放置的约束，尽量考虑两个模件能以相对（相反）方向抽脱开为前提，要找出原型上的倒角，并要避开倒角，找出便于脱模的位置，再定出分型线。按自然位置放置［图 4－74 (a)］，产生了倒角，箭头指向部位不便于脱模。如将模型旋转，放分型线位置［图 4－74 (b)］，则消除了脱模倒角，可以顺利脱模。

需要注意的是，分型线未必都是水平面的平行线，也可以是其他的角度的平行线或空间曲线，但一般要求脱模的两相对方向与分型线垂直。在制模中为了避免倒角的阻碍，脱模的方向有时也出现与分型线不相垂直的情况［图 4－74 (c)］。

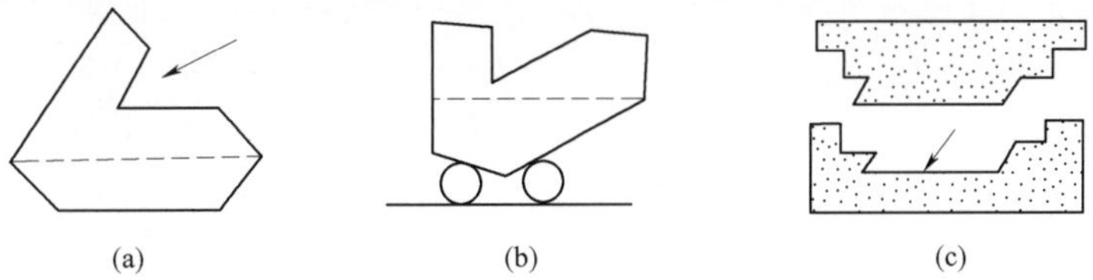

(a) (b) (c)

图 4－74 脱模与分型线

影响模型脱模的因素主要有两个：拔模角度和拔模深度。拔模角度是模型外轮廓的切线与拔模方向之间的夹角（图 4－75），此角度越大，越容易拔模。拔模深度是模型在拔模方向的长度，此长度越小，也越容易拔模。因此在分型线可以选择的情况下，为了便于脱模，需要考虑这两方面的因素。

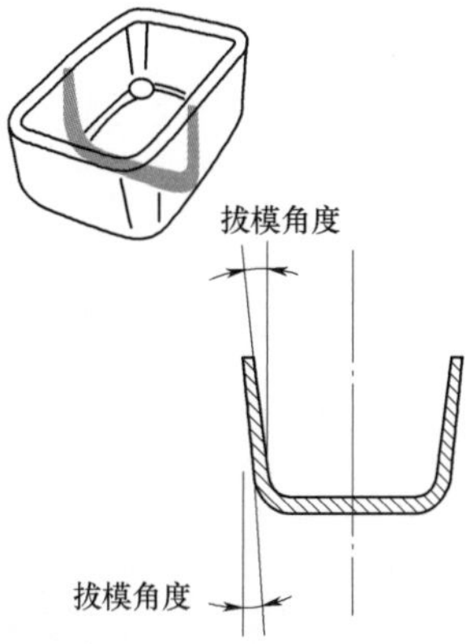

图 4－75 拔模角度

(二) 两件模的分型线的确定方法

两件模的分型线多数情况下是水平的，此时可以用划线盘进行划线，具体操作方法是：将原型放置水平，然后将划线盘放在基准平面上沿着原型边缘平行移动划线。如果分型线不是水平的，则需要先确定出分型线的几个点，然后用钢直尺和铅笔连线的方法划出分型线。某些模型制品的倒角较多，在两件模不能满足脱模要求时，可采用三件模以上来制作。

（三）特种模型的分型线的确定

特殊类型的分型线处理，主要靠观察分析。一般从“原型”的前后、左右、上下六个方向，作为基础进行观察分析。特殊情况可用倾斜方向脱模。通过分析后，用铅笔在原型的最高点面划出分型线，再定出所需的模件块数。

第五章

建筑模型制作的程序与方法

第一节　现代建筑模型制作

要制作精致的现代建筑模型必须对现代建筑结构有一定的认识。建筑结构简单地说就是建筑的承重骨架。也就是指建筑中构件与配件的组成，相互结合的方式和方法。

现代建筑的结构一般由基础、墙或柱、楼地层、楼梯、屋顶、门窗等主要部分组成（图 5－1）。其中基础是房屋最下面的部分，它承受房屋的全部荷载，并把这些荷载传给下面的土层（地基）。墙或柱是建筑的垂直承重构件，它承受楼层和屋顶传给它的荷载，并把这些荷载传给基础，墙起承重、围护、分隔建筑空间的作用。楼梯是房屋建筑中联系上下各层的垂直交通设施。

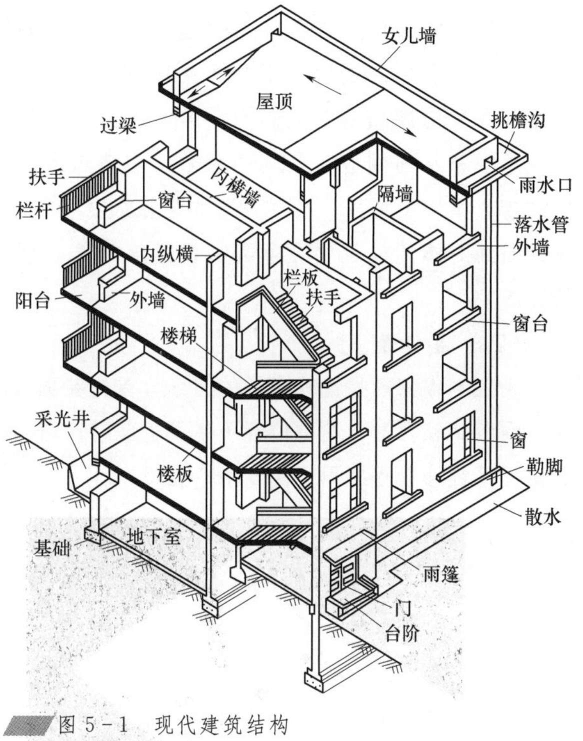

图 5－1　现代建筑结构

一、建筑模型框架的制作

制作建筑模型的框架可使建筑物在力学结构上变得坚固挺拔，利于进行墙体材料的表面连接与装饰。框架制作的过程与方法如下。

（一）底盘的制作

参照第六章模型底盘制作方法制作底盘。

（二）放样

采用的建筑设计图纸往往不能直接用于制作模型，须经放样后才能成为符合模型比例的图纸（图 5－2）。将图纸、实物、模型三者之间进行比例换算，计算出图形比例，复制出模型图纸。若有电子图档，可以设置输出尺寸来输出模型图纸。若有纸质图纸，利用具有放大、缩小功能的复印机进行放缩。放缩时，还可以将原有的建筑设计图适当简化，以便制作时更概括和突出主体重点部分。模型制作图的放缩分为平面图和立面图两种。平面图放缩后可在图上直接构筑建筑框架，使其成为建筑物底面。立面图放缩后可以参考塑料板曲线划线的方法将放样图纸复制到板材上，并制作层高和窗位标高尺。放样时要考虑所有板材相互搭接的形式和板材厚度对尺寸的影响，防止黏接后出现尺寸偏差。同时必须标注出各个放样图纸对应材料名称序号，便于后续黏接、组装等工序的顺利进行。

图 5-2　放样

（三）下料

建筑形态可谓千姿百态，有方形、圆形、三角形、L 字形、井字形、Y 字形、十字形、H 字形、八角形等。模型制作的框架也应根据建筑形态、结构和块面的变化进行合理的设计与下料。其原则是：简洁、省料、稳定、牢固，符合力学结构原理，适应建筑物表面装饰需要。下料的项目包括底座（建筑基座，一般用模型放缩后的规划图和建筑平面图代替）、四边立面、楼顶、楼顶女儿墙。下料时，将放样图纸拷贝到板材上，再用美工刀、钩刀等工具进行切割。建筑模型的形体结构大多为直角方形或矩形，外部墙体围合时要考虑拼装的连续性，不宜将墙体转角分开，连为一体下料能减少后期切割工作量，转角结构也会显得更加端庄、方正。对于同种建筑同一平面或立面，可将多块板材用双面胶进行黏接固定，一并加工出来。为了加固框架结构，下料时还应考虑增加一些与建筑立面高度相同的骨架料，有些立面也可与骨架料连起来下料。下面图例介绍的是几种常见的建筑基本形态的框架构成形式及下料方法（图 5-3）。

从（图 5-3）可以看出，建筑模型的框架构成是一种面的立体构成，分为层面排列、连续折面立体、连续曲面立体三种。层面排列的框架，要注意基本平面的简洁与前后左右两组面的相互对称，适用于有机玻璃等厚质与硬质材料的制作。连续折面立体的框架要注意相邻平面间应有共同的系数，切缝与折缝要有机结合，适用于纸张、胶片等薄质与软质材料的制作。连续曲面立体的框架要注意圆弧切断部分的处理自然柔和。

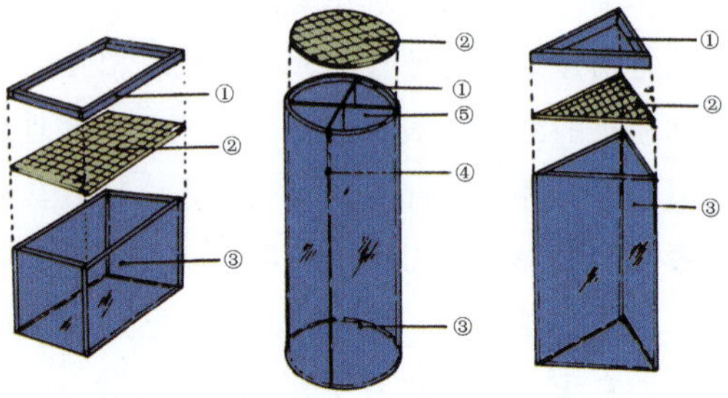

图 5-3　框架下料

①—女儿墙；②—屋面；③—骨架；④—接缝；⑤—支架

（四）制作窗孔

手工制作窗孔是比较麻烦的工序，首先要画出开窗孔的圆心，选择合适的钻头，其次用台钻或手电钻钻孔（用台钻钻孔时，孔的位置不易发生偏移），再次用线锯的锯丝或手锯的锯条从孔中穿过，锯出洞形，最后用什锦锉修平整即可（图 5-4、图 5-5）。

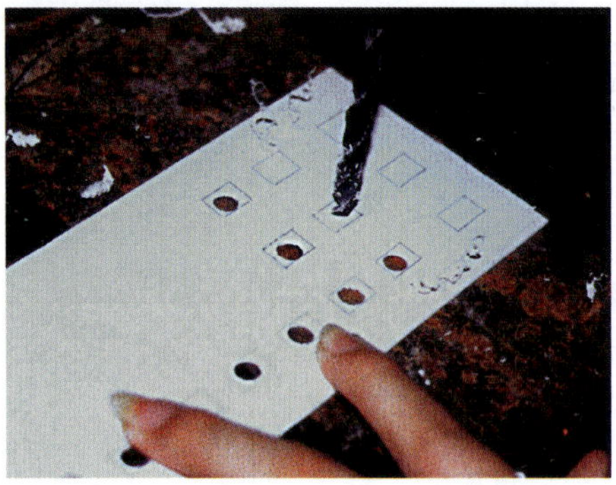

图 5-4　钻孔

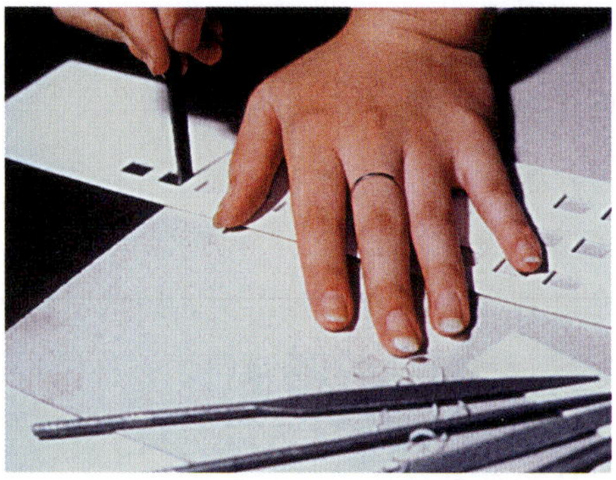

图 5-5　用锉刀修整方孔

上述三个步骤是针对手工制作而言的，如果使用电脑雕刻机加工，这些步骤就简单很多，放样的过程可以依据工程图通过雕刻软件处理完成，形成电脑雕刻机的工作路径，下料和制作窗孔的过程则是电脑雕刻机沿工作路径直接雕刻完成。当然，电脑放样图也必须考虑所有板材相互搭接的形式和板材厚度对尺寸的影响，下料前必须标注出各个材料名称序号。

（五）打磨

工件打磨是一项十分细致的工序。只有通过打磨才能加工出尺寸精确、边缘整齐的工件。打磨的工具有电动砂轮、砂布（纸）、锉刀等（图5-6）。打磨过程中要时刻留意尺寸线的位置，避免打磨过头。打磨步骤是先粗磨再精磨，粗磨是先用电动砂轮将较多加工余量的部位打磨掉，再用锉刀打磨平齐，留有较小加工余量。精磨是先用粗砂纸打磨到尺寸线位置，再用细砂纸打磨光滑即可。打磨平整的鉴别方法是用直尺侧面紧靠工件边缘的直线，检验是否平整。尺寸相同的工件可用双面胶黏接起来或用皮筋捆扎起来集中打磨，以使工件尺寸统一，注意工件间不要相互错位。在对ABS板打磨时，最好选用木工砂纸。一般选用100号的砂纸为宜，打磨过程中尽量不要接触其他面，否则会留下很多划痕。消除划痕的方法是用400号的水砂纸蘸水后打磨，确保尺寸的精度要求。对于电脑雕刻机加工的工件，尺寸非常精确，只需细砂纸清除毛刺，打磨光滑即可。

图5-6　砂轮机打磨

（六）黏接

工件黏接要采用与材料化学性能相符合的黏接剂。如有机玻璃、ABS框架工件用三氯甲烷或立时得胶，黏接的工具用针管注射或毛笔涂刷，用涂刷工具将黏接剂涂刷均匀，待接触面稍溶解时进行黏接，并适当施加一定压力将工件黏接在一起，2h后可以打磨（图5-7）。工件间的黏接力和黏接接触面积成正比，黏接时应尽量加大黏接面积，以增大工件间的黏接牢固度（图5-8）。

图5-7　砂纸打磨

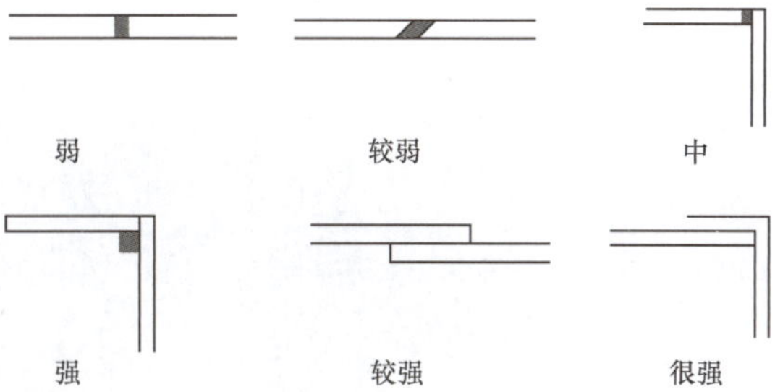

图5-8　各种黏接形式的黏接强度比较

建筑模型框架工件黏接的顺序是：在平面底座上黏接立面，再黏接顶面，最后黏接女儿墙。黏接时要注意平面与立面、立面与立面之间的垂直关系，垂直须用直角尺来测定。有些结构复杂的建筑框架可分块黏接后再组合黏接，形成由点到线、由线到面、由面到块、再由块到整体的黏接顺序（图5-9）。建筑模型框架工件黏接难度较大的是连续曲面的立体工件，这些工件通常应当先制作石膏阳模，将板材通过压模工艺压成型材。当黏接的接口出现断裂时，可借助阳模，将工件涂上黏接剂后用线捆紧，待黏接剂干固后再松开，松开后再在工件需接合的部位黏接加强片，增大黏接面积，提高黏接强度。

图5-9　按顺序黏接框架

二、建筑模型表面的装饰

建筑模型的表面装饰是模型表现的最重要工序。模型的形态、色彩、质感、工艺均集中体现在建筑物的表面上，因此应该引起模型制作者的高度重视。建筑模型的表面装饰包括墙面装饰、门窗装饰、天台装饰、阳台装饰、立柱装饰、台阶装饰、橱窗装饰、天台与雨篷装饰等。装饰的方法有切挖、刻划、裱贴、雕琢、镶嵌、绘制等，建筑模型表面的装饰效果见图 5 - 10 和图 5 - 11，筑模型表面的装饰分述如下。

图 5 - 10　建筑模型表面装饰（一）

图 5 - 11　建筑模型表面装饰（二）

（一）墙面装饰

墙面装饰用专用墙砖纸、墙纸、ABS 板、有机玻璃等材料，按立面图尺寸，用硬铅笔（硬度 2H 为宜）在背面画出门窗及折线的位置，或用旧复写纸把模型立面放缩图复写下来，再进行刻制，挖去门窗、阳台部位。用层面排列或连续折面立体构成的方法，裱糊到建筑模型框架上。用层面排列构成法时，墙纸的尺寸要略大于图纸尺寸，裱糊后切齐转折的棱角。用连续折面构成法，墙面纸折角处要用刀背轻刻一条折线。门窗与边框要用直钢尺和手术刀依次刻划，用力均匀，使刻线通透、整齐。墙纸的裱糊可用白乳胶或自喷胶涂均匀，在墙纸上面覆盖一张干净的白纸，再均匀抹平整个纸面，这样可以确保墙纸表面整洁（图5-12）。

图5-12　墙面装饰

如用有机玻璃或胶片装饰墙面，墙面的门窗等是需要镂空工艺处理的。首先要画出开孔的圆心，选择合适的钻头，再用台钻或手电钻钻孔（用台钻钻孔时，孔的位置不易发生偏移，但加工范围受限），然后用线锯的锯丝从中穿过，锯出洞形，用什锦锉修平整，最后黏接到建筑模型框架上。

如果用0.5mm厚ABS板装饰，可以选择现成的ABS仿真砖面板装饰，或者采用电脑雕刻机在ABS板上刻出墙面纹理，自己加工ABS仿真砖面板，黏贴在建筑框架上。然后对模型进行细致修补（刮腻子）与打磨，再在墙面上进行喷涂处理。喷涂的工具主要是喷枪、气泵，喷涂的材料主要是调和漆，根据需要表现的色彩、纹理将油漆调和至合适状态，通过多遍不同色彩油漆的喷涂可以得到各种不同的纹理效果，比如花岗岩、大理石等装饰材料的效果。这种表面处理的方法非常逼真，有良好的立体感和纹理质感，在现在使用电脑雕刻机制作建筑模型的情况下，采用得非常多。如果使用ABS板装饰，在模型框架放样时，需要考虑这一层ABS板的厚度。

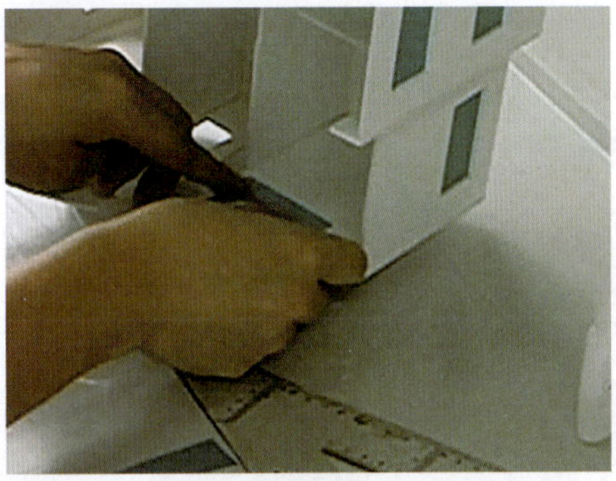

图5-13　安装玻璃

（二）安装玻璃

在模型主体喷涂工序完成后，就可以进行窗户玻璃安装。如果在模型主体喷涂没有完成之前安装玻璃，需要采取严密的保护措施，否则会导致玻璃上面溅上漆点，影响模型的效果。安装玻璃时，根据拟定的色彩计划选择色彩匹配的有机玻璃或胶片（常有淡灰、淡绿、淡蓝、淡茶色等，但要透明，背后再裱上银膜），裁成合适大小，从建筑框架的底部伸入，与建筑框架进行黏接即可达到模型“窗”的效果了（图5-13）。如果主体框架的材料是有机玻璃，就不必再安装玻璃。

（三）门窗装饰

门窗装饰是体现建筑模型精度的重要方面，因此十分讲究装饰形式。门窗制作必须根据建筑设计立体图提供的门窗款式，选择合适的材料和技法进行装饰。装饰的方法如下：

（1）在建筑模型框架上用钩刀或刻刀把门窗的中央窗线（含纵横两方向）刻划出来（适用于有机玻璃框架的建筑模型），再用揉线法把白色料（水粉颜料或粉笔灰）揉进凹陷的划痕内，并擦去浮在有机玻璃表面的色料，便能清晰地看到窗线。

（2）在墙面纸裱糊后的窗洞上，用已刻划的极细即时贴线（最好是选择有不锈钢效果的即时贴）或者ABS线条贴制窗框窗线（图5-14）。

图5-14　门窗装饰

（3）用进口的极细银色马克笔或鸭嘴笔等，在墙面纸裱糊后留出的窗洞上绘制窗线。

窗线的刻划、绘制或黏贴要注意门窗线纵横两个方向的线条平行、垂直与匀齐。

（四）屋顶天台及隔热层制作

屋顶天台及隔热层是建筑模型上部直接暴露于视线的部位，在

图 5-15 屋顶天台制作

人们的视觉中占很大的位置。因此其色彩、装饰方面要注意作适当处理，防止屋顶出现灰、平、板的局面，而影响模型的整体效果（图 5-15）。制作时可以采用以下方法改善：

（1）屋顶或隔热层上黏贴发泡方格浅色墙纸。

（2）若找不到此种墙纸，可用方形几何格纸或描图纸喷涂透明的水彩色。

（3）比例较大的模型，可用钩刀或刻刀在屋顶天台和隔热层上勾刻方格，再用与整个模型色彩协调的浅绿、浅蓝、粉红等自喷漆喷涂上设定的色彩和肌理，这样具有良好的凹凸立体感。

（4）在天台上还可以适当用草皮纸、太阳伞、游泳池、蓄水池、电梯间、天棚等进行装饰。

（五）屋面瓦制作

中式琉璃瓦屋顶与西洋别墅的屋顶均可采用以下方法制作：

（1）购买瓦面成品材料制作，进行细致的修补与打磨，再进行喷涂处理。喷涂时注意遮挡。通过多遍油漆喷涂得到与整个模型色彩协调、肌理质感好的屋面瓦。

（2）用瓦楞纸制作（图 5-16、图 5-17）。

（3）用吹塑板或卡纸叠制。

图 5-16 屋面瓦制作

图 5-17 屋顶外框制作

（六）阳台装饰

阳台的制作与装饰是一项十分繁杂且工作量极大的工序，有的一幢高层住宅的阳台多达数百个，一个小区的住宅阳台多达数千个。阳台的制作要求整齐统一、大小均匀、水平垂直相一致、装饰一致、黏合牢固。制作的方法有以下几种：

（1）层面排列构成法。用有机片或厚纸板切割黏合而成（图 5-18）。

（2）连续折面构成法。用薄胶片或卡纸切划折叠制成。

（3）块面构成法。用模型泡沫卡纸夹板或较厚的白色有机玻璃切制成块直接黏贴于墙面。

阳台表面的装饰可以和墙面装饰相同，也可作对比处理，对比的方式是加即时贴饰线或饰块。

图 5-18 阳台装饰

（七）立柱装饰

立柱装饰的制作方法灵活，根据手头现有的材料进行加工处理，只要效果好即可。如比例小的不锈钢立柱可用各种型号的钢丝、牙签、火柴棍、大头针、回形针、自行车钢线等制作。比例大或较粗的不锈钢立柱可用筷子、电线、小钢棒、塑料吸管等，外包贴上色彩合适的即时贴或者喷涂上色即可。有些古典风格的罗马柱可以用石膏条或粉笔雕琢而成（图 5－19）。

图 5－19 立柱装饰

图 5－20 台阶装饰

（八）台阶装饰

建筑物的台阶是显示其气势的内容之一，可用薄型的有机玻璃片或厚卡纸切割作梯形叠制而成。台阶的花岗石肌理效果可以利用岗纹防火板，岗纹有机片或岗纹纸制作，也可以对其表面进行喷涂上色处理（图 5－20）。

（九）裙楼、橱窗装饰

商业性建筑一般均有裙楼与橱窗。裙楼的装饰可根据建筑设计的要求，选择玻璃幕墙或花岗石的装饰效果。玻璃幕墙可采用镜面 PVC 胶片、确灵珑、特灵珑或镜面有机玻璃。镜面 PVC 胶片与特灵珑具有透光效果。花岗石可采用岗纹防火板、岗纹纸或岗纹有机片制作。橱窗的装饰可寻找橱窗设计的图片或其他彩色纸拼贴，外贴透明薄胶片和用不锈钢效果的即时贴细饰线镶边制成（图 5－21）。

图 5－21 裙楼、橱窗装饰

（十）透光天窗与风雨篷制作

一些宾馆、商场及办公楼设计有透光天窗与风雨篷，其制作方法是：下面用前述的不锈钢立柱支撑，上面用薄型透明有机玻璃卷曲成半圆形或制成三角形后，用氯仿黏接在立柱上，有机玻璃面上用极细的不锈钢效果的即时贴黏贴成网形框架。也可以用钩刀勾刻网线后，加热弯折制成（图 5－22）。

（十一）挑檐与户外疏散梯制作

挑檐可选用厚质纸板或屋面瓦材料直接黏贴在墙面或屋顶上，室外疏散梯可用纸片叠黏而成，小比例的模型也可在有机片上刻画梯线制作（图 5－23）。

图 5－22 透光天窗制作

图 5－23 挑檐制作

三、不同建筑模型的表现方法

（一）规划设计模型建筑物的表现方法

规划设计模型建筑物的表现，因其比例不同而有不同的要求。一般说，比例在 1：2000 以上的小比例模型，宜用泡沫板块、有机玻璃块为材料，按比例切割制成体块形的建筑实体（图 5－24），根据设计需要，可以用色料（丙烯颜料为宜）喷涂表面，不同区域喷涂不同颜色。如公共建筑为红色调，预留建筑为白色调、现有建筑为灰色调，比较稳重。

图 5－24　规划设计模型建筑物

另一种方法是用两种不同颜色的不透明有机玻璃片，按图纸的层高要求互相间隔叠黏在一起表现建筑，有机玻璃片厚度视具体层高而定。例如，比例为 1：2000 比例模型中，按比例计算，一层楼的实际高度 3m，在模型中就应该是 1.5mm。以每一栋建筑具体的楼层数，确定建筑需要重叠的板材数，并加以标注，切割好后再逐个黏接。为了防止混淆，需要复制一张平面图，将逐个黏好的建筑放在这个图纸对应的位置上待用。这种方法制作的建筑，不用再装饰建筑立面，但变化不多，显得呆板。

规划设计模型的建筑物不要求表现较高的精度或精雕细刻，它表现的不是单体建筑的构思与造型，而着重于道路交通、功能分区、绿化、公共设施、市政配套等方面的规划设计，重点表现建筑物的群体组合与归类属性。

（二）小区建设模型建筑物的表现方法

小区建设模型一般表现数十幢建筑物，比例一般在 1：300～1：1000 之间。这类模型建筑物的表现可以用有机玻璃或胶片黏合成空心的建筑框架，并简明扼要地表现墙面和门窗（图 5－25）。制作时，先按图纸要求选出各立面用料并进行加工，再将门窗和其他要表示的内容用及时贴等材料按比例割好贴在有机玻璃片上，然后将各立面黏合起来。如在建筑框架内装配发光二极管、光导纤维或节日泡，可以表现小区夜晚灯光闪烁的视觉效果。

（三）单体工作模型建筑物的表现方法

作为展示性质的单体建筑模型的表现在前面已作介绍，而作为工作与设计性质的建筑模型表现，应力求整体、概括、简洁、易于修改。因此，单体工作模型以泡沫块为材料，按设计构思切成若干体块，再黏接组合起建筑实体。也可在整块泡沫上作切挖处理，逐步修改完善设计。如作进一步的装饰设计，可在形体结构

图 5－25 小区建设模型建筑物

的体块模型上再用吹塑纸、卡纸、彩色即时贴等门窗与墙面装饰材料。做法是先贴透明或半透明的门窗材料，再将刻好门窗的墙面材料贴在上面。这种模型的加工不必面面俱到，只要能表现或示意出构思效果即可(图 5－26)。

图 5－26 单体工作模型建筑物

第二节 古建模型制作

要制作精致的古建筑模型必须对古建筑结构有一定的认识，模型制作者对建筑的外在形态是容易模仿的，但是也往往因为对传统建筑房屋结构理解不够而不能准确表现。我国传统木结构建筑的结构形式，分别是基座、屋架结构、维护装饰三大组成部分，我们的模型基本也是按照这个主次顺序来完成制作，在此对传统建筑房屋结构进行简单介绍。

基座的部分比较简单，也容易理解。因为木结构特别需要防水，所以我国古建筑都有基座部分，起到保护建筑主体部分的作用。宫廷类的建筑通常基座材料华丽，尺度高大，而民居则较为简易。基座是模型制作中容易忽视，但却是非常重要的部分。

屋架结构是核心部分。我国传统古建筑的结构可以分为“穿斗式”和“抬梁式”两大类型。“穿斗式”是用穿枋把柱子串联起来，形成一榀榀房架；檩条直接搁置在柱头上；在沿檩条方向，再用斗枋把柱子串联起来，从而形成了一个整体框架。相对于抬梁式木构架柱上搁置梁头，梁头上搁置檀条，梁上再用矮柱支起较短的梁，穿斗式木构架用料小，整体性强，但柱子排列密，在西南片区的云、贵、川、湘地区的民居中被广泛运用。“抬梁式”在中原地区运用广泛，采用在立柱上架梁的方式，是我国木构架建筑的代表。这种构架的特点是在柱顶或柱网上的水平铺作层上，沿房屋进深方向架数层叠架的梁，梁逐层缩短，层间垫短柱或木块，最上层梁中间立小柱或三角撑。可采用跨度较大的梁，以减少柱子的数量，取得室内较大的空间，特别在宫殿、庙宇等重要建筑中得到运用。大屋顶的外观其实是由于内部的屋架结构决定和产生的，屋面是与屋架结构成为有机一体的。制作模型的时候，在完成的屋架上横向完成横向的檩条、然后是从屋脊到檐口的椽条、椽条之上的瓦面等结构（图 5－27）。

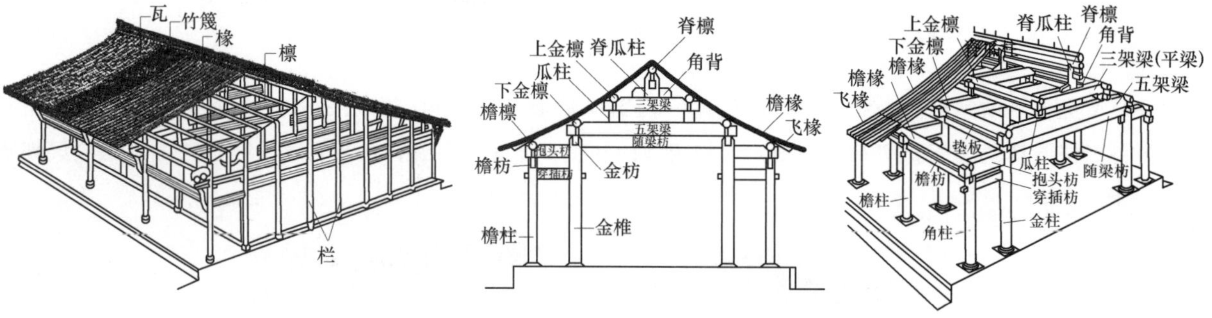

图 5－27　屋架结构

围护装饰部分都是依附在屋架结构之上的。古建筑的屋架结构部分就像是骨骼，围护装饰部分就像是肌肉和软组织。围护类包括墙、门、窗；装饰构件类包括挂落、雀替、门簪、垂花柱等。我国几千年的传统式的这些构件制式复杂、样式多变，对制作精度的要求也更高，制作难度增大不少。了解基本的传统建筑结构体系，避免因不了解结构而出现的错误对模型制作者来说非常必要。

由于古建模型结构复杂，在此讲述运用电脑雕刻机与手工制作结合的方法制作穿斗式古建模型，制作步骤如下。

一、底盘的制作

参照第六章模型底盘制作方法制作底盘。

二、基座的制作

模型的底盘制作完成后，进入建筑的基座制作环节，这个部分相当于一个简单的地形制作。我们知道古建筑为了防水都是建造在台基上。按照实际高度情况，用亚克力板制作基座。值得注意的是，为了配合古建筑的整体效果，基座的铺装也需要制作，最好是与地形的切割整体完成。

在 AutoCAD 软件中制作的地面与基座铺装的线，与基座的轮廓线存放在同一个文件里，一起加工。精雕机床上固定好亚克力板，先从铺装线开始雕刻。这时需要把雕刻深度作调整，不要把板材雕透了，只要在板材表面形成浅的阴刻线效果即可。铺装线雕刻完成后，暂停机器，再次调整深度，雕刻足够深的轮廓线，便于将地面铺装与基座铺装分离。修整基座与铺装的边缘，把基座定位准确，使用模型胶黏接在底盘上。

三、古建屋架结构的制作

前面我们已经了解到，传统建筑的屋架部分包括柱、枋、檩、椽等。这些构件是组成传统建筑的主要结构，类似一个框架系统，相互穿接，形成良好的受力体系。制作古建筑模型同样遵循这个结构体系，制作者也是要用模型材料加工搭建这样一个支撑骨架，然后制作围护结构，连接到屋架结构上，最后完成装饰构件的制作和连接。

古建筑屋架结构看起来错综复杂，但是单独一个屋架结构是非常好理解的。可以分解地看待屋架结构，把它看做多个山墙屋架横向连接组成的，这样可以从单个的山墙屋架开始制作。单个的山墙屋架主要是纵向的柱子和横向的枋组成的，柱子可以选用直径合适的空心圆柱型材制作，枋可以选用厚度合适的亚克力板材（通常选用2mm厚度的板材）制作。对于需要剖开展示的模型，其屋架需要制作得完整，而没有被剖切到的部分只需要制作端头山墙上的屋脊即可。

（一）制作独立屋架

将绘制好的AutoCAD屋架剖面图文件分类，把需要完整制作的屋架分离出来单独存放，按比例打印用作参照。准备好材料和工具，从内部屋架开始制作。观察屋架的结构，可以看到竖向的构建就是柱子，横向的结构是枋。

1. 制作屋架的“骨架”

在模型的尺寸比例下，屋架圆柱与枋之间真实的榫卯关系不能够制作出来。解决的办法是先给每一个屋架制作一个整体的骨架，用精雕机整体雕刻，在此基础上再将柱子处理成为圆柱。首先制作屋架的AutoCAD文件（也就是柱子和枋连接在一起的轮廓），然后使用亚克力材料板材雕刻完成。这样做的好处是使得柱子与枋本身就是一个整体，不容易变形和散开，减小制作难度（图5－28）。

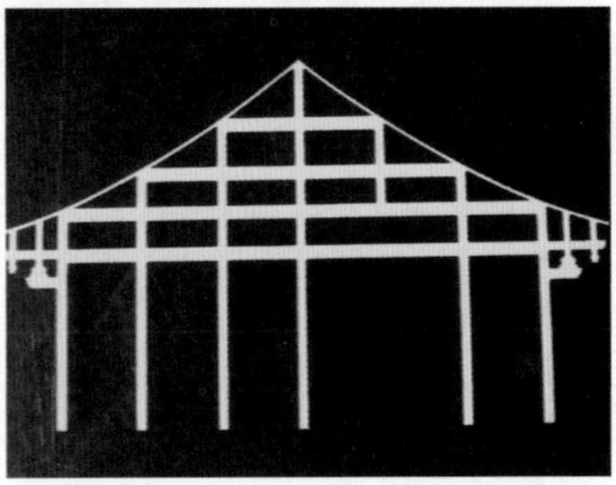

图5－28　制作屋架的骨架

2. 制作圆柱

按照打印好的图纸中落地柱子和骑柱的长度，切割圆柱型材。再将每根柱切割成两半，用300号砂纸修整边缘毛刺，将割好的半圆柱黏接到前面制作的“骨架”上对应位置的两侧。依次黏接完成，注意骑柱的下端要与其下梁有一段卡接范围。两个半圆柱与“骨架”的连接处由于制作误差会产生许多缝，需要做填灰、打磨处理。这里用熟石灰粉、石灰粉按1∶1比例混合，混合聚氨酯木器漆增加灰的硬度以及黏性。用小号的刷子将调好的灰填到缝中，以及半圆柱的两个端头，然后刮去多余的灰料。干燥后用200号和100号砂纸将填灰的部分打磨平滑。根据需要，制作若干个这样的屋架待用（图5－29）。按照此方法，建议初学者同时制作的山墙构架不要太多，每两个山墙或每3个山墙构架同时制作，如果同时制作的太多会增加工作的复杂程度。

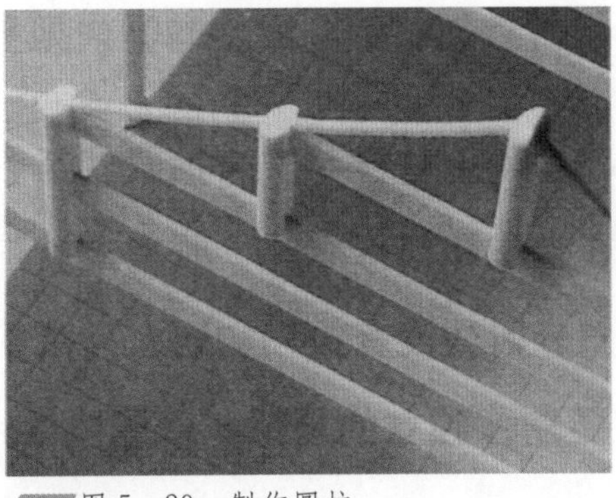

图5－29　制作圆柱

（二）制作与山墙结合的屋架

原理同上，先制作“骨架”。不同之处在于“骨架”不是两面黏贴半圆柱，而是一侧黏贴山墙面，另一侧制作半圆柱。将与山墙结合的屋架单独存放，按比例打印好作为参考。同上，将屋架的轮廓整理输入精雕机，用亚克力板材雕刻完成。再把山墙的轮廓单独存放，在亚克力板材（厚度为屋架厚度的一半，通常用1mm厚度板材）上雕刻完成备用。按照落地柱子和骑柱的长度，切割圆柱，并把圆柱切割成两半。

参照上述的方法，在“骨架”的一侧黏贴半圆柱，同样完成填灰、打磨的工作后，将“骨架”连带圆柱一同与山墙黏接到一起。注意半圆柱、山墙黏接的方向要正确。这样与山墙结合的屋架就制作好了。

四、古建墙面的制作

墙面的制作就相对简单得多了。制作各个墙面的 AutoCAD 文件，单独存放。在 1mm 厚的亚克力板材上雕刻出来待用。墙面上的分隔线的制作和前面的地面的处理一样，先雕刻浅的刻线，然后再雕刻墙面的轮廓(图 5－30)。

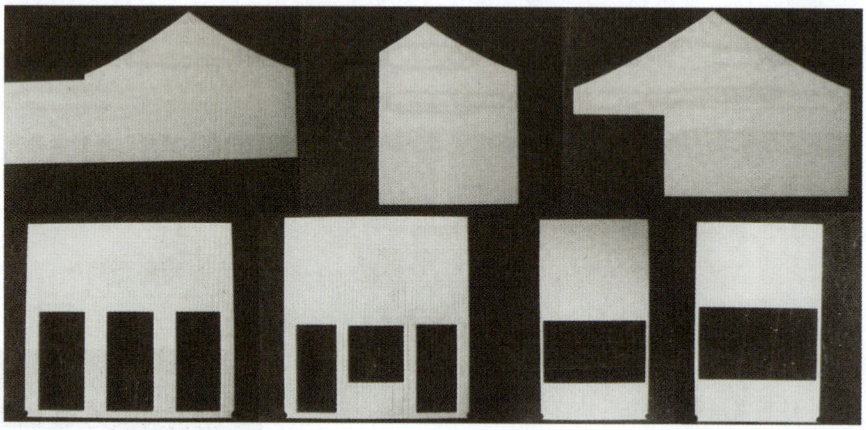

图 5－30　制作古建墙面

五、古建的初步组合

将前面制作的独立的屋架、结合墙面的屋架、各个墙面先组合起来，形成整体框架。再把各个屋架按照平面位置黏接到基座上，这里的黏接面积小，需要黏接力强的黏接剂。为了防止制作中的误差造成的麻烦，可以从一个方向开始，按照一个屋架、一段墙面依次黏接。墙面与屋架形成纵向和横向的相互支持的作用。制作过程中应该以基座的铺装线为参考，注意屋架中心对齐，墙面中心对齐。这样古建院落的整体框架就搭好了。然后再把各个墙面按照对应的位置，从内部暂时黏接到屋架上（图 5－31)。

图 5－31　古建的初步组合

增加横向的梁与檩条。梁的制作相对简单，根据横向梁的位置，直接按照需要的长度剪断，临时黏接。选择 1.5mm 直径的圆形型材作为檩条，分别按照房屋的屋面长度进行切割。按照图纸，在每根柱子的顶端，安放横向的檩条。

六、古建坡屋面的制作

要完成整个屋顶，还需要制作椽条、瓦面、搏风板和屋脊几个部分。

（一）制作椽条

椽条是一个从屋脊到檐口承载瓦片的构件，相当于是瓦屋面的龙骨。椽条尺寸比较小，通常截面在30mm×50mm左右。按照比例用2mm厚的亚克力材料雕刻制作多个“人”字形的椽条（如果有合适的型材也可以用型材拼接形成），根据图纸的间距，逐个将椽条黏接到横向的梁上。

（二）制作瓦面

椽条的制作完成后，再进行瓦面的制作。根据比例选用专门的瓦面亚克力板材用作瓦屋面的材料。我国传统的坡屋顶多有“举折”，使得屋面形成优美的弧线。面积小的弧面制作可以用电吹风加热材料，使其产生弧度来模仿举折的弧形效果。使用吹风机弯曲板材对于初学者有点难于掌握，可以多尝试几次（图5－32）。面积大的弧面制作可以参照第四章中塑料板材的自由曲面成型方法制作，即制作所需弧面的石膏阳模和阴模，热压成型，但要掌握好加热的温度和压型时注意力度，否则会损坏瓦面。压型时在有瓦面上裹一层布，可以在一定程度上起到保护瓦面作用。压型完成后切割瓦面，修整尺寸及打磨修边。

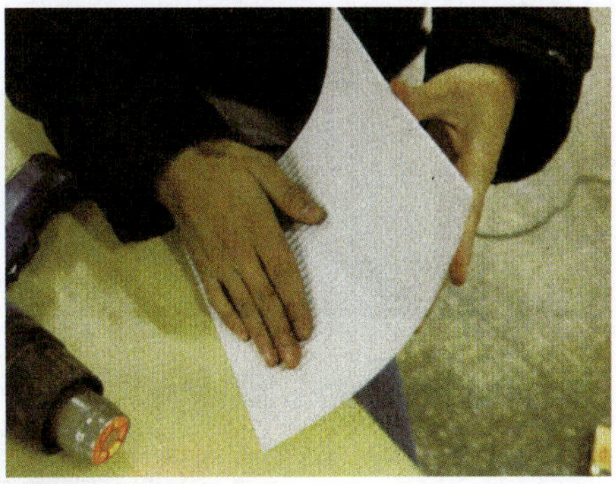
图5－32 制作瓦面

坡屋面交接的部分是另外一个制作难点，按照瓦面尺寸划出加工界线，加工界线划线是复杂的立体划线，很难一次精确划出。通常需要以阳模为依靠，通过几次划线，相互比对，逐步加工才能得到所需的形态。然后用曲线锯沿加工界线外侧将多余的部分切割下来，注意留有加工余量，再用砂轮机进行粗加工，打磨掉多余的部分，然后参照前述塑料板冷加工的修边方法进行修边。经过反复几次加工，确保屋面的交接线顺畅且闭合完整后，将瓦面黏接到屋架上。然后裁切一条约2mm宽亚克力细条，用吹风机加热变软后，将其在屋面交接处压型，形态贴合交接线后，将其黏接在交接线上。

（三）制作屋脊

使用精雕机制作屋脊，制作各个房屋的屋脊的AutoCAD文件单独存放。选用3mm厚的亚克力板材，在精雕机上固定好后进行切割。完成切割后，修整边缘毛刺，然后黏接到对应的屋脊位置。

（四）制作搏风板

最后制作屋顶檐口的搏风板。这个构件是屋檐的收口，制作相对简单。搏风板在屋檐的正面和山墙面都有。制作房屋正面、山墙面的搏风板的AutoCAD文件单独存放。雕刻后，黏接到对应的檐口位置即可。到此屋顶部分的制作基本上完成了。

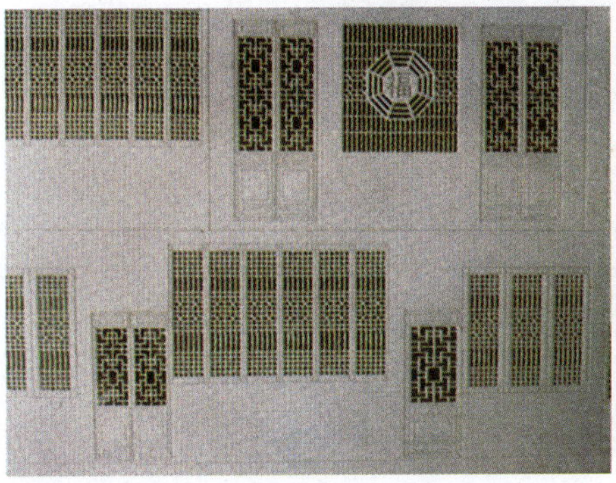
图5－33 制作古建门窗

七、古建门窗、小构件的制作

为了古建模型最后效果，除了准确的古建整体比例和基本结构，还需要我们表现足够多的细节特征，特别是对门窗以及小构件的制作处理。

门窗的制作。在AutoCAD中将门窗单独整理存放，用精雕机在1mm的亚克力板上雕刻制作（图5－33）。雕刻门窗本身不复杂，但是整理线条的时候需要特别耐心，雕刻过程中注意固定板材，如果板材位置稍微移动则会造成返工。门窗在完成雕刻后，再按照门窗的轮廓制作一层 0.5mm 厚透明磨砂胶片，用双面胶将雕刻镂空的亚克力层和半透明的有机玻璃层对应临时黏接，备用。板凳挑、栏杆、转角吊柱、吊瓜等小构件可以用圆柱及亚克力细条进行制作。

八、上色与整体调整处理

喷漆上色最好采取每次上薄漆，多上几次漆的方式，才能保证最后漆面均匀、整洁的效果，防止出现漆过厚而龟裂、漆过多流淌等问题。如果是自行配漆要遵循宁可多，不能少的原则，不然一旦出现色差将非常难处理。把各个部件的被涂面清理干净，选择一个比较干净无尘的地方进行喷漆。如果有条件在专业的无尘喷漆房或烤漆房操作最好。为了最后整体的上漆，前面的制作都是使用临时的方式固定，此时把各个部件轻轻的拆下，按顺序放好，进行集中上漆。上漆可以使用喷灌气雾漆，也可以使用气泵喷枪喷漆。

一般漆的干燥时间是 10h，待干后，再上第二遍漆。再干后就可以组合固定了。按照顺序，将上好漆的各个部件最终组合固定（图 5－34）。这虽然是最后一步，但也是非常关键的步骤，需要制作者有耐心，细心，否则会功亏一篑。

图 5－34　制作完成的古建模型

现代的仿古建筑也是一种比较流行的建筑风格，仿古建筑常模仿古代建筑的一些形式和意象，其中许多的建筑元素采用现代的材料与工艺制作，比如墙、门、窗等。因此仿古建筑的结构比古代建筑要简单很多。仿古建筑模型制作在很大程度上与古建模型制作相似（图 5－35），在此不再赘述。

图 5－35　制作完成的仿古建筑模型

第六章 建筑外环境制作

建筑物都不是孤立存在的，而是与周围的环境有着不可分割的联系，并与环境形成一种特定的氛围。例如，商业建筑追求热闹繁华的气氛，而陵园建筑要有庄严肃穆的感觉。模型在表现建筑与环境协调性的同时，也必须将这种气氛表现出来。环境制作包括很多因素，如道路、广场、水面、山丘坡地、各种绿化、行人、电杆路灯、假山等。环境的设计、装饰与制作，目的在于烘托建筑物的生态、地貌、空间、条件、设施、气氛和周边居住、工作环境等基本概况。虽然不同的模型由于设计和比例的不同而各异，因而选用合适的模型元素及尺度是每个模型制作者必须掌握的。

第一节　底　盘　制　作

底盘是模型中配置环境和组装建筑的基础，底盘的大小、材质、风格直接影响模型的最终效果。底盘包括台面、边框、支架三个部分。底盘的制作要简洁、美观、轻巧、牢固，方便运输，符合陈列的功能。考虑到制作、运输、包装等客观要求，底盘的形状经常使用方形或矩形。

一、模型的底盘尺寸

模型的底盘尺寸一般根据模型制作范围和下列两个因素确定。

（一）模型标题的摆放和内容

模型的标题一般摆放在模型制作范围内，其内容详略不一。所以在制作模型底盘时，应根据标题的具体摆放位置和内容详略进行尺寸的确定。

（二）模型类型和体量

规划模型一般是景物的外边界限与底盘边缘不小 100mm。如果盘面较大，可增加其外边界限与底盘边缘之间的尺寸。单体模型应视其高度和体量来确定主体与底盘边缘之间的距离。

底盘面积大或建筑物高的模型底盘要低，一般以离地 400～500mm 为宜，反之要高，一般为离地 700mm 左右。

二、底盘的材质

底盘的材质应根据制作模型的大小和最终用途而定。常见的底盘材质有聚苯乙烯板底盘和木质底盘。一般作为学生作业或工作模型，则可以选用物美价廉且容易加工的 PS 板、纸板等材料制作底盘。而作为报审展示的模型的底盘，就要选用一些材质好，且有一定强度的材料来制作，一般选用的材料是木板、有机玻璃板与装饰板等材料制作底盘。

（一）聚苯乙烯板底盘

聚苯乙烯板（PS板）的质地轻盈，厚度有多种规格，可以根据不同体量的建筑模型作适当选择。底盘边长小于400mm，可以选用厚15mm以下的PS板或两层厚5mm的KT板叠加；底盘边长400～600mm，可以选用厚20mm的PS板或3层厚5mm的KT板叠加；底盘边长600～900mm，可以选用厚25mm的PS板，表面覆盖厚1mm的纸板或厚1.5mm的PVC发泡板；底盘边长大于900mm，可以选用厚30mm以上的PS板，表面覆盖厚1.2mm的纸板或厚2mm的PVC发泡板。PS板与KT板具有质地轻、韧性好、不变形等优点，是普通纸材模型、塑料模型的最佳底盘材料。如果在建筑模型中需要增加电路设施，电线也能轻松穿插至板材中间并向任意方向延伸。

然而，成品PS板与KT板的切面难以打磨平整，需要应用厚纸板、瓦楞纸或其他装饰型材作封边处理，保持外观光洁。

（二）木质底盘

木质底盘质地浑厚，一般选用厚15mm的实木板、木芯板或中密度纤维板制作，边长可以达到900mm。但是大于1200mm的模型底盘须采用分块拼接的方式加工，即由多块边长1200mm以下的木质板材拼接而成，避免板材发生变形。如果木质底盘有厚度要求，也可以先用30mm×40mm木龙骨制作边框。中央纵、横向龙骨间距为300～400mm。最后在上表面覆盖一层厚15mm的实木板。木质底盘一般会保留原始木纹，常在表面黏贴装饰板进行装饰，装饰风格要与建筑模型主体相衬映。板材边缘仍须钉接或黏贴饰边，避免底盘边角产生开裂。厚重的实木底盘适用于实木、金属材料制作的建筑模型或石膏、泥灰材料制作的地形模型。如果只是承托厚纸板、PVC发泡板、KT板等轻质材料制作的建筑模型，也可以选用木质绘图板（画板）。绘图板质地平整，内部为空心构造，外表覆盖薄木板，质重较轻，方便搬移，是轻质概念模型的最佳底盘选择。

此外，用于底盘制作的材料还有天然石材、玻璃、石膏等，均能起到很好的装饰效果。

三、木质底盘的制作方法

木质底盘的制作方法如下。

木质底盘的台面可以用实木板、木芯板、中密度纤维板、多层板等木板来制作。由于这些木板具有较好的强度，所以一般较小的底盘就可以直接按其尺寸切割，而后镶上边框即可使用。

如果盘面尺寸较大，就要在板后用木方进行加固。用木方加固时，选用的木材最好是白松，因为白松水性较小，不易变形。具体方法是，先用木方钉成一个木框，根据盘面的尺寸把它分割成若干个方格，一般方格大小以500mm×500mm为宜。根据方格尺寸用与木框相同尺寸的木方下料，在木框与方格上刷白乳胶，用射钉将多层板钉在木框与方格上。干燥12h后，镶上边框即可使用（图6-1～图6-3）。

图6-1　木制底盘下料

图6-2　木制底盘连接

对于一些地平存在较大高度差异的模型，需要底盘制作时将不同高度的地平面分层做出来（图 6-4）。

图 6-3 制作完成木制底盘

图 6-4 地平面分层的底盘制作

四、底盘边框的制作

底盘通常需要加固和镶边，使得其更加坚固与美观。在经济条件允许的情况下，可以选用不锈钢方管、铝合金边条、人造石边框，甚至定制装饰性很强的画框，运用这些材料会让商业展示模型锦上添花。主要有以下几种常用的底盘镶边方式（图 6-5），包括薄底板悬挑［图 6-5（a）］，支撑板从边缘往里退；厚底板悬挑［图 6-5（b）］；方盒子底盘［图 6-5（c）］；翻边底盘［图 6-5（d）］，外框高于底板；底盘主体外侧包装饰板材［图 6-5（e）］；边缘留槽［图 6-5（f）］，槽口可用于安装透明防尘保护罩，抑或只是强调边缘修饰效果。

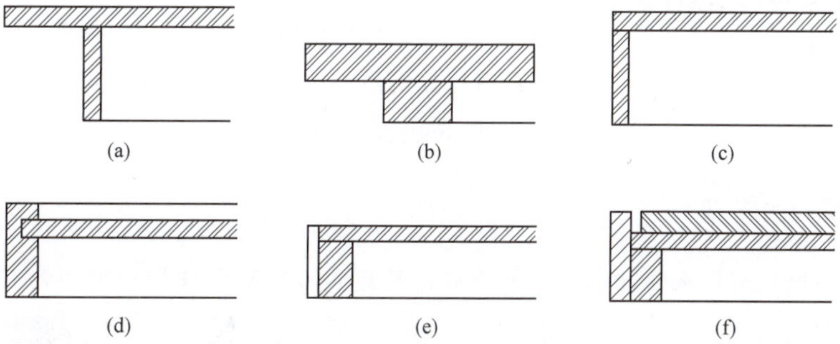

图 6-5 几种常用的底盘镶边方式

一般较小的底盘边框可以直接用装饰板裁切成条，黏接在底盘上即可（图 6-6）。较大的底盘边框制作方法有很多种，比较流行的有以下两种。

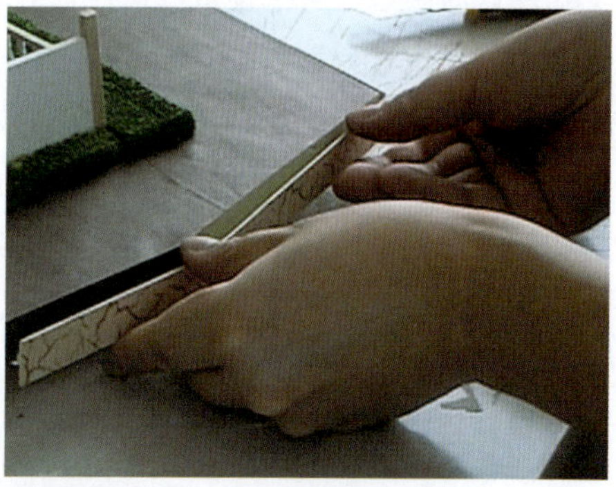

图 6-6 小底盘边框制作

（一）用珠光灰有机玻璃板制作边框

珠光灰有机玻璃板边框色彩典雅、豪华，看上去比较俊秀。具体制作步骤如下：

（1）裁切 8 条 3mm 厚珠光灰有机板边条，其高度等于底盘厚度加上 10～15mm（根据盘面大小来确定此高出部分的尺寸）。

（2）用电钻在 4 条有机玻璃板上边条钻孔，孔间距为 200mm。

（3）将木质边框的四边涂上 4115 建筑胶。

（4）待胶稍干后，将事先钻孔的 4 条有机玻璃板边条贴于木质边框上。

（5）黏贴时，边条的下边缘与底盘的下边缘平齐，在边框转角处最好采用 45°角对接。

（6）用木螺钉或圆钉在钻孔处将边条与底盘连接、固定。

(7) 将边框的四边围合好后，进行二道边的围合。第二道边是用没有打孔的有机板进行围合，两道边之间的黏贴用三氯甲烷来黏接。具体步骤是，先把两道边之间的贴接面擦拭干净，然后将需要黏贴的两道边的上边靠齐，用吸满三氯甲烷的注射器向两道边中间注入三氯甲烷。干燥数分钟后再用三氯甲烷进行第二次灌缝，以确保两道边贴接的牢固。在边框转角处最好采用45°角对接。

(8) 将边框放置于通风处干燥数小时后，再用木工刨子将边框上端刨平，这样一个完整的边框就制作完毕。

(二) 用木边外包ABS板制作边框

用这种方法制作的边框形式各异，而且色彩效果可根据制作者的想法而定。具体制作步骤如下：

(1) 用木条刨出自己所需要的边框，然后镶于底盘台面上。

(2) 用ABS板包边。ABS板与木板黏接时，可用101胶。此种胶黏贴速度快，强度高。在用ABS板包边时，应先从木条边框内侧与台面连接处开始向外依次黏贴。在面与面转折时，不要采用45°角对接，因为对接的接缝容易产生接口不严，所以最好采用边对面的黏接形式。在边框的四个转角处应采用45°角对接。注意接口处不要产生阴缝。

图6-7 大底盘边框制作

(3) 待整个边框黏接好后，为了保证接缝处牢固，可再用502胶灌注一遍。

(4) 放置于通风处干燥24h，用锉刀修整尺寸。

(5) 用锉刀修整平整后，还要用砂纸做最后打磨。最好选用木工砂纸，因为ABS板涩而软，砂纸过细起不到打磨的作用，过粗则会留下明显的痕迹。所以，选择的砂纸一定要适中。应将砂纸裹于一块木方上，这样在打磨时，可以保证局部的平整性。在打磨完后，若局部接缝处仍然不严，还可以用腻子进行填补、打磨（图6-7）。

(6) 待上述工序全部完成后，将粉末清除，即可进行喷色。

五、底盘支架的制作

底盘的支架（或底座）可以采用封闭式、架空式、开启式（留有工作门）或组合式，应视模型的功能、大小和经济条件而定。其制作方法与底盘的制作方法相似，要求木工和金工密切配合（图6-8）。

底盘的四边也可附设音响、广告灯箱等装置，要做玻璃罩的应留出相应的位置。

考虑到制作、运输、包装等客观要求，体积大的模型，需要将模型拆分成几块制作。由于单体建筑物作为一个整体是不能拆分的，因此在模型制作前要考虑拆分的位置与安装进程，并根据拆分计划来制作底盘。各底盘之间尽可能地无缝接合，为此可以在各底盘的连接处安放相符的平头钉（木栓），或者将两个框架用螺丝和翼形螺母锁在一起。

图6-8 底盘支架制作

第二节 山地地形制作

在自然地形环境中，高差和地形起伏是建筑设计常常要面对的因素。

山地地形制作是继模型底盘完成后的又一道重要制作工序。山地地形的处理，要求模型制作者要有高度的概括力和表现力，同时还要辩证地处理好地形与主体的关系。

一、表现形式

山地地形的表现形式有两种，即具象表现形式和抽象表现形式。

在制作山地地形时，一般是根据建筑环境的形式和表示对象等因素来确定表现形式。一般用于展示的模型，其主体较多地采用具象表现形式，因为它所涉及的展示对象是社会各阶层人士。所以，制作这类模型的山地地形较多采用具象形式来表现。这样，一方面可以使地形与建筑及环境表现形式融为一体，另一方面可以迎合诸多观赏者的口味。

那么，用抽象的手法来表示山地地形，不仅要求制作者要有较高的概括力和艺术造型能力，而且还要求观赏者具有一定的鉴赏力和专业知识。因为只有这样才能准确地传递设计语言，才能领略模型的形式美。所以一般来说，在制作山地地形时，对于制作经验不多的制作者来说，不应轻易采用抽象手法来表现山地地形。

二、材料选择

选材是制作山地地形时的一个不可忽视的因素。在选材时，要根据地形和高差的大小而定。这是因为就山地地形制作的实质而言，是通过材料堆积而形成的。比例和高差越大，材料消耗也越大；反之，比例和高差越小，材料消耗就越小。若材料选择不当，一方面会造成不必要的浪费，另一方面会给后期制作带来诸多不便因素。所以，我们在制作山地地形时，一定要根据地形的比例和高差合理地选择制作材料。

对于在校的设计课程而言，KT 板切割方便，基本能够满足设计作业需要。对于实际工程项目的成果模型或是要求较高的展览模型而言，KT 板的强度和耐久性不足，精细程度也有所欠缺。因此，可选用木质板材、中密度板、致密的 PVC 板、聚苯板、ABS 板或是卡纸板制作地形模型。

三、制作精度

进行地形制作时，其精度应根据模型主体制作精度和模型的用途而定。

作为工作模型，它是用来研究方案而并非用作展示的。所以，一般山地地形只需要山地起伏及高度表示准确就可以了，无需作过多的修饰。

作为展示模型，除了要把山地的起伏及高程准确地表现出来之外，还要在展示时带给人们一种形式之美。我们在制作展示模型的山地地形时，一定要掌握它的制作精度。应该指出，制作山地地形并非越细腻越好，而是应该结合模型主体的风格、体量及制作精度来考虑。总而言之，山地地形在整个模型中属次要方面，在掌握制作精度时切不可喧宾夺主。

另外，制作山地地形还应结合绿化来考虑。通过绿化后裸露的地形已经寥寥无几了。所以，把绿化因素考虑进去会避免做无用功。

在建筑标高与地形结合紧密的情况下，地形的制作实际上成为确定建筑各个标高的过程。

四、山地地形制作方法

（一）层叠法

层叠法是先根据模型制作比例和图纸标注的等高线高差选择厚度适中的聚苯乙烯板、纤维板、卡纸板等材料。然后，将需要制作的山地等高线描绘于板材上并进行切割，再将切割后的层板按图纸拼黏成所需的地形。

首先根据地形图中每条等高线之间的高差与模型比例确定制作地形的板材厚度。比如，每条等高线的高差为 0.5m，如果制作 1∶100 的地形模型，则 5mm 厚的 KT 板便是合适的材料。如果是制作比例为 1∶50 的模型，则需要用 10mm 厚的板材制作等高线地形，或者自行将等高线加密一倍，则仍可以用 5mm 厚的板材。需要注意的是，叠合时不仅要看每一片层厚度是否合适，还应随时检验叠合后总高度是否正确。因为板缝的微小厚度累积起来有时会使总高度产生较大误差，必要时可以去掉 1～2 片等高线板，以保证总体高度正确。

层叠法有实心层叠法与空心层叠法两种。

1. 实心层叠法

实心层叠法是将层板按照规划图由下而上逐层黏接而成。其制作简单，稳固性好。为了减轻重量，可以将中间挖空或者填进塑胶泡沫之类的填充物。尤其在比较陡峭的地形上，这是较为合理的解决方式。实心层叠的地形模型可以继续进行加工，也可以在一定的程度上进行修整。实心层叠法具体方法如下：

(1) 根据层板数量准备相应数量的 KT 板。

(2) 在地形图上划出对缝线，便于后续黏贴时找准位置。

(3) 由于 KT 板质地较软，可以将地形图用双面胶贴覆在上面，利用一支圆珠笔沿着等高线描绘，将等高线与对缝线的痕迹留在 KT 板表面。对每一条等高线标注编号与高程，以免重复或遗漏，方便后续按顺序黏接。

(4) 用锋利的 30°刀片裁纸刀沿痕迹线切割，选用 30°刀片有利于转弯。切割时，刀刃与 KT 板夹角要小。

(5) 将切出的层板用双面胶带进行黏接。

一般实心层叠的地形模型较为坚固，重量较大，而 KT 板密度小，不会造成搬运困难。

2. 空心层叠法

采用空心层叠地形的方法可以使得模型材料的使用量更少、完成后模型的重量更轻，其制作材料要具有较好的硬度。模型体积大或者地势陡峭时，为了加强其稳固性，需要制作底部支撑。空心层叠法具体方法如下：

(1) 准备两块板（这里称为 A 板和 B 板）。

(2) 将所有等高线编号，编号标注在对应层板上靠近等高线的位置，防止下料完成后相互混淆，便于后续黏贴工作的顺利进行。

(3) 运用“裱糊放样法”在 A 板上划出编号为奇数的等高线，用同样的方法在 B 板上划出编号为偶数的等高线。

(4) 用铅笔在两板上的同一方位划出对缝线。

(5) 然后在外边缘外侧钻小孔，尽量保护裸露在外的等高线层板的外边缘。

(6) 用手提式或台式电动曲线锯锯削下料，将切割好的层板平放备用，防止翘曲变形，注意保持材料干净。加黏接剂时，不要过量，防止黏接剂超出黏接面形成污渍。

(7) 用砂纸打磨边缘。

(8) 对齐对缝线，用双面胶带从最底层开始按照编号逐级往上分组黏接（图 6－9），再用射钉枪将各组层板钉接（图 6－10）。黏接前把手洗干净，以保持模型清洁。为了使模型更加坚固、结实，需要在山地模型内部中空部位增加一些垫块，并用射钉将其与模型底盘紧密固定（图 6－11）。

(9) 为了使模型更加美观整洁，需要对断面进行封边处理（图 6－12）。

(10) 制作完成后擦除对缝线，清除污渍。

若用电脑雕刻机或切割机下料，制作程序和方法一样，但效率更高（图 6－13）。

若采用抽象的手法来表现山地，待黏接剂干燥后，稍加修整即可。若采用具象的手法来表现山地（图 6－14），待黏接剂干燥后，再用纸黏土、石膏浆等进行堆积。堆积时要特别注意山地的原有形态，切不可堆积成“馒头”状。表现手法要有变化。堆积后，原有的等高线要依稀可见。最后用胶水将模拟绿草地的粉状或绒状材料黏附在山地模型上。

图 6-9　分组黏接层板

图 6-10　钉接层板

图 6-11　制作垫块

图 6-12　断面封边

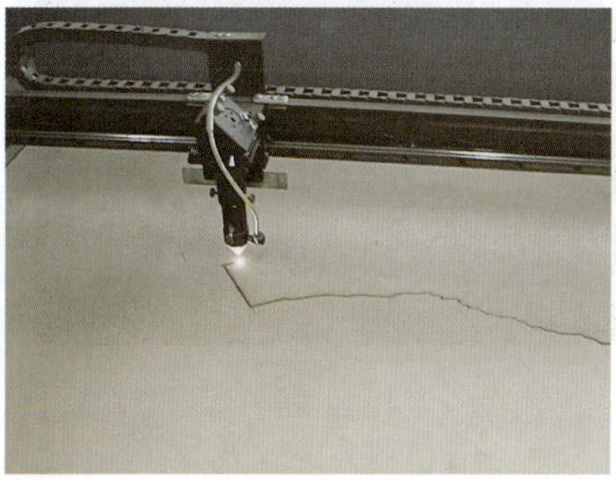

图 6-13　切割机下料

图 6-14　等高线地形加工成实体地形

（二）石膏浇注法

先将山丘坡地的地形等高线描绘到底盘台面上，用木棍、竹签或铁钉将山地的高低变化点，如峰、岗、沟、岩、壁等按等高比例作出标高记号，再用石膏纸浆、石膏碎块或泥沙等材料浇注上去。浇注工作可分层浇注，一层一层浇到最高点。塑造成型后，再用锯条或刀片适当修刮，加工出理想的等高落差效果。这种方法适用于山丘变化不大的地形（图 6-15）。

图 6-15　石膏浇注法

（三）玻璃钢倒模法

玻璃钢倒模法表现地形的制作具体步骤如下：

（1）先按地形图要求，用黏土或石膏浆塑造立体山丘坡地等。

（2）按玻璃钢倒模成型方法制作轻巧、坚固的空心山丘坡地模型。

第三节　平地地面制作

地面是以台面夹板为基面，在上面黏贴防火胶板、即时贴、ABS仿真砖或薄型有机玻璃等制作道路、广场和水面等。

一、道路的制作

道路是环境模型盘面上的一个重要组成部分。道路在环境模型中的表现方法不尽相同，它随着比例尺的变化而变化。模型中道路包括车行主次干道、人行道、街巷道、乡村道路、别墅和景观小路、电车轨道和铁路等几种常见的类型。在制作此类模型时，路的表现要求简洁明了。在色彩的选择上，一般选用灰色。对于主路、辅路和人行道的区分，要统一的放在灰色调中考虑，用色彩明亮度变化来划分道路（图6－16）。在制作道路时应根据道路的不同功能选用不同质感和色彩的材料（如即时贴贴纸、喷绘等技法）。

图6－16　道路的制作

（一）主次干道

一般情况下，车行道应选用色彩较深的材料，常用灰色的即时贴裁剪制作。车行道路面的中心线、行车道分界线等的实线可用相应的黄色、白色即时贴裁剪成细条制成，虚线可用黄色油性马克笔、白色高光笔和鸭嘴笔等画出。人行横道线等其他符号可用上述方法画出。在实际制作中，具体要根据模型的比例来确定道路的制作方法。

1. 1∶1000～1∶2000模型道路的制作方法

一般来说，1∶1000～1∶2000的模型就是指规划类模型。在此类模型中，主要是由路网和绿化构成，因此，在制作时，路网的表现要求既简单又明了。在颜色的选择上，一般用灰色。对于主路、辅路和人行道的区分，要统一地放在灰色调中来考虑，用色彩的明亮度变化来区别道路的分类。

在选用珠光灰或灰色有机玻璃板作底盘时，可以利用底盘本身的色彩做主路，用浅于主路的灰色表示人行道。辅路色彩一般随主路色彩变化而变化。作为主路、辅路和人行道的高度差，在规划模型中是忽略不计的。简单易行的制作方法是用灰色即时贴来表示路网。具体制作方法是：

（1）用复写纸把图纸描绘在模型底盘上。

（2）将表现人行道的灰色即时贴裁成若干条，要宽于所要表现的人行道。因为，待人行道贴好后上面还要压贴绿地，为了接缝的严密，一般采用压接方法。所以，表现人行道的即时贴要宽于实际宽度。

(3) 待准备工作完成后，就可按照图纸的实际要求进行黏贴。黏贴时，一般先不考虑路的转弯半径，而是以直路铺设为主，把转弯处暂时处理成直角。

(4) 待全部黏贴完毕后，再按其图纸的具体要求进行弯道的处理。

2. 1∶300 以上的模型道路的制作方法

1∶300 以上的模型主要是指展示类单体或群体建筑的模型。由于表现深度和比例尺的变化，此模型在道路的制作方法上与前者不同。在制作此类模型时，除了要明确示意道路之外，还要把道路的高差反映出来。在制作道路时，车行道、街巷道的两旁要用薄型材料垫高，还要用层次上的变化来增强道路的效果。常用 0.3～0.5mm 的 PVC 板或 ABS 板作为制作道路的基本材料。具体制作方法如下：

(1) 按照图纸将道路形状描绘在制作板上。

(2) 用剪刀或刻刀将道路准确地剪裁下来。

(3) 用酒精清除道路上的画痕。

(4) 用选定的自喷漆进行喷色。

(5) 喷色后即可进行黏贴。可选用喷胶、三氯甲烷或 502 作为黏接剂，在具体操作时应特别注意黏接面，胶液要涂抹均匀，黏贴时道路要平整，边缘无翘起现象。如道路是拼接的，要特别注意接口处的黏接。

(6) 黏接完毕后，还可视模型的比例及制作的深度考虑是否进行路牙的镶嵌等细部处理。

(二) 其他道路

1. 人行道

选用色彩稍浅并有规则网格状的材料。

2. 街巷道

选用色彩浅的材料。

3. 乡村道路

可用 60～100 号黄色砂纸按图纸形状剪裁而成。

4. 别墅和景观小路

常用各类石纹纸制作，也可以由 ABS 板雕刻出图案再上色处理而成。

5. 电车轨道和铁路

既可用铁丝网或黑色塑料窗纱剪裁而成，也可以在透明有机玻璃片上用黑色油性马克笔绘制而成。

二、广场的制作

广场可以在道路基面用材（防火板或即时贴）上，用刻线或绘线的办法表现广场砖的效果，也可以在路面材料上黏贴方眼纸、方格纸、岗纹纸、石纹纸或有机玻璃等，以增加广场地面光滑、肌理等质感，与建筑物产生反光、倒映的视觉效果。还可以用 0.5mm 厚 ABS 板装饰，采用电脑雕刻机在 ABS 板上刻出广场砖纹理，进行多遍不同色彩油漆的喷涂处理，得到各种逼真的广场砖纹理效果，再黏贴到广场所处位置即可（图 6-17)。

三、水面的制作

模型底盘的水面制作包括海面、江面、湖面、喷水池面、屋顶水池、泳池、污水池等。水面的表示方法既不能脱离实际，又要比实际简练概括。江、河、湖、海水面的高度一般不应高于地面。在小比例模型中，可以将水面和路面的高度差忽略不计，可以直接用湖蓝色皮纹纸按其形状进行剪裁黏贴，再盖叠一层水波纹透明胶片即可（图 6-18、图 6-19)。在一些大比例模型中通常需要表现出水面和路面的高度差，其做法是

图 6－17　广场的制作

在模型台面镂空加工出水面的形态，在台面夹板下面反贴一层湖蓝色有机玻璃或喷涂蓝色漆的透明机玻璃。这种做法表现的水面，一方面可表现出路面和水面的高度差；另一方面透明有机板在阳光的照射和底层蓝色漆面的反衬下，仿真效果非常好。为营造水面环境氛围，还可以在水面上点缀一些草、石、水纹。草、石可以用草粉、海藻、碎砂、卵石制作；水纹可以用白蜡、白色透明玻璃胶制作；必要时还可装置动感水面。游泳池、蓄水池的表现应高于地面，用蓝色有机玻璃制成，四周可以用白色有机片条围起来装饰。

图 6－18　水面的制作

图 6－19　制作完成的水面

第四节　绿化环境制作

模型的环境绿化是模型色彩的基调。有了好的绿化环境，模型的色彩将会清新和谐，充满生机。下面介绍几种常用的绿化形式和制作方法。

一、草坪

草坪在整个盘面的比例是相当大的，因此尽量选择深绿、土绿或橄榄绿较为适宜。因为深色调显得较为稳重，而且可以加强与建筑主体和绿化细部间的对比。但也不排除为了追求形式美而选用浅色调的草坪的情况。在选择大面积浅色调草坪颜色时，应充分考虑其与建筑主体的关系。同时，还要通过其他绿化配景来调整色彩的稳定性，否则将会造成整体色彩的漂浮感。

当然还可以根据建筑主体色彩，选择邻近色来处理，如建筑主体是黄色调时，可选用黄褐色来处理，同时配以橘黄或朱红色的其他绿化配景，一方面可以使主体和环境更加和谐，另一方面还可以塑造一种特定的时空效果。

草坪制作的方法比较简单，可在模型材料店或文具店购买草坪纸、仿真草皮或绿色植绒纸直接制成（图

6－20)。具体制作方法如下。

首先，按图纸的形状将若干块草坪纸、仿真草皮或绿色植绒纸裁剪好。在用植绒纸作草坪时，一定要注意材料的方向性。因为植绒纸方向不通，光照下的深浅效果不同。待全部剪裁好后，便可按其具体部位进行黏贴。在选用即时贴类材料时，一般先将一角的覆背纸揭下进行定位，并由上而下地黏贴。黏贴时一定要把气泡挤压出去，假如不能将气泡完全挤压出去，不要将整块草坪揭下来重贴，因为即时贴属塑性材质，揭下时用力不当会造成草坪变形。所以，遇气泡挤压不尽时，可用大头针在气泡处刺上小孔进行排气，这样便可以使黏贴面保持平整。在选用仿真草皮或纸类作草坪进行黏贴时，要注意黏合剂的选择。如果往木质或纸类的底盘上黏贴时，可选用白乳胶或喷胶；如果是有机玻璃板底盘，则选用喷胶或双面胶带来黏贴。在使用白乳胶时，一定要注意将胶液稀释后再用。而选用喷胶黏贴时一定要用高黏度喷胶。

草坪还可用染上绿色的细锯末（用细网筛筛一下）或成品草粉制作（图6－21)，其做法是在底盘上均匀涂刷胶液，再喷撒染好绿色的干锯末、粉化后的绿泡沫或成品草粉（用植草机种植草坪效果更好)，干燥后用吸尘器或电吹风将未黏上胶的草粉（干锯末或绿泡沫粉）处理掉。

图6－20　仿真草皮制作草坪

图6－21　成品草粉制作草坪

二、山丘绿地

山丘绿地的制作是在前面所述的山丘坡地地基上用橄榄绿或深绿色自喷漆作底层喷色处理（图6－22)。喷漆处理时先按其形状用塑料膜作出遮挡膜或者直接用几层软纸湿润覆盖遮挡。揭膜时，注意不要破坏漆面。待第一遍漆喷完后，及时对造型部分的明显裂痕和不足进行修整后再上第二遍漆。待喷漆完全覆盖基础料后，将底盘进行风干。然后在山地上均匀涂刷胶液，再喷撒染好绿色的干锯末、粉化后的绿泡沫或成品草粉（用植绒机种植草坪效果更好)。在喷撒时，可以根据山的高低及朝向调整色彩的变化，铺撒完后可轻轻挤压，以增强黏接效果，然后将其放置一边干燥。干燥后，用吸尘器或电吹风将未黏上胶的草粉（干锯末或绿泡沫粉）处理掉。最后对有缺陷的地方再稍加修整即可完成山地绿化（图6－23)。

图6－22　山丘绿地底层喷色

图6－23　制作完成的山丘绿地

三、树

树的制作可分为抽象树和具象树。在任何比例的模型里，通常视树高为5～8m，再依据模型比例要求缩小树的尺寸。这样制作的的树型比较合适模型在视觉传达中的真实性。

（一）抽象树的制作

在小比例模型中，由于树的单体很小，一般制作成抽象树。在大比例模型中，有时为了简化树的存在，更好的突出建筑物，也会制作成抽象树。它们的形状一般为球形、伞形和宝塔形。由于它们的直径很小，亲自加工制作比较困难，可在市场上购买现成的圆球物，如自行车钢珠、塑料项链、干豆子、圆纽扣等喷绿色漆制成。伞状树、宝塔形树可用图钉或跳棋棋子下面黏接一杆喷漆制成。如果自己加工，阔叶树用大孔泡沫塑料制作，针叶树用细孔泡沫制作。制作时将泡沫塑料按其树冠的直径剪成若干个小方块，然后修剪其棱角，使其成为球状，再通过着色即可。有时为了强调树的高度感，还可以在树球下插入牙签或火柴棍等作树干。为了增加层次感，可以在大树之间夹栽一些树球。

利用纸制作树木，是一种比较流行且较为抽象的表现方法。在制作时，首先选好纸的色彩和厚度，最好选用带有肌理的纸张（绢丝）。然后按照尺度和形状进行裁剪，在纸片上裁剪插接口，然后将两片纸进行十字插接组合而成（图6－24）。此外，还有另一种做法，首先选择纸板的色彩与厚度，最好选用带有肌理装饰效果的纸张。然后，按照尺度与形状作裁剪，这种树一般是由1～2片纸裁剪后折叠而成。为了使树体大小基本一致，当形体确定后，可制作一个模板后再进行批量制作，这样才能保证树木的形状与大小整齐划一（图6－25）。

图6－24 纸板插接制作抽象树

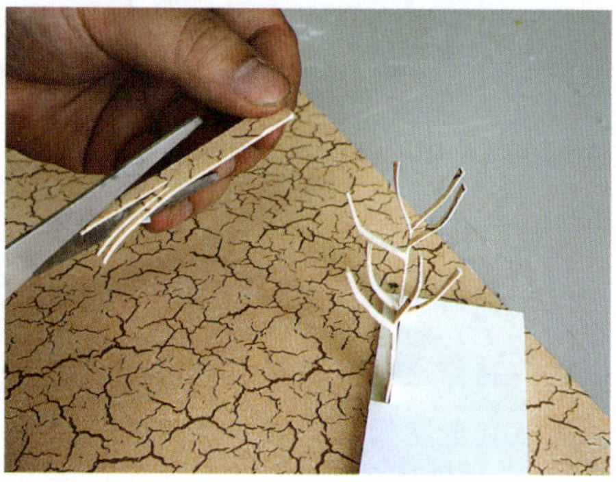
图6－25 纸板折叠制作抽象树

表现南方热带气候植物时用诸如棕榈、椰树、芭蕉、香蕉树等材料，也多用彩色卡纸卷曲、剪型、梳理而成。

（二）具象树的制作

图6－26 制作树干

在大比例模型中，通常用具象树来表现。由于南北方的气候差异和树种的差异，在模型表现时需要注意地域环境。北方以松树、梧桐树等为主；南方以椰树、红棉树为主；江、河、湖边宜以柳树为主。

梧桐树的做法为：用较硬的细铜丝或铁丝数十根绞制成树干，并按照树木的高度截成若干节，再把上部枝叉部位劈开，树干就制作完成（图6－26）。然后将所有的树干部分统一进行着色。树冠部分的制作一般选用成品树粉或用细孔泡沫塑料自己加工树粉，先将细孔泡沫塑料进行着色处理，染料一般采用广告色或水粉色。着色时可将泡沫塑料染成深浅不一的色块，干燥后进行粉碎，粉碎颗粒可大可小。然后将粉末放置在容器中，将事先做好的树干浸入立时得胶液，再将沾有胶液的树干部分放在泡沫塑料粉末中搅拌，待涂胶部分黏满粉末后将其放置于一旁干燥。待胶液完全干燥后，可将上面沾有的浮粉末吹掉。对于局部没有黏接树粉的地方，再滴上胶液（图 6-27），在其上面撒上树粉，用手指轻压树粉，使其黏接跟结实（图 6-28）。最后用剪子修整树形，整形后便可完成此种树木的制作。在制作此类树木时，应该注意以下两点：

图 6-27 滴上胶液

图 6-28 黏接树粉

（1）在制作枝干部分时，切忌千篇一律。

（2）在涂胶液时，枝干部分的胶液要涂得饱满些，在沾粉末后，使树冠显得比较丰满。

椰树的做法为：用绿色自喷漆在牛皮纸正反两面喷涂，晾干后裁剪成大小不一的椰树叶片（图 6-29），将叶片对折后剪出一条条斜线（注意不要剪断），再用铁丝或牙签制成树干，最后将椰树叶用模型胶黏于树干上（图 6-30）。固定底盘时涂上棕黑色玻璃胶，黏贴树叶时将大叶放在外，小叶放在内，呈轮生状态。干固后轻轻将叶尖往下拨，使树叶呈月牙状。

图 6-29 裁切椰树叶

图 6-30 黏接椰树叶

红棉树做法基本与梧桐树一样，只是树干高大一些，做好后用镊子将一些红色小花粉粒用乳胶黏于树干上。

柳树的做法为：用细软的铜丝做树干，枝干往下作圆弧形下垂状态，在枝干上喷撒少量的碎锯末，最后用绿色自喷漆喷涂枝干。

果树的做法与红棉树基本相同，只是树干较矮，喷撒的泡沫粉是绿、黄、红、白等色相间。

松树的做法为：将固化的大孔绿泡沫剪成圆锥体，再用小剪刀将其剪成螺旋式圆锥体。

在用具象的形式表现树木时，使用干花作为基本材料制作树木也是一种非常简便且效果较好的方法。干花是一种天然植物，是经脱水和化学处理后形成的一种植物花，形状各异。在制作树木时，首先要根据模型的风格、形式选取干花作为基本材料，然后用细铁丝进行捆扎。捆扎时应特别注意树的造型，尤其是枝叶的疏密要适中。捆扎后，再人为地进行修剪。如果树的色彩过于单调可用自喷漆喷色，应注意喷漆的距离，并

图 6－31　制作完成的各种树

保持喷漆呈点状散落在树的枝叶上，这样处理才能丰富树的色彩，呈现出非常好的视觉效果。

袋装海藻在大比例模型种可做成非常漂亮的观赏树。这些海藻有淡绿色、深绿色、棕红色、绛红色等，不用喷漆。把它们撕成大小、形状合适的比例树形，下面黏接上牙签即可。把它们点缀于高档别墅周围，给人环境良好的感觉。

树的做法很多（图 6－31），只要我们多留心、多注意，可以发现很多用来制作树的材料，如丝瓜瓤、干花、化纤洗碗方巾等，将它们加工修剪，插上牙签，喷漆后都是非常美丽的树。

四、树篱

树篱是由多棵树木排列组成，并通过剪修而成型的一种绿化形式。

在表现这种绿化形式时，如果模型的比例尺较小，可直接用绿色百洁布或渲染过的泡沫制作，按其形状进行裁剪、黏贴即可。模型比例尺较大时，在制作中就要考虑它的制作深度与造型、色彩等问题。一种做法是，按图纸的形状将发泡海绵裁剪好，在树篱底部黏贴双面胶带，将发泡海绵黏贴在双面胶带上，黏贴时用手将发泡海绵压平、压紧，再用 502 胶水强化固定。胶水干固以后，使用裁纸刀将端头修剪平整，再用小剪刀仔细修剪边缘，最后根据需要用镊子将彩色海绵粉铺撒均匀（图 6－32～图 6－35）。

图 6－32　黏贴发泡海绵

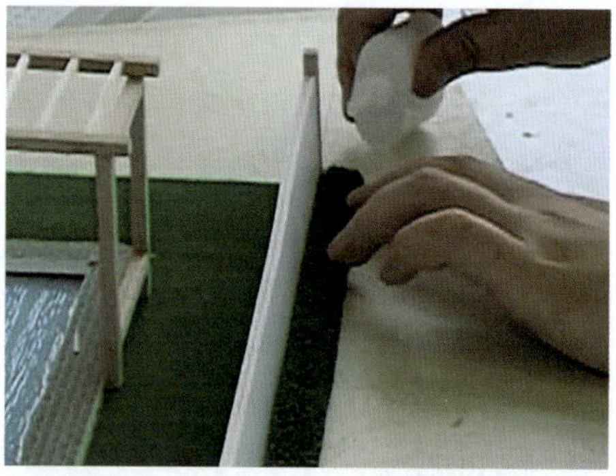

图 6－33　用 502 胶水强化固定

图 6－34　修剪边缘

图 6－35　铺撒彩色海绵粉

另一种做法是，首先制作一个骨架，其长度与宽度略小于树篱的实际尺寸。然后将染色的细孔泡沫塑料粉碎，颗粒的大小应随模型尺度而变化。待粉碎加工完毕后，在事先制好的骨架上涂满胶液，用粉末进行堆积。堆积时要特别注意它的体量感，若一次达不到预期的效果，可待胶液干燥后重复进行。

五、树池和花坛

树池和花坛也是环境绿化中的组成部分，虽然面积不大，但是如果处理得当可以收到非常好的装饰效果(图6-36、图6-37)。制作树池和花坛的基本材料可选用绿地粉、大孔泡沫塑料、发泡海绵、锯末屑和塑料屑等。

图6-36 树池

图6-37 花坛

在选用绿地粉制作时，先将树池或花坛底部用白乳液或胶水涂抹，然后撒上绿地粉。撒完后用手轻轻按压，然后再将多余部分处理掉，这样便完成了树池和花坛的制作。这里应该强调指出的是，在选用绿地粉色彩时，应以绿色为主，加少量的红、黄粉末，从而使色彩感觉上更贴近实际效果。

在选用大孔泡沫塑料制作时，先将染色的泡沫塑料块撕碎，然后沾胶进行堆积即可形成树池或花坛。在色彩表现上一般有两种表现形式：①由多种色彩无规律地堆积而形成；②表现形式是自然退晕，即由黄逐渐变换成绿或由黄到红逐渐过渡而形成的一种表现方法。另外，在处理外边界线的方法和使用绿地粉来处理截然不同。用大孔泡沫塑料进行堆积时，其外边界线要自然处理成参差不齐的感觉，这样效果更自然、更别致。

用发泡海绵制作树池和花坛参考上述用发泡海绵制作树篱的方法。

在选用塑料屑、木粉末制作时，根据花的颜色用颜料染色，然后黏在花坛内，再将花坛用乳胶黏在模型中的相应位置上。

在用台式曲线锯锯削有机玻璃时，尤其是锯红、黄两种颜色有机玻璃时，把锯末收集起来可以利用。如剪一块植绒纸涂上泡沫胶，再撒上红、黄颜色锯末，去掉多余部分就成了花坛或花圃。

第五节 装饰小品的配制

装饰小品的配制包括交通工具、电杆、路灯、人、围墙、栅栏、立交桥、路牌与交通标志、雕塑、假山石、小凉亭等。这类配景物在整体模型中所占的比例相当小，但就其效果而言，往往起到了画龙点睛的作用。现在成品的装饰小品已经非常丰富了，大部分模型公司在制作商业模型时常选用成品装饰小品。对于学校课堂训练而言，可以选用成品装饰小品，也可以自己尝试制作一些装饰小品。多数模型制作者在表现这类配景时，对于材料的选用和制作的精细程度上的把握往往不准。在表现形式和制作的精细程度上，要根据模型的比例和主体深度而定。一般而言，表现形式上要抽象化，因为这类小品的物象是经过缩微的，没有必要、也不可能与实物完全一致，只要能做到比例适当、形象逼真即可。有时，这类配景过于具象往往会引起人们视觉中心的转移，同时也不免显示出几分匠气。所以我们在制作建筑小品时，一定要合理地选用材料、恰当地运用表现形式、准确地掌握制作的精细程度，只有做到三者的有机结合，才能处理好建筑小品制作，同时达到预期的效果。

一、交通工具的配制

交通工具是模型环境中不可缺少的点缀物，可以增强环境效果。交通工具在模型中有两种表示功能。其一是示意性功能，即在停车处摆放若干车辆，则可明确提示此处是停车场；其二是表示比例关系，人们往往通过此类参照物来了解建筑的体量和周边关系（图6－38）。应该指出，车、船色彩的选配及摆放的位置和数量一定要合理，否则将适得其反。

图6－38　交通工具的配制

大比例模型中的车、船等可以直接去玩具店购买，选购时尽量选择造型简洁、色彩单一的模型，以免太花哨，有喧宾夺主之感。颜色也可以买回来后再用喷漆处理。

配制比例的车、船等可以用ABS板或有机玻璃来做。先算好汽车的尺寸，把ABS板或有机玻璃裁成所需的大小，做成长条状，等干固后锯成车形，车的前后应作斜面或圆角处理，处理后用油性马克笔对白色有机玻璃片作适当涂画，留出车窗口。如果需要较多数目的汽车，可以通过翻模复制的办法来制作。先用上述方法制作一个标准样品，然后用硅胶或铅将样品翻制出阴膜，再用石膏或石蜡进行大批量灌制，最后喷漆上色就成微型车模了。

另一种方便快捷的方法是用橡皮、木块、泥块、石膏块切削而成，先切出车头、车尾，再将车身往上收进一些，长度按所需的比例可适当放长一些，然后再喷涂色彩。这种做法比较逼真，但不能批量制作，速度较慢。

二、电杆、路灯、人的配制

路灯适用于1∶300或更大的模型中，在主干道两边、广场周围根据设计需要选用高架灯或地灯（图6－39）。在制作此类配景物时，应特别注意尺度。路灯的实际高度为6～8m，模型灯可按比例算出。此外，在设计人员没有选形的前提下，制作时还应注意路灯的形式与建筑物风格及周围环境的关系。

图6－39　路灯的配制

在制作小比例尺路灯时，道路两旁的路灯可用细钢丝或大头针制作。最简单的方法是，将大头针带圆头的上半部用钳子折弯，然后在针尖部套上一小段塑料导线的外皮，以表示灯杆的基座部分。这样，一个简单的路灯便制作完成了。黏接时要注意等距离排列。

在制作较大比例尺的路灯时，可以用人造项链珠和各种不同的小饰品配以其他材料，通过不同的组合方式制作出各种形式的路灯。地灯可采用文具店买的红、黄、白三色珠针（衬衣珠针）制作。高架灯用0.5mm粗的钢丝或漆包线（回形针）弯成折线形，套入电线塑料套管中做成灯柱，喷成白色即可。

能反映出电杆的模型，一般说来都是大比例尺模型。根据比例尺的不同要求，制作电杆的材料也不一样，可采用大头针、圆形木牙笺甚至塑料、焊条等。若需要加电线，细铜丝或细铁丝来制作，效果比较理想。

模型人可烘托建筑的繁华气氛，也是建筑模型比例的参照物。人的模型具象表示用纸板法、石膏切形彩绘法、橡皮泥塑造法等。抽象表现只能显示出头、身和双腿，选一小段电线套管，上黏一个小圆球为头，下露两根漆包线以示为腿，头、腿为黑色，电线套管所示身段为彩色，高度按比例算出。

三、围墙的配制

围墙可分成实体墙与透空墙。在制作围墙模型时，可根据具体情况加以区分。

（一）实体墙

用料可选有机玻璃片、卡纸、吹塑纸等，将其裁成小条，再用揉线法（用划针在塑料板材上划出轮廓，用颜料或粉笔灰揉进凹入的划痕内，并擦去浮在塑料表面的色料，便能清晰地看到划痕）或用绘图针管笔（0.3）分别画出清水砖墙、石墙等，也可用墙砖纸装饰墙面，最后将制作完成的墙黏在要表示的部位，用小刀修整边缘（图6－40）。

（二）透空墙

实际透空墙建筑千变万化，但制作模型可以和制作雕塑与小品一样，不必要求与实体一致，只要能给人一种透空墙的感觉即可。透空墙的制作方法如下。

1. 缝纫机机轧法

（1）取缝纫机针一根，将针头掐断5mm并安在缝纫机上。

（2）取0.5mm厚的赛璐珞片一张，大小随意。

（3）用缝纫机压脚将其压住，调好孔距，再用右手帮助缝纫机启动，左手送料，即可轧出等距圆洞直线。

（4）按墙高的要求，每条保存一排针孔裁下，黏在模型底台上就成了透空围墙。

图6－40 制作围墙

2. 贴纸法

（1）取1mm厚的透明有机玻璃片一张，大小随意，按墙高的要求裁成小条备用。

（2）取所需颜色及时贴一张，按裁好的有机玻璃片的宽度用软铅笔划好等距直线。

（3）取皮带冲子一个，其圆孔直径视围墙高度而定，在划好的直线上等距隔行打孔。

（4）用刀按线一条条裁下，黏在已裁好的有机玻璃条上，即成透空墙。如果事先在透明有机玻璃上用揉线法划出栏杆则效果更佳。

四、栅栏的配制

一般在制作模型时，栅栏可略去不做。但有些栅栏必做不可，比如桥梁两侧的护栏、体育场看台的围栏、别墅的栅栏等。

从建筑物角度看，栅栏都很细小，在模型制作上有一定难度。完全相像不容易办到，但可用近似的办法处理。

（1）在1mm厚透明有机玻璃片上视其情况划出等距平行线，用揉线法将黑色、棕色等丙烯颜料涂进划痕，擦除多余的颜料，根据栏高要求按划痕垂直方向裁下，黏在所要求的位置上即成栅栏。

(2) 根据每根栅栏垂直方向的宽度和高度，用 2mm 厚亚克力板裁剪成小条，修整边缘，再用同样方法制作水平方向的小条，然后将水平与垂直方向的小条黏接、喷漆即可。

图 6－41　栅栏的配制

(3) 用复印纸将栅栏的形状复制到 1mm 厚的亚克力板上，用刻刀进行裁切。裁切时，先将两端刻断，然后沿直线刻切（图 6－41)。有圆孔的部位可以用小钻头钻孔。

(4) 市场上出售的塑料窗纱有两种，一种是纱线能抽动的，另一种是不能抽动的。我们制作栅栏时要选用不能抽动的那种。具体做法如下。

1) 取任意大小窗纱一块，染成所需颜色。用刻刀剪刀等将窗纱剪成小条。

2) 将窗纱条用乳白胶（乳白胶干后有一定的透明度）贴在等宽的透明有机玻璃条上，干后即可使用。

五、立交桥的配制

（一）高架立交桥

高架桥制作比较简单，只要注意把桥面与路面的接头部分处理好就算成功，这里不做过多介绍。

（二）下沉立交桥

下沉立交桥做起来要比高架桥复杂，因为这种桥至少有一条路面低于地平面，在模型上就是低于底台面，因此要在底台上挖洞。挖洞可以参照第四章木板沿曲线内轮廓边缘下料的方法用手提曲线锯进行加工；也可以用凿削的方法加工；还可以用电钻沿靠近边缘内侧等间距钻孔，再用锯条插入孔内进行锯削加工。挖好洞以后用平板锉修整边缘，然后选一块与底台面相同的材料，做成等宽、等长的弧形路面，将弧顶朝下拼接到洞内，这样下沉路面便告完成。其他部分的制作在此不作赘述。

（三）多层立交桥

在立交桥的模型中，多层立交桥是最复杂的一种（图 6－42)。在制作中要细心和耐心，遇到问题要冷静分析，由于桥的形状千变万化，这里不能逐一介绍。在此只介绍桥面及桥墩的做法。

图 6－42　立交桥的配制

1. 桥面制作

桥面可用整裁零补法，这种做法适用于任何材料。具体做法如下：

(1) 取所需材料一块，将立交桥平面图绘在材料上。

(2) 按线将桥面裁切下料。

(3) 将圆环形路面与两端的直路面用相同材料黏接起来备用。为了增强黏接效果，可以在接缝的底部黏接一块略窄于路面的材料，要防止其露出来影响美观。

(4) 将环形路面略微加热，上下路面间搁置一小木块，高度为两路面的上下高度差，定型后便可以用于路面黏接。

(5) 在后期与路面黏接后，在接口不平处填补腻子，最后喷漆或表面处理时将腻子覆盖即可。

2. 桥墩

桥墩的形状各有不同，桥墩制作需要用硬度较高的材料，如亚克力、有机玻璃板材等。厚度不够时可以将几层板材叠黏在一起，制作时根据其形状，锯削加工，用锉刀修整形态与边缘，最后将其和路面及立交桥路面连接黏接起来即可。

最后，用前面已介绍过的制作方法做出人行道、栏杆、路灯等，立交桥模型即告完成。

六、铁道的配制

铁道的制作可用黑色塑料窗纱或钢筛网剪裁成小长条贴于木质黄砂纸条上即可做成，也可以在透明有机玻璃片上用油性黑针笔绘制。如果比例较大的也可以用铁丝或铜丝焊接后喷涂黑油漆制成（图6－43）。

图6－43　铁道的制作

七、广告牌与路牌的配制

广告牌与路牌由两部分组成，一部分是牌架，另一部分是广告画或交通标志图形。在制作这类配景物时，首先要按比例以及造型将牌架制作好，然后进行统一喷漆，牌架一般选用灰色。待漆喷好后就可以将各种广告画或交通标志图形贴在牌架上，并将这些牌架摆放在盘面相应的位置（图6－44）。广告画和交通标志图形可以选择合适的图片制作成所需要的尺寸，然后打印黏贴即可，选择交通标志时一定要用规范的图形。

八、雕塑的配制

模型中的雕塑十分微小，只是起点缀环境的作用，应尽量利用玩具店、精品店、首饰店、工艺品店的成品，如微缩几何形体或生肖动物等，进行合理配置。若客户有特殊要求，也可自制。自制的雕塑小品分两类，一类是抽象雕塑，可以用自行车钢丝、钢珠、不锈钢片以及不锈钢效果的即时贴制作，也可以用有机玻璃块、珠光项链、玻璃球制作；另一类是具象雕塑，可以用橡皮泥、粉笔、石膏块等材料雕刻后涂以白色油漆或金银粉。雕塑小品的底台用有机玻璃片或小木块制作，外贴岗纹板（纸），效果逼真（图6－45）。

图6－44　广告牌的制作

图6－45　雕塑的配制

浮雕常用薄铜片制作。其做法是，按比例将铜片裁好，用刻蜡纸的铁笔在铜片的背面画成图案，然后黏接在要求的位置，即成浮雕。浮雕也可以用亚克力板雕刻图案的方法制作。

九、假山石的配制

园林绿化中的假山石小品，可以用盆景中的吸水石砸成小块，用801大力胶黏成各种形状的假山。也可以用大孔苯板泡沫块切削成假山石，再用灰、白、黑三色水粉颜料涂染，并适当黏贴少数绿色草粉或花粉，效果也很理想（图6－46）。山丘坡地的陡坡石岩，山区公路的断壁石岩，也可用同样方法处理。

十、小凉亭的配制

园林绿化中的小凉亭可购买成品盆景中的凉亭（用陶土烧制的），再适当用水粉颜料填涂瓦顶色、立柱色。也可用彩色纸、牙签自制瓦顶与立柱。有的模型商店也有成品模型凉亭（金属焊制）出售（图6－47）。

图6－46　泡沫假山石的制作

图6－47　小凉亭的配制

建筑模型包含的装饰小品非常丰富，形式也异常多样，对于各种形式的表现方法也各异，在此不能够穷举，通过上面一些典型的装饰小品的制作方法的了解，在自己制作过程中不断总结经验，可以摸索到很多新方法，这也是模型制作的乐趣所在。

十一、标题、指北针、比例尺、解说词的配制

标题、指北针、比例尺、解说词等是模型的又一重要组成部分。一方面有示意性功能，另一方面也有装饰性功能。因此，制作前需要仔细选择合适模型气质和氛围的字体、确定字号大小、选择合适的部位，使整个模型上的字体颜色和材料相互协调。下面就介绍几种常见的制作方法。

（一）有机玻璃制作法

用有机玻璃将标题字、指北针及比例尺制作出来，然后将其贴于盘面上，这是一种传统的方法。此法立体感较强、较醒目。其不足之处在于，有机玻璃板颜色过于鲜艳，往往和盘内颜色不协调。

（二）即时贴制作法

很多模型制作人员采用即时贴制作法来制作标题字、指北针及比例尺。先将内容用电脑刻字机加工出来，然后用转印纸将内容转贴到底盘上。此种方法的加工制作过程简捷、方便且美观、大方。另外，即时贴的色彩丰富，便于选择。

（三）腐蚀板及雕刻制作法

腐蚀板及雕刻制作法是档次比较高的一种表现形式。

腐蚀板制作法是以1mm厚的铜板作基底，用光刻机将内容拷在铜板上，然后用三氯化铁来腐蚀，腐蚀后进行抛光，并在阴字上涂漆即可制得漂亮的文字标牌。

雕刻制作法是以单面金属板为基底，用雕刻机割除所要制作的内容的金属层，即可制成。

总之，无论采用何种方法来表现，都要求文字内容要简单明了，字的大小选择要适度，切忌喧宾夺主。

第六节　建筑与环境模型的组装

一、组装的顺序

模型各部分建筑、环境、底盘的工作配制齐全后即可进行固定组合装配。组装的程序大致如下（根据实

际操作需要，部分程序可以调整)：①布置路面；②布置人行道；③布置草坪绿化；④固定建筑物；⑤固定桥梁、围墙、栅栏；⑥固定道路绿化树；⑦配制路灯、车辆、雕塑、交通标志、凉亭等装饰小品等；⑧固定标牌文字；⑨清扫模型上的碎料灰尘；⑩固定面罩。

二、零部件组接固定的方法

建筑物的组接一般采用白乳胶液或模型胶。如果建筑物与底盘台面接触处有空隙，不稳定，可在其间填充纸片或胶片垫平。草坪纸、植绒纸的固定应先在背面喷洒少许水雾，使之有所膨胀，贴到台面上会收缩平整。树木固定可用手电钻钻眼后用棕黑色玻璃胶固定树干，以示有泥土。路灯电杆的固定要垂直稳固，如固定闪亮的路灯更要小心细致，以防弄坏灯泡。车辆的固定可用模型胶并注意车辆行驶方向的正确性。桥梁的固定要注意与路面的衔接，须要时用一来一去的两辆小车掩盖其结合部。

三、玻璃面罩的制作与固定

模型上安置面罩是防止尘埃、潮湿和人为磨损的措施，所以一般模型都加盖面罩。面罩可以放在底盘的上面，也可以与底盘用螺丝锁紧（图6-48)。面罩的制作应采用大规格的透明材料。玻璃造价低，耐摩擦性好，但重量大且易破损；有机玻璃造价高，重量轻、经久耐用，但摩擦性能差，易留痕迹。小面积的模型面罩可采用层面结构并整面组合；大面积的模型面罩需采用框架结构分面组合。前者可用氯仿注射接合，后者应用螺丝机械接合。面罩用材及设计要注意面罩上面及四周的承压力，不要出现中间低凹、四边外凸的情况。透明有机玻璃片的透明度要高，耐腐蚀要强，最好选用进口片。制作时先做四边，后做顶盖。采用氯仿注射接合方法制作时，要顺有机玻璃片接缝处由下而上注射，不要碰到周围，注射后要用力紧压数分钟。为防止运输途中面罩受损，有机玻璃片的保护膜（塑料薄膜或牛皮纸）不要全部撕掉，只需撕掉内面及外面的周边，待交货后再将膜层清除。

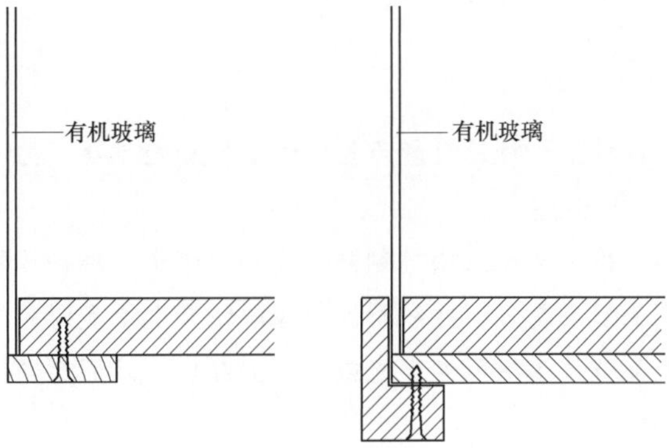

图6-48 面罩与底盘连接方式

第七章 环境艺术模型动感装置制作

环境艺术模型中的动感装置具有一些特殊的功能、如程控功能、声控功能、遥控功能、配音功能、机械传动功能、光导纤维闪光功能、照明功能、闪光显示功能、动感水面功能、真水循环功能、液晶显示功能、自动闭合功能等。这些特殊功能在模型中的应用，需要数学、电学、光学、化学、自动控制等方面的科学知识和应用技术。应用高科技手段开拓模型表现的新形式，是当今建筑与环境模型发展的新趋势和竞争的有力手段，越来越受到客户的青睐。

第一节　模型自动控制装置设计

在模型表现中通过自动化装置控制机器，使其按照预定的程序进行工作，展示其不同的设计功能。这里介绍的是模型自动控制装置机器和编制程序的方法。

一、自动控制装置机器

常见的自动控制装置机器有两种：一种是灯彩声控频闪半自动控制器，另一种是自动可编程序控制器。

（一）灯彩声控频闪半自动控制器

灯彩声控频闪半自动控制器又称半自动解说控制器，它是由电子元件构成的声光同步控制器。其工作原理是：先用录音机把模型解说词配音录制好，并在解说对应的位置上录上对应的控制信号，再用这些控制信号去控制讲解点，使被讲解点的部位产生指示性亮光或对应的动作，从而达到讲解与展示同步的效果。

（二）自动可编程序控制器

自动可编程序控制器是微电脑控制电路构成的，其功能多样。可以从头到尾依次把解说词讲完，也可以单独解说某一部分。在所有讲解过程中，闪灯可以做到常亮、频闪、循环、群闪、单闪、移动、错位、正向、反向、快速、慢速、停顿、反复等生动变化。

二、自动控制功能设计

模型自动控制功能的设计必须根据自动控制装置机器的可控负载能力以及模型展示要求两个因素综合进行。模型自动控制功能越复杂，闪灯装置种类越频繁，灯的电流负载越大，自动控制器的功耗也越高。

规划模型与单体建筑模型的展示功能有较大的区别。前者的展示功能通常要展示区域位置、区域划分、分区区界、分区功能、主要交通干道、主要桥梁、标志性建筑、车站、码头、机场、公交线路、医院、公安机关、商业网点、学校、水电设施、政府所在地、公园、影院、文体娱乐设施等的位置及数量。后者只需要展示建筑物的层次、分层功能、房间用途、公用设施位置等。因此，应根据模型功能及灯彩电流负载的大小来选择相应功耗的机器。

三、自动控制电路设计

自动控制电路的设计是将自动控制装置机器、自动控制开关、各自动控制功能点（声、光、灯、水等）进行科学、合理、安全的布线与接线的设计工作。设计时要注意以下几点：

(1) 布线要绘制详细、规范的电路图。线路符号、元器件规格应正确标注。

(2) 不同电压的电路相应以不同粗细或色彩相区别。

(3) 交流电的火线、零线和地线，以及直流电的正、负极也应标注正确。

(4) 接线端子的代号编制有序。

(5) 自动控制装置机器要设计单独的开关和保险丝。

(6) 手动/自动切换开关应连接与机器输出端与变压器输出端之间。

(7) 输入线与输出线的长度不要超过 20m。如需超过，必须采取抗噪声措施。

(8) 输入线与输出线必须分开设置，并远离任何电缆线。

(9) 计时器线圈与计时器延时触点要用不同色彩区分。

(10) 必要时要用梯形图形式（步进梯形语言的流程图）表示程序设计的内在联系。

有关模型自动控制功能、原理、电路及设计的详细知识还应参考专业书籍或求教专业人士。

第二节 模型的光导纤维装置设计

光导纤维是一种能够导光的纤维，用玻璃或塑料制成。光导纤维能使光线在纤维中弯曲传导，并能改变图像的形状。主要用于通信、电缆、医疗、光学仪器等方面。

一、光纤在模型中的应用范围

光导纤维在环境艺术模型中的应用主要有五个方面：

(1) 用于建筑物内部各房间门窗的灯光显示。

(2) 用于环境水面和草坪绿地的大面积显示。

(3) 用于道路两侧与广场周边的灯饰显示。

(4) 用于模型中建筑屋顶与沿街橱窗广告灯箱的显示。

(5) 用于模型标牌字的装饰性灯光显示。

二、光纤模型的工作原理

光纤模型的工作原理是：采用高压聚光灯作光源，光源通过定时定速、带有多种色彩的滤光片和机械转动装置的透明光学转盘，将预先设计构思的五彩缤纷的彩色光通过成千上万束极细的光导纤维传导至各显示终端，构成绚丽多彩的模型灯光显示效果。

三、光纤模型的特性与视觉效果

1. 色彩多元化

光纤模型的色彩变化比白炽灯与彩灯模型要多，每一种灯光显示功能在同一时间和同一光纤内能产生瞬间变化，表达多种渐变的色彩，而色彩的变化只需简单调整滤色片在透光转盘上方向、位置和大小。

2. 光点小而密，平面展示效果好

光纤模型由于光点直径极小（直径不足0.75mm，最小的只有0.15mm）、排列密集、发光时没有温度升高，每平方米可排列40000束左右的光纤，因此具有良好的平面展示效果。产生色光（红光、蓝光、黄光、绿光）的渐变、常亮、循环、顺逆、闪烁、跳跃等。

3. 耗电低，耐用度高

光纤的光源集中，模型中的每项灯点展示功能一般只需一个光源，每个光纤光源约0.55kW·h，它能负载2000束3m长的光导纤维，即展示2000个光点；而传统光源中，白炽灯如以15个10W灯泡并列计，至少要1.3kW·h的电能，且只能展示范围很小、光点有限的灯光显示功能。霓虹灯光源如以12组10m灯带计也至少要1kW·h的电能。因此，光纤光源要比传统电光源省电50%以上。由于光源集中，光纤导光结构简单，因此模型中使用光纤，不会像霓虹灯、白炽灯、节日灯泡那样某一部分损坏而影响整个灯光显示功能，故其失效机会大大降低。光纤技术属精密产品，不容易损坏。

4. 光纤设计制作方便，可配合不同需要

由于模型中的光源传导变化部分与光纤展示部分分开，因此不会出现漏电现象。如在模型中有真水流动循环装置功能，可将光纤的光点部分置于水中展示，可以产生变幻无穷的水光效果。

四、光纤模型制作

光纤光源、变色、纤维导光、光纤光点显示这四个组成部分的制作，要结合模型建筑物、环境、水面、底盘的制作统一考虑（图7-1）。其制作程序与方法如下：

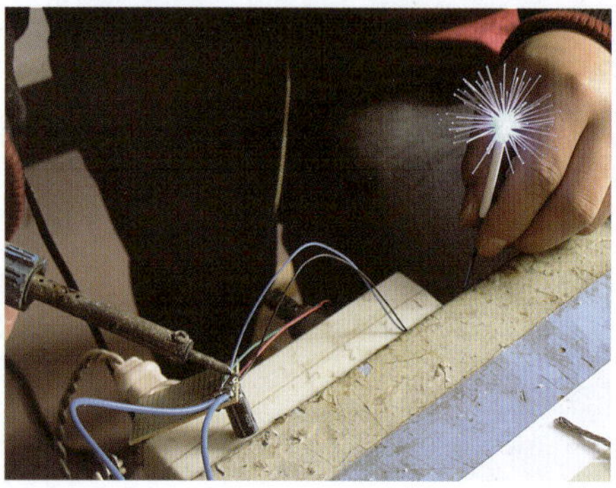

图7-1 光纤模型的制作

（1）光源设计制作要尽可能在光点附近底盘下，底盘下要制作一个灯箱，灯箱四周要钻有通气小孔，以便光纤通过。

（2）光纤光点至光源之间的距离尽可能短，以减少光信号传导过程中的损耗，光纤集中而又遇到较远距离的传输时，可采用由许多根经过技术处理的光纤组合而成的光缆来传输光信号。

（3）光纤光点的固定，要用直径为0.5mm的微型钻头在显示板（如建筑的门窗有机玻璃板、草坪底板、水面有机玻璃板等）上钻孔。光纤穿过后即用胶固定，光点要排列整齐。

（4）光纤的编排要按顺序做好标记，避免混乱。

光源及光纤材料一般在灯饰商店、仪器材料店及某些模型材料商店可以买到。

第三节　发光管显示装置设计

在制作环境艺术模型路灯、车灯、广场灯等光线较强的各类灯具时通常使用发光管显示装置。

一、发光管材料

环境艺术模型中常用的灯光显示光源有发光二极管、低压指示泡、节日泡、小米泡等（图7-2）。

发光二极管是一种晶体管，适合于点与线的表现，有单色管和三色管两种，单色管发一种光（红光或绿光），三色管能发红、绿、黄三种光。三色管实际上管内有两个发光二极管装置，三个接线，一个红光线、一个绿光线和一个共用线。当接线通往红光线时即发红光，当接线通往绿光线时即发绿光，当红、绿光线都接通时，由于红、绿色光混合的“加色”关系即成黄光。发光二极管有直径为2mm、3mm和5mm等几种规格。由于发光二极管本身具有整流作用，因此适合于交流和直流两种电源。使用时只要注意电压匹配（发光二极管电压一般为 3～6V）就行。发光二极管的亮度不高，应用时要将它置于深色显示环境之中。发光二极管的用电及电流很小，为保护其寿命，最好并联一个 15Ω 的保护电阻。

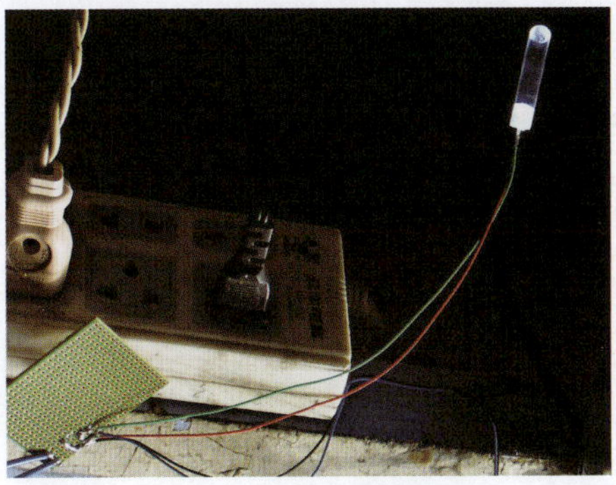
图 7-2　发光管模型的制作

低压指示泡和节日泡的色彩丰富，红、橙、黄、绿、蓝、紫均有。电压一般为 6.3V。其亮度高、价格便宜且易于安装。但发光时通过的电流大，耗电多，且容易击穿损坏，负载计算比较复杂，适合于表现大面积的照明及显示。使用时注意电线与变压器电功率的合理配置。

小米泡是直径不足 1mm 的微粒灯泡，电压为 1.5V，亮度高，但价格较贵且容易损坏。在模型制作中常用于路灯及建筑周边的灯饰表现。

二、发光管显示装置电路设计

发光管显示的电路极为简单，但也可以根据显示功能的特殊要求，将其并入自动控制系统中，成为复杂的电路（图 7-3、图 7-4）。这里介绍两种比较简单的电路：开关电路和触点电路。

图 7-3　发光管电路设计与制作

图 7-4　发光管的应用

（一）开关电路

开关电路就是常见的手动开关电路，即通过手动开关控制发光显示。其线路连接形式有并联和串联两种。

(1) 并联接法。并联接法采用低压电源比较方便安全可靠，如其中某个或某组光源损坏，不影响本组和整体光源的正常工作。缺点是用电电流较大，需要配备大功率和大输出电流的变压器以及较粗的输电线，因此造价较高，接线也较复杂费力。

(2) 串联接法。串联接法的电路线路简单、造价低廉并容易连接。由于每组光源串联电压为 220V，所以电路的绝缘问题较难处理。而且中间某组光源中有损坏，全组光源将全都不亮。

（二）触点电路

触点电路即半自动电路。它是一种利用讲解员手中讲解棒内的光源接触模型中预先设计制作的光敏电阻触点开关，从而带动延时控制电路开始工作，按指令显示发光。延时控制电路工作的时间是预先调试好的，讲解的时间一过，电路便会自动断电，电路又恢复到循环前的状态。

讲解棒控制器的制作原理是：棒尖有个小光源，小光源是一个发射指令的发光二极管。棒身由两根细电线导入棒尾，棒尾内藏按钮开关、指示灯和两个电阻、两节 5 号电池。在需要模型某部显示光源时，只要用棒尖对准触点，按下棒尾的按钮开关，小光源即发亮。触点是预先埋好的光敏电阻，光敏电阻实际是一种光导管，对光的照射的接收反应特别灵敏。光敏电阻受光后阻值发生变化，控制电路阻值一变即开始工作。延时控制装置工作完毕电路自动断开。

第四节　模型水面的动感装置设计

水面的流动感表现能使模型更加生动活泼，变化丰富。其表现形式有光源动感水面装置与真水循环流动装置两种，现简介如下。

一、光源动感水面制作

根据爱因斯坦“光的波动性”原理，在模型底盘中设置低速电动机、电子整流荧光灯、透明光转盘、水纹光学透明板以及湖蓝色半透明有机玻璃等部件，开启电源开关，便可产生光源动感水面的视觉效果。制作时要注意以下几点。

(1) 光源动感水的设计要考虑到水面的大小，合理设置光源动感点，既不过多的重复，又不留过多的空白。重复会浪费光源，甚至干扰动感秩序。空白将缺少和减弱动感效果。江河与湖海的光源动感点排列方法不同，前者采用二方连续散点式结构，后者采用四方连续散点式结构。由于光源动感点呈圆形，平行排列时圆角会出现空白情况，为防止出现空白，可采用上下两层错位排列。

(2) 透明光转盘采用薄型透明有机玻璃制作，上面贴灰蓝色光学胶纸，可用模型胶或水胶、透明胶带等黏贴。转盘的直径越大，光源动感面越大、转速越慢；反之越小、越快。直径一般以 400mm 为宜。

(3) 水纹光学透光板可用透明有机玻璃片制作，水面面积大的可用 5mm 厚的有机玻璃片，水面小的可用 2mm 厚的有机玻璃片。有机玻璃片上黏贴光学胶片条，胶片条粗，水纹就粗；胶片条细，水纹就细；胶片条平行层贴构成，水纹就平行流动；胶片条错位层贴构成，水流流动就有先后；胶片条作曲弧形贴制，水流就会旋转或向四周流动。由于光学胶片本身有正反和深浅变化，将会使水流出现顺流、逆流，向岸边流或从岸边退去等方向变化。

(4) 湖蓝有机玻璃片水面与水纹光学透光板的距离要适当。太远，水流缓慢、柔和、隐约，但比较模糊；太近，水流快、急促、直接，但真实感较差。

二、真水循环水流制作

真水循环水流装置是利用鱼缸中用的微型水泵、盛水桶、水管、水面喷水装置等制作而成，有真实的水流显示与变化，是大比例模型中表现假山小瀑布、喷水池的理想形式，制作时应注意以下几点：

(1) 水面喷水装置要有一个不漏水的小水池用于积蓄一部分水面积水，使其成为长流水。

(2) 水池下水管在水池中应稍高于池底 10mm 左右，以便保持池内始终有水。下水管安装要隐蔽。

(3) 上水管引至假山或喷水池出水口时，要设减压设施。如在出水口上 1mm 处黏接一块透明有机片，使喷泉或瀑布水流柔和自然，流动顺畅。

(4) 盛水桶要紧贴模型底盘装置，设计成活动式的，便于拆装。桶内装水不要太多，只要能够循环流动即可。

第五节　模型运动装置设计

模型的运动装置是模型外观与内构相互转换展示，或模型内部某一局部通过运动来运作。如一座在地铁上修建的建筑模型，开发商为了揭示本建筑有优越的地理位置，展示其是在地铁站上建的，因此要求在模型展示外观建筑的同时，建筑物能自动揭开，展示地铁站情况。又如某机场模型是山洞停机发射式的军用机场，模型展示时，既应看到其外观现状，又应看到其山洞内的状况，这也需要有模型传动闭合装置。模型运动装置的动力包括电动、手动、摇动等；运动方式有直线运动、旋转运动和摇摆运动等。如能掌握机械运动的原理和制作技术，对于发挥模型的多种展示设计功能是很有帮助的。

一、模型的直线闭合运动装置

建筑物受力沿直线移动的设计包括以下两点。

(1) 用曲柄滑杆装置移动建筑或建筑局部，展示地下设施。

(2) 用升降压力装置作升降运动。

二、模型局部的旋转运动装置

模型中的车辆、风车及赛马场的马群、建筑屋顶的旋转舞厅或餐厅等，都可以设计旋转运动装置，使其围绕一个固定的中心旋转，旋转的动力来源可以选用速度和扭矩适合的微型低速电动机。

三、模型局部的摆动运动装置

模型局部如园林绿化中的喷泉、儿童乐园中的千秋、门窗中的闪灯，以及车库出入口的车辆都可作摆动装置，这种运动常采用曲柄摇杆装置实现。

四、模型传动装置

模型整体或局部作各种机械运动，可以有一个总的动力来源，然后通过齿轮、皮带或链条等传动装置将动力传送到各个运动部位。如果各个运动部位距离较远，不便于动力传送，也可以采用多个动力源。

第六节　模型的液晶显示装置设计

液晶是一种具有液体流动性和表面张力的酶态晶体，又是具有晶体的光学性质的物体，是现代电子工业重要的显示材料和医疗诊断的材料。运用液晶显示技术，表现建筑与环境模型的某些特殊局部，如赛马场、运动场的比分牌显示、建筑物钟楼的时钟显示、车站码头机场的运输动态显示、银行证券动态显示、道路交通安全显示等。可以使模型的表现和显示形式更为丰富。由于液晶既能像液体一样流动，又能保持一定程度的晶体有序结构，因此，它在表现图像变化方面有较大优势，在大比例模型中的广告、模型说明、交通流向指引等方面也有应用的价值。

模型的液晶图文显示功能设计，涉及复杂的高科技问题，本书难以具体阐述。如需设计制作，一方面可以请专业人士设计制作；另一方面自己也可寻找有类似显示功能的材料改制，如液晶显示的手掌式游戏机、计算器、电子表等。只要内容相同，尺寸相似，也可改装代替。

若要另行设计液晶显示装置，作为模型设计师则要掌握其显示功能和图像成型的规律，如液晶的结构是向列型的，其分子长轴是平行的，就好像盒子里的牙签，能保持它们的取向并在任意方向上自由运动。因此，所有的文字、图案显示设计都要考虑这一点。若要进行改制，要注意拆装游戏机等材料的时候不要去拆弄液晶显示板，因为它是在电场和磁场的作用下才能排列变化，由透明体变为不透明体。拆装的主要任务只是把显示板、电路板、控制板三者分开装置。

这里简单介绍了几种常见的动感装置的制作方法。在制作建筑与环境模型时，可以根据需要表现的视觉效果，采用各种科技手段进行表现。在制作过程中遇到问题时，可以通过网络、图书馆查询资料或询问相关专业人士等途径解决。

随着新技术、新材料、新工艺的不断发展，在模型设计与制作中将会出现更多的新形式和新方法。可以预见，在未来的模型表现中、声、光、电、水、色、形方面，一定会展示五彩缤纷、新颖离奇的全新效果。

第八章
室内环境模型制作的程序与方法

室内环境模型的范畴比较广泛，主要有居住空间室内环境模型和公共空间室内环境模型两大类。其中，居住空间室内环境模型主要指家庭居住空间，如普通公寓室内环境、别墅室内环境等。公共空间室内环境模型主要指除了住宅以外的建筑内部空间，如商业空间、会议办公空间、餐饮空间、展示空间、娱乐空间、医疗空间等。

在室内环境模型制作教学中，学生可以通过模型的制作来分析室内的空间变化和装饰造型特征，并通过模型来检验室内空间的比例关系。同时，运用模型虚拟装饰材料的质感也有助于学生对材料的充分理解。室内环境模型不仅仅是室内设计师用于构思创造室内空间的辅助设计手段（图 8－1，偏重表现空间的概念模型），更是设计产品用于物业销售推广上比单纯图纸表达更为具体、生动、写实的表现工具（图 8－2，偏重渲染气氛的销售模型）。通过模型的展示，消费者可以真实全面地了解室内的空间布局、采光朝向、材质运用等一系列问题，使消费中的种种疑问得到解答。因此，室内环境模型的表现，应从建筑内部把握空间，根据空间的使用功能和特定环境，运用物质材料与艺术手法，适应人们的生理、心理要求，精心组织模型制作。

图 8－1　概念模型

图 8－2　销售模型

室内环境模型的制作比例一般都较大，适合于家具制作和装饰装修的表现。根据剖面的形式可以分为横剖和纵剖模型。模型的横剖指从建筑的横断面，即一般门窗的位置切开，用于表现室内房间朝向、位置、关系、空间格局、展示不同空间的使用功能和装饰气氛。纵剖指从建筑的竖向切断，剖切位置中包括交通枢纽（楼电梯空间）和空间竖向变化丰富的部位，用于表现室内的纵向格局、不同楼层的功能分区、交通连接方式、空间立体变化。

室内环境模型主要用来表现室内的空间关系、装饰与家具造型、材质细节等，更加注重对细节的表现。因此对模型材料也有更细致的要求，尽量做到贴近现实物体，在现有的模型材料中寻求最为符合于原质感的材料。如玻璃就选用无色或有色有机玻璃或塑料片表达，地板则可采用胶板或 PVC 板划线表现，墙面使用胶板、PVC 板或 ABS 板制作，如有需要可以选择装饰性强的壁纸，栏杆采用机刻 ABS 板或金属丝制作，在材质上可更加贴近现实物体。

第一节　室内环境模型的框架与墙面的制作

室内环境模型的框架与建筑外观模型的框架不同，内视框架在模型完工后是可见的，而建筑外观框架在模型完工后是被掩盖的。因此，前者的制作应更加规整、细致、严格、符合实际。制作步骤如下。

一、底盘制作与图纸放样

参考第六章底盘制作的方法制作室内环境模型的底盘。

参照第四章图纸复制的方法将图纸放样到底盘上（图 8－3、图 8－4）。

二、墙体隔断与制作

用于制作室内环境模型的建筑用途多半是商用写字楼、商场、住宅一类，因其用途不同建筑结构也不尽相同。写字楼一般采用走廊式；商场一般采用敞开式；住宅一般采用单元式。无论哪种形式，在模型制作中对墙体隔断就是按建筑图纸的分割，表现室内的空间格局。

墙体隔断的理想材料是透明亚克力板、半透明亚克力板和泡沫塑料板等，制作的方法如下。

图 8－3　底盘上铺复写纸

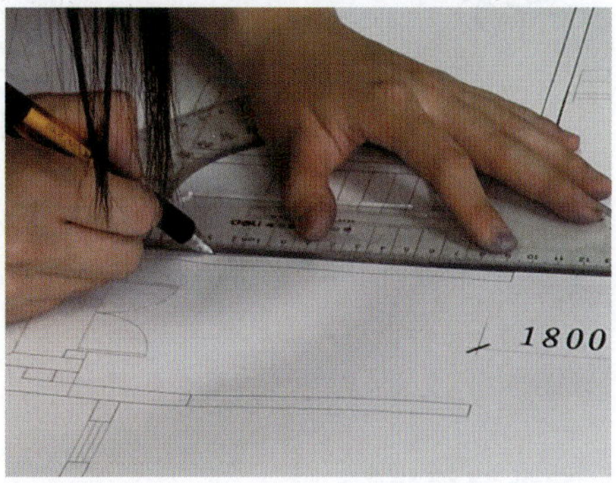

图 8－4　描图复制到底盘

（一）切挖嵌入法

按内外墙比例尺寸裁好乳白色有机片或泡沫塑料板（厚度以 3～5mm 为宜）。切挖掉门窗及空调位置，嵌入薄型透明有机片或胶片作为门窗玻璃。然后将各块内外隔断的墙体，按放大后的室内平面图的格局黏接起来（图 8－5、图 8－6）。

图 8－5　切挖掉门窗

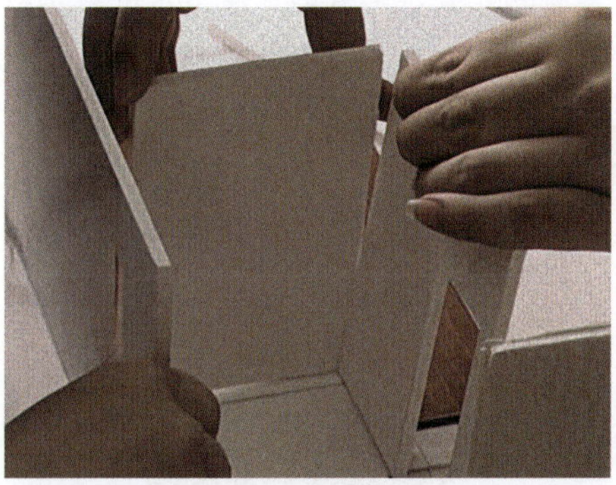

图 8－6　黏接

（二）透明封墙法

为了便于观看室内环境模型的展示效果，建筑外墙常用透明亚克力板制作，建筑内墙用半透明亚克力板制作。按内外墙比例尺寸裁好板材，挖去门窗位置，然后将各块内外隔断的墙体，按室内平面图的格局黏合起来，再对各面隔墙顶上裁切的断面用抛光机进行抛光处理即可。有时根据标示分区的需要，用不同色彩的胶片条对隔墙顶上进行贴饰。

墙体制作时，下料要方正，切剖处打磨平整。墙体黏接时接缝要细腻，胶痕隐蔽。需要时用原子灰修补，细砂纸打磨。

三、墙面与门窗的装饰

（一）室内墙面装饰

室内墙装饰可选用发泡墙纸或细纹绢制作。色彩宜淡雅，图案纹样越小越好。制作时，先将墙纸背面贴满宽双面胶带，然后将其贴在墙面上并裁剪掉多余的墙纸，修整边缘（图 8－7、图 8－8）。也可以用双面胶带只黏贴在墙体的四边上，中间留空，然后黏贴墙纸，修整边缘。黏贴墙纸可以墙体黏接完以后黏贴，也可以在墙体黏接前黏贴。

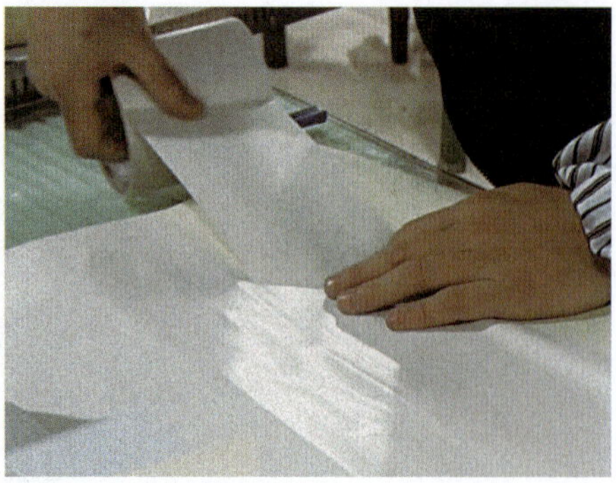

图 8－7　墙纸背面满贴宽胶带

图 8－8　黏贴墙纸

（二）室外墙面装饰

室外墙体构筑完成后，外墙同做建筑主体模型一样做色彩、质感处理，增添建筑外观的细部装饰。外墙装饰可选用制作模型专用的过胶墙砖纸、石纹纸或镭射纸。

（三）门窗装饰

玻璃门、玻璃窗的制作可在透明有机门、窗口上用不锈钢效果的即时贴裁成细条贴制窗框，门框。木门在门口两面贴上木纹纸装饰，并用细小的白色即时贴条装饰。开启的门还要装饰门框的上边与两个侧边。窗台与窗帘盒可用细卡纸条黏贴。窗帘布可寻找柔软精细的花布制作。

图 8－9　裁切地板纸

四、室内地面的装饰

地面的装饰可以运用不同材料和色彩，以区分房间的不同用途。如公共用地用岗纹纸铺地，以显示花岗石效果；办公室地面用方眼纸铺地，以显示瓷砖效果；厨房、阳台、卫生间地面用石纹纸铺地，以显示大理石效果；客厅、卧室地面用墙毡或地板纸铺地，以显示地毯或木地板效果（图 8－9）。有会议室、舞厅、餐厅和电梯口墙面的装饰也可以用类似地面的材料。地面装饰的同时，地脚也应随同地面做相应处理。

五、楼梯、电梯的制作与装饰

（一）楼梯制作

室内楼梯可用 ABS 板、有机板、岗纹板、木纹板等叠层制作。楼梯栏杆可用 ABS 板裁切镂空加工出栏杆的图案，再在扶手两边各黏贴一层薄 ABS 条增加其厚度，然后作喷涂处理（图 8－10）。

（二）自动扶梯

室内自动扶梯可选用 ABS 板、有机板叠制后作黑色喷涂处理，扶手边可贴黑灰色即时贴条或黑色橡皮筋。

（三）升降电梯

室内升降电梯应做敞开式的。可用白色有机片做一个小方盒。内贴墙毡作地毯，贴不锈钢效果即时贴作门和墙面，墙面上再贴银色镜面 PVC 胶片或有机玻璃，组装时再放置几个模型小人。

（四）观光电梯

观光电梯可用透明有机片弯曲或透明小药瓶制作骨架，再用不锈钢效果即时贴线装饰，并铺上墙毡或地毯。

图 8－10　楼梯的制作

六、室内外立柱的装饰

室内环境模型的立柱、横梁与天花一般不用制作与装饰，以显空间感。但有些公共建筑如商场、大堂、舞厅等的立柱需要表现时，就可以按第五章建筑立柱的表现方法，显示不锈钢柱、木柱或石柱的装饰效果。

第二节　室内家具模型的制作

室内环境模型的家具表现是体现室内空间格局、大小、使用功能等方面的重要内容。室内家具风格要同物业的档次、销售对象、室内设计整体构思相匹配。制作人员要多了解国内外家具业发展，掌握时尚家具的流行款式，根据不同房间的使用要求来配备。家具在模型中的表现应与室内的装饰色调相协调。制作时要注意模型比例和家具尺寸，配置时要力求具有典型代表性，精炼而不繁杂。使空间合理利用的同时，又显得宽敞而舒适，而不能拥挤而狭小，家具尺寸宜小不宜大（图 8－11）。

图 8－11　家具的制作

室内家具随着现代设计艺术与技术的发展，已派生出许多品种，如木制家具、金属家具、塑料家具、布制家具、竹制家具、皮革家具、充气家具等。其风格有中式、西式、组合式、活动式等。不论何种材料与款式的家具，均受人体工学的原则限制，即以人使用家具时感到舒适、方便、实用、美观为原则。因此在配制家具模型时，需注意家具自身、家具与家具之间、房间与家具之间的高度、长度、深度和开合程度均要符合人体工学和比例要求。

室内环境模型家具款式和材料的选择要统一，不要东拼西凑。制作室内家具材料品种很多，纸板、ABS板、有机玻璃、石膏、油泥、布艺、泡沫苯板、木板等都可以用来制作家具。工艺上也是因地制宜、多种多样。可用电脑雕刻机制作出各式图案的构件，再将其黏接组合成各种家具；也可用翻膜技术与热加工技术结合制作造型特殊的曲面家具。各种家具及配件最后均要经喷漆或贴面处理达到仿真效果。模型制作前，要将常用的材料准备充分，各种木质、钢质、竹质、皮质、玻璃等质感的表现都要寻找相应的材料。

一、纸材家具模型的制作

纸材是模型制作中最常用到的材料。运用白卡纸、灰纸板制作办公桌、组合柜、床头柜等板式组合家具，既方便又美观大方。制作时根据家具模型统一的深度将纸板裁成条状，再按家具的各个面裁切成零部件，最后用白乳胶黏合起来。如需装饰可先在纸板上黏贴即时贴，做好后再在侧边黏贴即时贴细条。纸材模型的强度与硬度较差，同时不易制作出弧面的造型。

二、ABS 板家具模型的做法

ABS 板是一种常用的室内家具模型材料。ABS 板家具模型的制作方法是：根据家具模型设计工程图，用电脑雕刻机雕刻出家具的各个部件，根据需要表现的质感效果选择合适的涂料，对各个部件进行喷涂处理，最后将喷涂好的家具部件进行黏接。如果先黏接后喷涂，需要遮挡，但由于模型较小，不容易遮挡。如果家具是单色的，可以黏接好以后再喷涂。这种做法可以表现多种逼真的材质质感，制作方法简单、快捷，尤其是用电脑雕刻机批量制作时，效率非常高。

三、泡沫家具模型的做法

泡沫苯板和墙毡或植绒纸及其他装饰布，是制作沙发、软床的理想材料。制作时选用小号墙纸刀按长、短或转角沙发模型设计图，进行切挖制作。然后按切挖后的模型尺寸，裁剪墙毡或其他装饰布，最后用白乳胶或双面胶贴在模型上，即成真实感较强的沙发模型。制作软床也可使用同样的方法，在黏贴装饰布后再用小刀刻划方格，以表现其凹凸感的缝纫机线纹，最后再用纸板贴装饰布的方法制作床架，将两者黏接即可。泡沫材料的密度较差，在切割时要格外小心，如果出现粗糙的边缘，可以利用砂纸进行打磨。如果需要着色，可以采用丙烯颜色进行涂饰。不能采用喷漆的办法，因为油漆会腐蚀泡沫。

四、有机玻璃家具模型的做法

玻璃柜、玻璃餐桌、玻璃茶几等家具模型可以用茶色或透明有机玻璃制作。玻璃柜的制法是：用有机片制成家具框架后，再用黑色或不锈钢效果的即时贴裁成细线，贴于家具的边框、柜门及抽屉的轮廓线上。玻璃餐桌及茶几的制作方法是，先在裁好的桌面四边贴上即时贴细线，再用黑色硬质细电线或铁线弯折成桌腿，最后用模型胶把桌面与桌腿黏合即可。

五、钢质家具模型的做法

选用自行车钢线、不锈钢线、铁丝、黑色塑料电线制作桌椅腿，并配上墙毡可制作坐垫；易拉罐铝片可制作桌面；也可做成钢质扶手靠背椅及桌子模型。

六、油泥家具模型的做法

油泥材料是当前常用的模型材料，油泥材料加工简便，并且可以批量生产。可以采用喷漆的形式。这种材料适合制作沙发、电视柜、室内洁具、厨房设施及电器模型。

七、制作案例

（一）椅子的制作方法

（1）制作椅子的支撑前腿和座面的撑架。用钳子截取适当的长度的铜棒（半径 1mm），注意留有合适的加工余量。用金属三角锉在转角处锉出 1mm 的 V 形槽，然后将其弯成直角［图 8－12（a）］。

（2）将直角放在图上，然后在适当长度处用美工刀做标记，用钳子剪断，将端口锉平［图 8－12（b）］。

（3）用同样方法制作椅子的后腿。

（4）将两根铜棒用胶带固定在工作台上，然后将其焊接在一起，若加入不锈钢助熔剂，更便于焊接。

（5）用 1mm 厚的 ABS 板做靠背和座面。首先裁切适当的长度与宽度，注意留有合适的加工余量。若椅子的靠背略微有弯曲，用热风枪加热使其软化。将软化后的 ABS 板按于形态适合的圆筒状物体上（压型的母模）压型，使之变形成所需的圆弧面，冷却成型，此时需要佩戴隔热手套［图 8－12（c）］。

（6）冷却后用锉刀修整尺寸。

（7）用砂纸将表面打磨光整［图 8－12（d）］。

（8）喷漆。由于椅子的四条腿与靠背、座面的材质都各有不同，因此需要分别喷漆。首先将椅子的四腿黏于双面胶上，将椅子站立放置，喷涂黑色颜料。靠背和座面由于需要呈现布料的质地，需要分几步喷漆。开始几次轻轻地瞬时喷漆，这样就不会使表面光亮。接着在距离 50cm 处喷雾。这样就制造出布料的粗糙质感［图 8－12（e）］。

（9）待漆面干燥后，用聚苯乙烯材料胶黏合椅子的四腿、靠背与座面。

（10）待聚苯乙烯材料胶充分硬化，即完成制作［图 8－12（f）］。

(a)

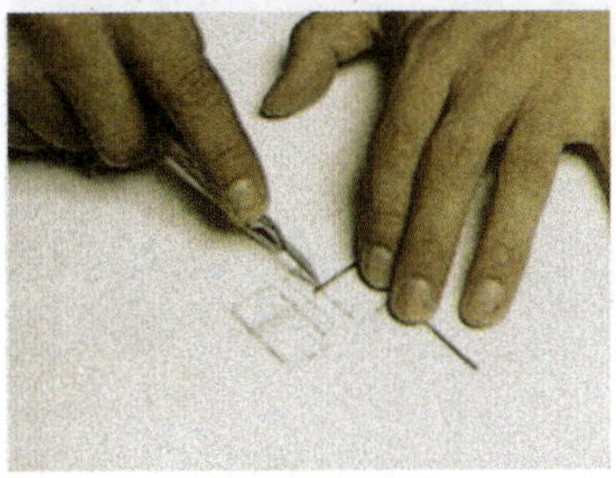
(b)

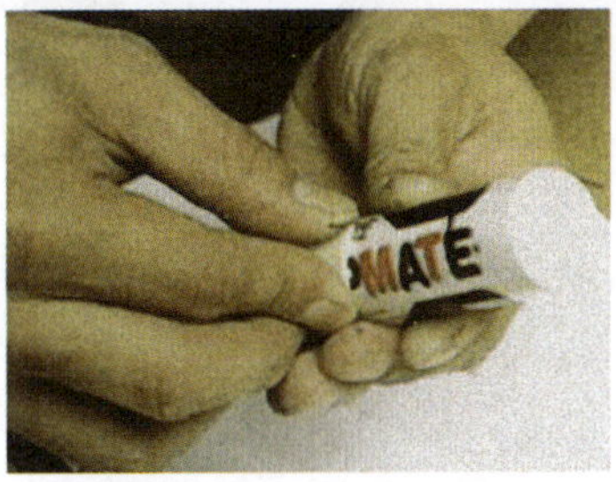
(c)

(d)

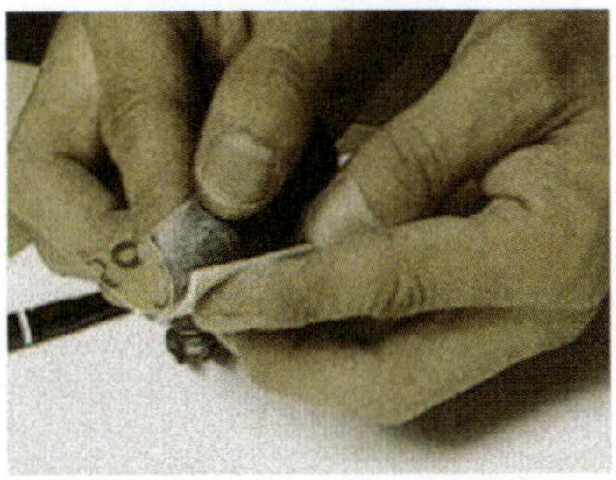
(e)

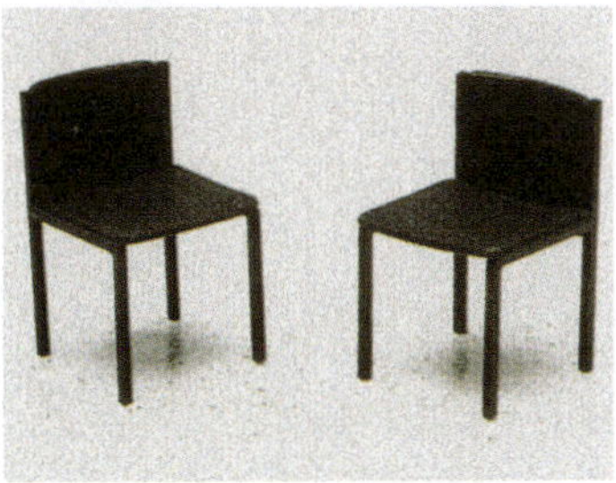
(f)

图 8－12 椅子的制作方法

（二）高脚凳的制作方法

（1）首先确定各部分图样［图 8－13（a）］。

（2）准备一根细铜棒（直径 0.7mm）用于制作凳子的前腿。用钳子截取适当的长度的铜棒，将铜棒平放在工作台面边缘处，用钳子一侧对准要弯曲的位置夹紧并缓慢向上弯折。注意不要一手抓金属线，一手拿钳子弯折，这样容易发生弯曲变形。首先将铜棒弯曲成 U 形，然后用钳子将弯曲部位调整成直角。再将 U 形铜管的两边向上弯曲成直角，弯曲后的上半部分就是凳子的前腿［图 8－13（b）］。

（3）用同样的方法制作凳子的后腿与前腿的横梁。

（4）将构件多余的部分用钳子剪去，将端口锉平［图 8－13（c）］。

（5）将所有横梁用胶带固定在工作台上，然后将其焊接在一起。在前腿与后腿中间夹一个尺寸合适的方块，将前腿、后腿与横梁连接好，然后用胶带固定，依次焊接［图 8－13（d）］。

（6）用金属锉刀打磨焊接处的表面，用砂纸打磨表面使其平整［图 8－13（e）］。

（7）加入中性洗涤剂的热水清洗表面污渍。

（8）用 1mm 厚度 ABS 板裁剪出座面，并用丙烯材料胶固定。充分喷涂黑色喷漆，若座面是不同颜色的，则分别喷涂不同的颜色。

（9）待漆面干燥后，用聚苯乙烯材料胶黏合凳子的四腿、靠背与座面。

（10）这样，高脚凳便制作完成［图 8－13（f）］。

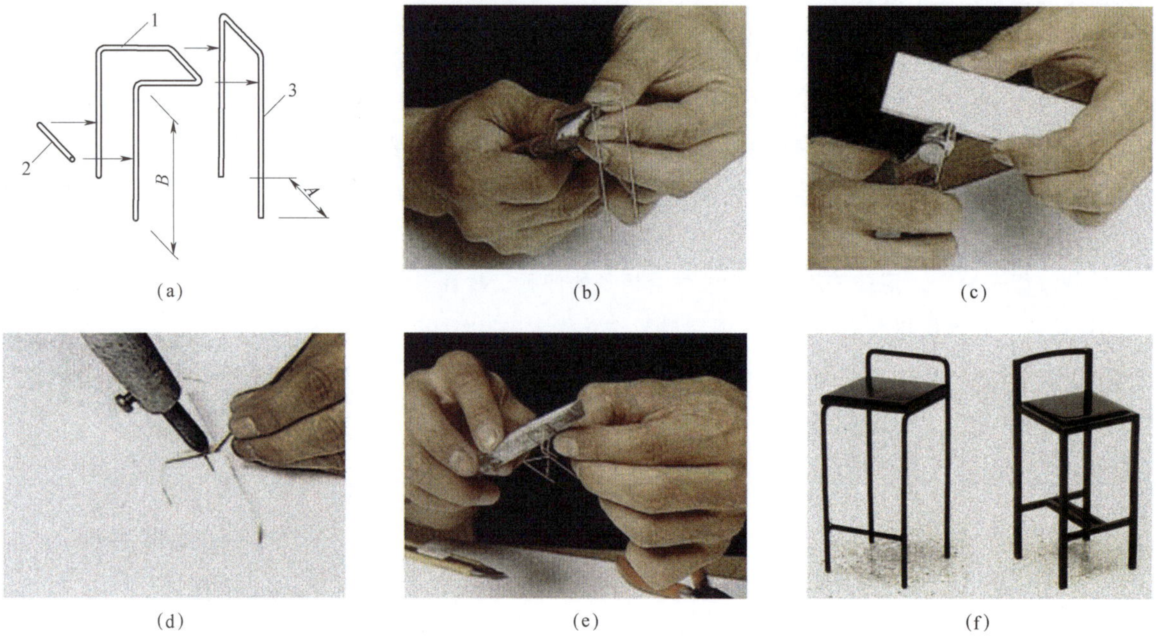

图 8－13　高脚凳的制作方法

（三）用氯乙烯板制作简单桌椅的方法

（1）在氯乙烯板上量出椅子的宽度与总长度，裁切下所需的板料［图 8－14（a）］。

（2）用美工刀在三处需要垂直弯折的地方刻划切割线。一处是在靠背和座面的交接处（在反面划线）；一处是在座面和前腿的交接处；一处是在前后腿的交接处。

（3）沿椅子的弯折切割线处，逐次弯折［图 8－14（b）］。

（4）弯折处加透明胶。

（5）在座面下方与上方加入泡沫垫块，用纸包裹起来（保护表面），再用胶带固定。

（6）加固造型后，喷涂黑色喷漆，椅子模型就做好了［图 8－14（c）］。这样的简单椅子模型十分适合放在小型室内模型展中。

(7) 根据桌面和底座尺寸用划规在0.5mm厚的氯乙烯板上裁切所需的板料。

(8) 用开孔器在给桌面和底座的中心钻孔 [图8-14 (d)]。

(9) 裁切一段塑料棒插入孔中并用速干胶水固定。

(10) 整体喷涂。

(11) 制作完成 [图8-14 (e)]。

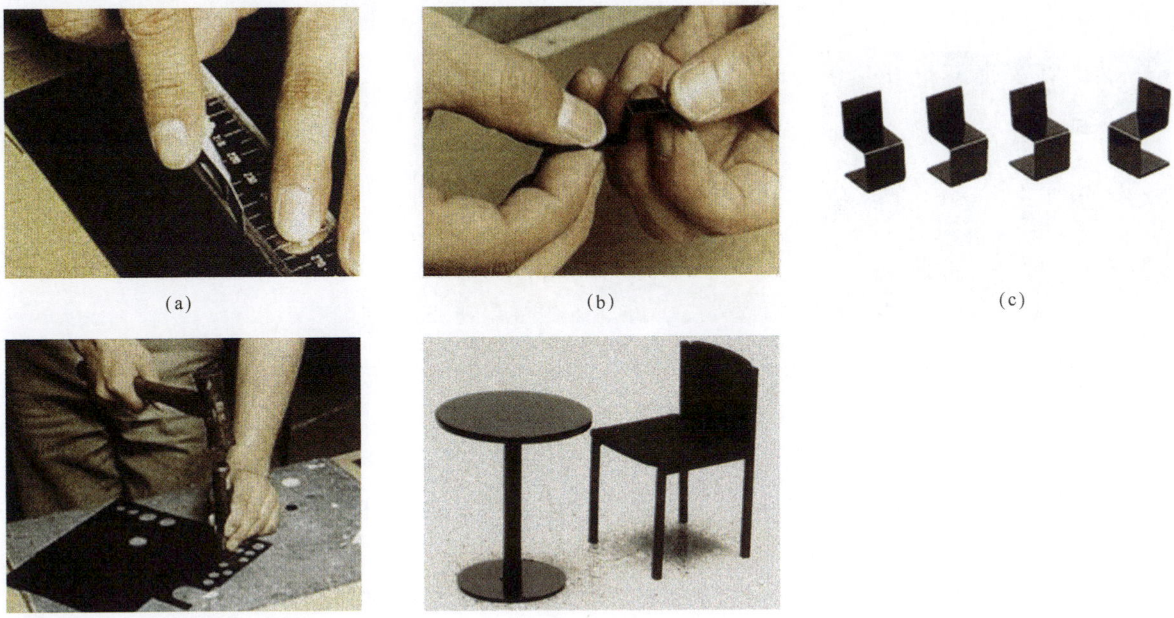

(a) (b) (c) (d) (e)

图8-14　简单桌椅的制作方法

(四) 沙发的制作方法

(1) 准备3mm厚的ABS板做沙发的靠背和座面的垫子，根据图纸裁切尺寸合适的板料，裁切时应该留有加工余量。根据加工者的技术的不同，所留的加工余量也有所不同，一般留有2～4mm的加工余量 [图8-15 (a)]。

(2) 用锉刀修整各板料的尺寸，打磨边缘。

(3) 在靠背和座面凹槽位置用三角金属锉锉削，以做出自然圆滑的效果 [图8-15 (b)]。

(4) 沿垫子周边来回将其锉圆 [图8-15 (c)]。

(5) 接着用1mm厚的ABS板制作一个可以放入垫子的沙发外框。依图纸准确切出四块材料。一块做靠背，两块做扶手，另一块做座面 (用来放垫子和做加强材料)。将尺按在板上，用美工刀沿尺划切割线，然后弯折，使其折断 [图8-15 (d)]。

(6) 用锉刀修整各板料的尺寸，打磨边缘。

(7) 用速干胶黏合各个部分 [图8-15 (e)]。

(8) 在各部分涂刮腻子，待完全风干后用600号左右的砂纸修整表面的凹凸部分。

(9) 喷涂颜色。在距离模型约50mm远处轻轻喷涂覆盖一层颜料，这样颗粒状就会形成布料一般的质感。

(五) 餐边柜的制作方法

(1) 先根据原型照片 [图8-16 (a)] 作图纸。

(2) 按图纸切割1mm厚的ABS板，制作餐边柜及柜门各个面板 [图8-16 (b)]。若柜门是处于关闭状

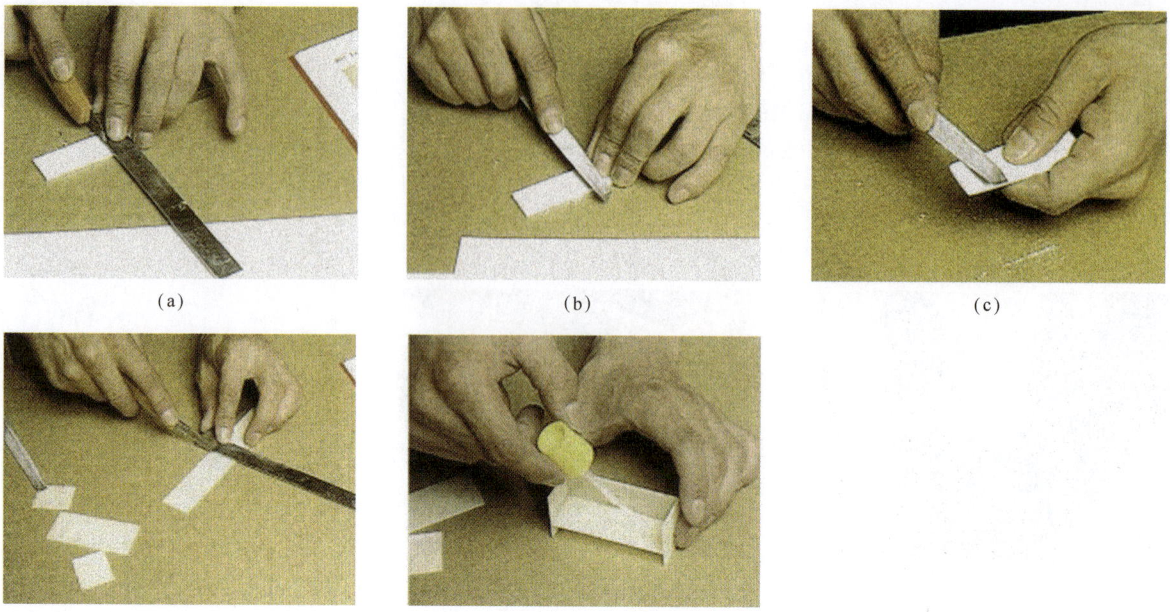

(a) (b) (c) (d) (e)

图 8－15　沙发的制作方法

态的，则可以使用一块 ABS 板制作完成。

（3）在柜门上切出玻璃窗孔。先用美工刀或钩刀刻划切割线，然后用棉质纸拓上铅粉，使线条更明显一些。用美工刀继续刻划出 1mm 左右深度的切割线。从反面对齐切线用手指轻压会出现一条白线。从反面沿此白线切线再进行切割，直至全部切断。因为若只切割单面可能很难将材料全部切割下来。

（4）用自制打磨工具打磨各个面板的边缘。将砂纸剪成适当宽度，这样能打磨到任何细微的部分［图 8－16（c）］。

（5）将 0.3～0.5mm 的有机玻璃板切割成合适的宽度，留有黏接位置。

（6）将餐边柜各个面板（除柜门外）进行黏接。黏接时，先将各面装配在一起，检查尺寸是否合适，避免黏接完成后出现错缝的现象。尺寸确定无误后，用低黏度胶带进行固定，再用氯仿进行黏接［图 8－16（d）］。

（7）用 2mm 的 ABS 板制作柜腿，并将其黏接［图 8－16（e）］。

（8）将餐边柜各个面板及柜腿进行涂饰。先用表面涂料打底，再均匀涂一层深色丙烯颜料，待其完全风干。注意颜料干透后颜色会变浅，因此，待干燥后检查颜色。然后加入少许白色颜料与一定比例的水进行混合稀释，轻轻涂刷，刷子的不规则笔触可以制作木材表面的纹理效果［图 8－16（f）］。

（9）给玻璃镶上金属饰物［图 8－16（g）］。仿照照片用细铁丝制作金属装饰条，将其黏接在玻璃表面。

（10）制作圆形饰物［图 8－16（h）］。在黑色即时贴上用直径 1mm 的冲子冲出圆孔，然后将即时贴贴在玻璃表面。

（11）将玻璃黏接在柜门上，再将柜门与橱体进行黏接［图 8－16（i）］。

（六）床的制作方法

（1）先根据照片［图 8－17（a）］作图纸。

（2）根据床体尺寸切割出一块泡沫塑料作为床体内芯，如果厚度不够，可以采用多层叠加的方法制作。

（3）根据图纸制作一个模板（包含床沿褶皱的尺寸），以便根据模板切割泥片。图纸中“W”和“D”是指床的实际宽和长。“A”是表示床沿的褶皱部分的尺寸［图 8－17（b）］。

（4）用雕塑泥或油泥制作床罩。在 ABS 板或氯乙烯材料板上撒上婴儿爽身粉或滑石粉，将雕塑泥放在

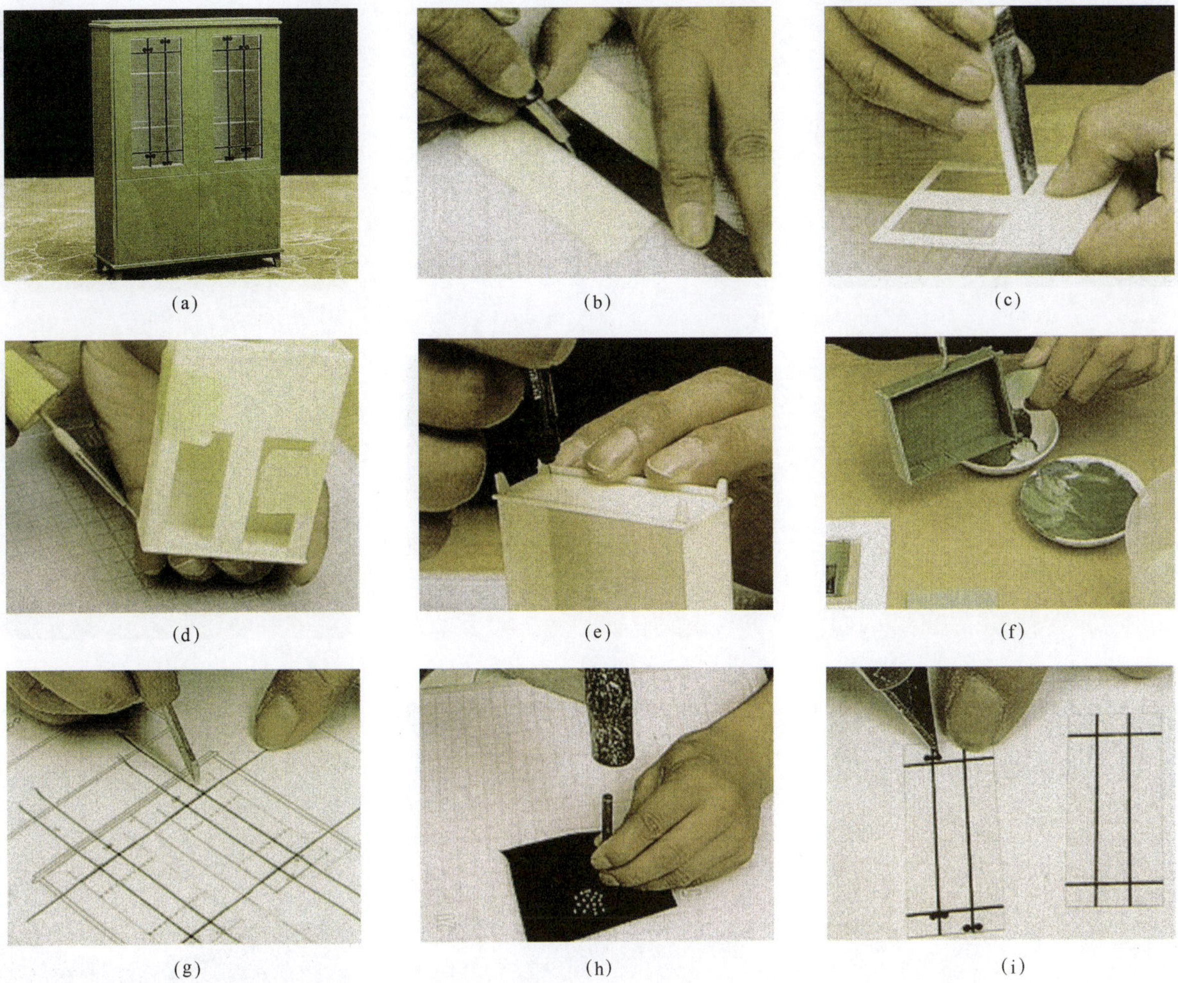

图 8－16 橱柜的制作方法

板上用滚筒横向纵向滚压至 2～3mm 的厚度，再撒一层婴儿爽身粉或滑石粉［图 8－17（c）］。

（5）根据模板尺寸将泥片切割成所需要的大小。

（6）把泡沫塑料放在泥片上压出大致的模型［图 8－17（d）］。

（7）用聚苯乙烯材料板压平基泥，并在各个边蘸些水［图 8－17（e）］。

（8）接合各个边，注意要将边缘对齐，用手指捏合切割口。

（9）用不锈钢直尺将花边顶端轻轻压平［图 8－17（f）］。

（10）若开始出现干燥的趋势，可以用刷子蘸水使之保持湿润。

（11）用雕塑刀在床沿刻槽并做成花边的形态。将雕塑刀的刀尖和花边的顶端对齐，然后慢慢向下划线。注意保持雕塑刀的湿度。切槽之间用尖头雕塑刀的刀尖部分轻轻压出褶皱，静置 1～2 天后待其风干［图 8－17（g）］。

（12）等完全风干后去除掉模板，用砂纸仔细打磨褶皱处，褶皱的上半部分可以用平整的砂纸进行打磨，为使造型保持一致，底部也建议使用平整的砂纸打磨［图 8－17（h）］。

（13）装入泡沫塑料内芯，完成整个制作过程。

（14）完成后的效果图［图 8－17（i）］。表面颜料采用白色喷漆。为反差出内层的蕾丝花边，可以在底部贴一层 5mm 宽度的胶带作为遮蔽，然后喷涂白色颜料。床头的部分是经过焊接的铜棒。铜棒的顶端是穿过 ABS 板打洞做成的。若将 ABS 板贴在丙烯材料板上作模板则更易于进行焊接。靠垫部分使用雕塑泥做成。

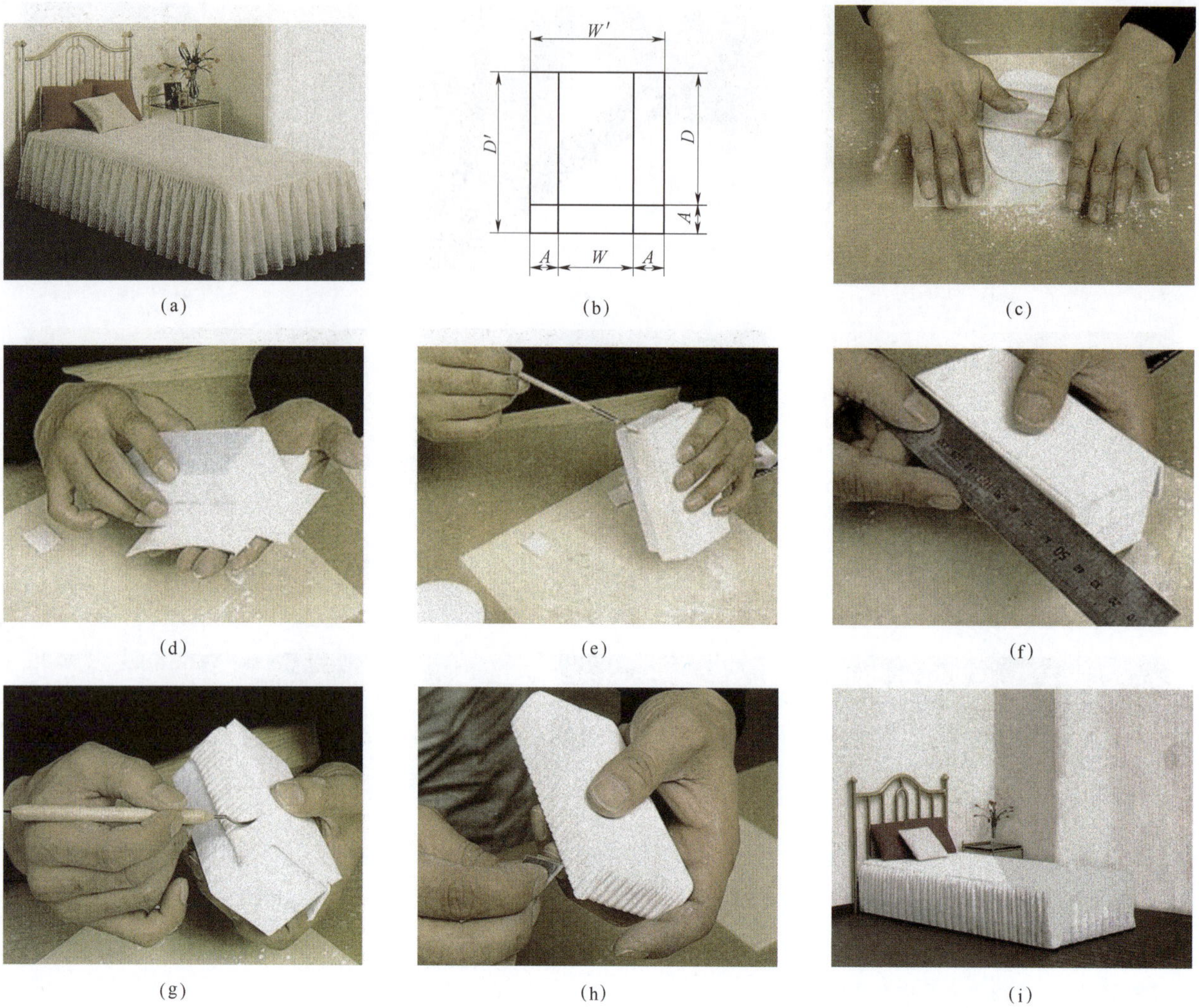

图 8－17　床的制作方法

（七）硅胶模具的制作以及复制模型的方法

我们经常会遇到这样的问题，如何对模型进行大批量的复制？在此以沙发为例介绍硅胶模具的制作以及复制模型的方法。

（1）先用双面胶带将沙发模型底部固定在聚苯乙烯材料板上。四周和顶端留出 15mm 的间隙，然后用聚苯乙烯板做模具的围板，用胶带固定［图 8－18（a）］。

（2）在一个较大的容器中将硅胶和硬化剂按说明书要求的比例混合，慢慢调和以免混入小气泡。

（3）沿模具的边缘慢慢倒入硅胶，静置一天。待硅胶硬化后除掉模具，取出模型［图 8－18（b）］。

（4）在杯中倒入等量的 A 和 B 铸件剂。随后将其倒入橡胶模具中直至倒满为止，若边上有气泡，可以迅速用针尖挑开［图 8－18（c）］。

（5）1 分钟后硅胶就开始硬化了，约 20 分钟后会完全硬化。等硬化了以后，将其从橡胶模具中剥离出来。若要重复做很多次，则使用喷剂式的表面润滑剂喷涂模具内外，这样会有助于模型的持久不变形［图 8－18（d）］。

（6）底面用砂纸磨平［图 8－18（e）］。

完成后的效果图［图 8－18（f）］。这样的模型可以进行无限制的复制。若要喷漆，则先用中性洗涤剂充分洗干净，待其完全干透以后再进行喷漆。若不事先经过清洗，表面颜色容易脱落，特别是使用了表面润滑剂之后则更需要清洗干净。

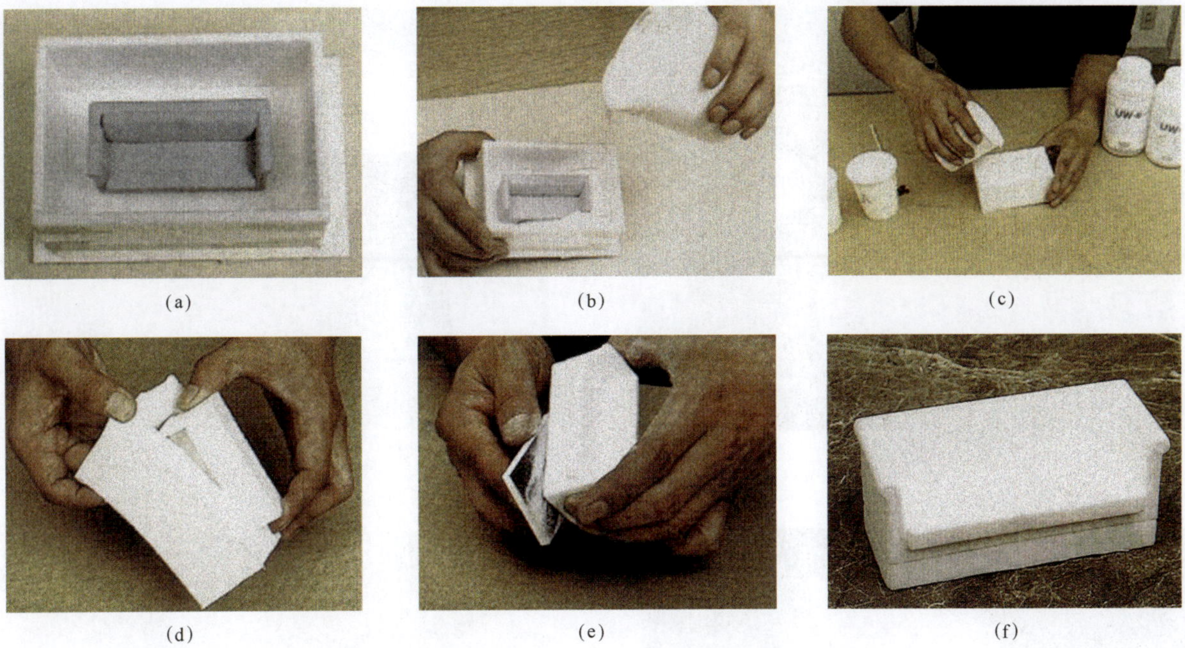

图 8－18 硅胶模具的制作以及复制模型的方法

第三节 其他室内陈设与装饰品制作

一个优秀生动的室内环境模型除了正确地表现室内外墙体构造装修、室内家具布置外，还需要其他室内陈设与装饰品来做点睛处理。其他室内陈设与装饰品多种多样，根据模型制作者的审美情趣和文化品位不同而丰富多彩。常见的有卫生洁具、厨房用具、家用电器、室内绿色植物、花卉、装饰画、雕塑、陶艺、灯具、装饰布艺（如沙发靠垫、床上用品、椅垫）、壁挂、装饰地毯、书籍等。它们的做法和所用材料可谓五花八门、因人而异，但基本手法也是由模型制作的基本技法演变而来。室内陈设与装饰品制作能使室内环境与气氛更富有生机，虽然零碎细小繁多，但做成后也别有风味（图 8－19）。装饰品的制作更要求制作者要具有丰富的想象力、创造力，注意在平日多积累素材，学习现实中的室内陈设，不断提高自身的生活品位。

一、卫生洁具模型的制作

一般卫生间的洁具包括浴缸、坐厕、洗手盆三大件。可以用石膏块、油泥雕刻或聚酯树脂材料倒模等的方法制作，做好后再用自喷漆（白色或玉色）喷涂，也可以购买现成的卫生洁具模型。

二、厨房用具模型的制作

现代厨房用具主要有橱柜、灶具、洗菜池、抽油烟机、消毒柜等。厨房用具的制作可以选择用纸板、ABS 板等将厨具的框架制作出来，用银色或者不锈钢效果的即时贴贴面进行装饰。

三、家用电器模型的制作

室内的家用电器包括电视机、音响、空调、洗衣机、电冰箱、电脑、电话等。制作方法与厨具模型的制作方法一样，先用纸板、ABS 板等做出框架，然后喷上色彩或者贴上即时贴就可以了。电视的画面选择一张彩色小图片贴上即可。对于冰箱和洗衣机，可以用不锈钢效果的即时贴来装饰门把手和边线。

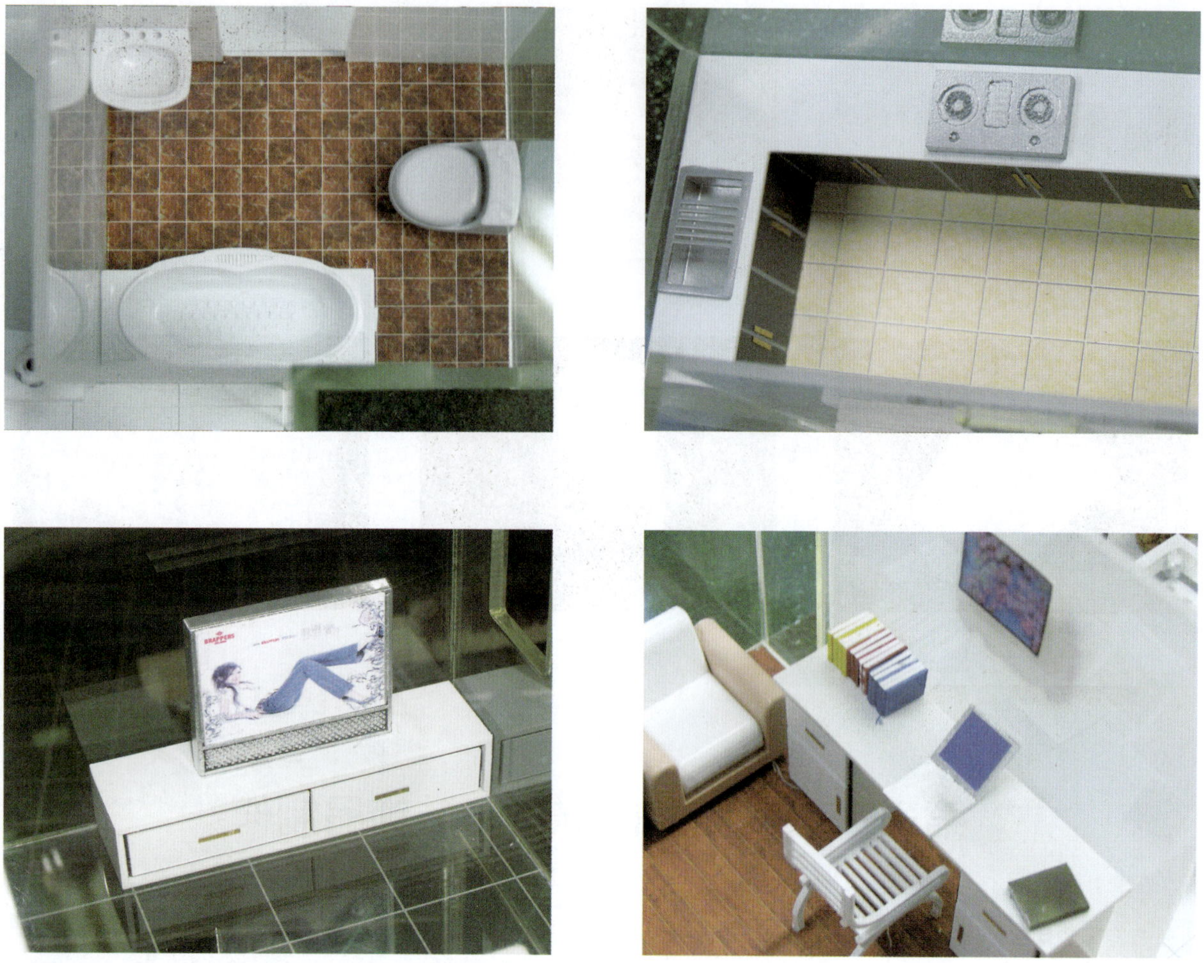

图 8-19　其他室内陈设与装饰品的制作

四、盆景植物的制作

盆景植物的制作参考第六章各种树的做法。干花用于处理室内模型环境时，只寥寥数笔的点缀便可产生一种温馨的感觉，极富感染力。干花虽然在品种、色彩上有其局限性，但只要表现手法得当，便能收到事半功倍的效果。

五、装饰画的制作

装饰画可以从杂志选择合适的小风景画、人物画、书法图片等，剪切下来，或者从网上查找合适的图片打印出来，然后用泡沫板制作一个背板作为画框，将图片黏贴在泡沫板上，四边可以加细不锈钢效果的即时贴条装饰。

六、制作案例

（一）厨房的制作方法

（1）原型照片［图 8-20（a）］比例为 1∶30。台面为大理石材质，橱柜门为着色实木板，先根据照片作图纸。

（2）制作厨房的灶台。将 1mm 厚 ABS 板按合适的尺寸进行切割。

（3）在灶台表面打两个方洞，一个准备做水池，一个做灶具［图 8-20（b）］。

(a) (b) (c) (d) (e) (f) (g) (h) (i) (j) (k) (l)

图 8－20 厨房的制作方法

(4) 将 ABS 板切割成细长型，作为灶台前后垂直于台面的部分。用速干胶将其与台面黏合。

(5) 打磨步骤 3 中打洞的部分及步骤 (4) 接合处，直至平整圆滑 [图 8－20 (c)]。

(6) 接着用 ABS 板做橱柜的基座。由于橱柜门要另外黏合，因此不要切得太厚 [图 8－20 (d)]。

(7) 用 ABS 板组合制作水池。水池底板和水池大小要吻合。根据水池的深度，将底板四周和水池四周黏合。

(8) 炉灶的制作。根据尺寸用 ABS 板切割一块炉灶面板和四根细棒，然后将细棒黏合在炉灶面板各边。在将炉灶安置到灶台中时，细棒就是支架。

(9) 底橱和壁橱的橱柜门用 1mm 厚 ABS 板制成。首先在门的接缝处用美工刀切 V 形槽，同时切割上下橱柜门及抽屉，将上下橱柜门对齐，台面和橱柜门长度相吻合，然后将橱柜门分别与底橱、壁橱黏接 [图 8

-20（e）]。

（10）制作灶台的出火口。用冲子在ABS板上冲出两块圆形平板作为灶头［图8－20（f）]。将这两个灶头用速干胶与步骤（8）中已经做好的灶台进行黏合［图8－20（g）]。

（11）用银色喷漆喷涂水池和炉灶，在水池内侧多喷一些颜料，这样能使颜料被着色到四个角落从而形成自然圆滑的效果［图8－20（h）]。

（12）给灶台喷涂奶油色的颜料。

（13）橱柜门上颜色时作木纹处理。首先用稍稍深于模型颜色的丙烯颜料沿木材纹理方向进行涂刷。然后待完全被风干后再混合少许白色颜料完成再一次的涂刷。在完全干燥之前再用棉质纸沿木材纹理轻轻涂刷［图8－20（i）]。底橱的烤箱部分要进行遮挡，这一部分要用不同的颜料涂色（比如用黑色）。

（14）在烤箱门的上方黏合一个把手。用打孔器在ABS板表面打洞，然后用速干胶黏合［图8－20（j）]。

（15）制作炉灶的支撑架。用铁丝或铝丝弯曲成合适的形状，制作七根形状相同的支撑架，然后用速干胶将其黏合在炉灶上。若黏合的表面不够整洁，可再次喷漆加以覆盖［图8－20（k）]。

（16）制作完成［图8－20（l）]。

（二）浴缸的制作方法

（1）先根据原型照片［图8－21（a）］画出图纸。

（2）根据图纸上的尺寸用聚苯乙烯板做模具，模具的围板与底板之间可以用胶带固定［图8－21（b）]。

（3）用油泥或黏土制作阳模。根据浴缸底部的高度，在阳模中插入牙签或铁丝，将牙签置于模具围板上，使油泥阳模悬空，悬空的预留空间为浴缸底部的厚度。油泥阳模表面涂刷肥皂水作为脱模剂，便于脱膜［图8－21（c）]。

（4）向模具内倒入石膏浆，并将油泥阳模放入石膏浆当中。检查上下左右四面的空隙，约40分钟后将油泥阳模和模具去除，静置1～2天后待其风干。

（5）待其完全被风干后从顶端用240号砂纸磨平。若表面还有小孔或缝隙，可以用油画刀、雕塑刀或毛笔挑取水性多功能建筑胶或木工油灰泥（滑石粉或腻子粉加白乳胶）等进行修补［图8－21（d）]。

（6）用1000号左右的砂纸仔细磨圆各个角落［图8－21（e）]。

（7）制作完成［图8－21（f）]，左边是简易型的浴缸，右边则是嵌入式的浴缸。

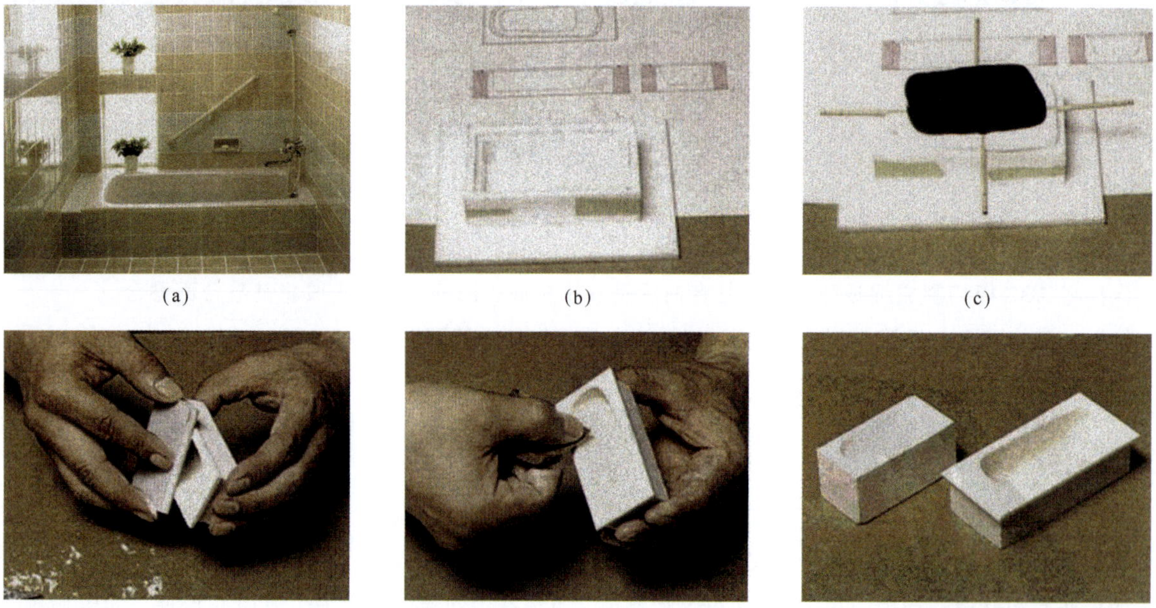

(a) (b) (c) (d) (e) (f)

图8－21　浴缸的制作方法

参 考 文 献

[1] 周爱民，欧阳晋焱．工业设计模型制作［M］．北京：清华大学出版社，2012.

[2] 郑建启，汤军．模型制作［M］．北京：高等教育出版社，2007.

[3] 马路，马骄．环艺模型设计与制作［M］．南京：南京师范大学出版社，2011.

[4] 刘宇．建筑与环境艺术模型制作［M］．沈阳：辽宁科学技术出版社，2010.

[5] 王双龙．环境设计模型制作艺术［M］．天津：天津人民美术出版社，2005.

[6] 褚海峰，黄鸿放，崔丽丽．环境艺术模型制作［M］．合肥：合肥工业大学出版社，2007.

[7] 郎世奇．建筑模型设计与制作［M］.3 版．北京：中国建筑工业出版社，2013.

[8] 远藤义则．建筑模型制作［M］．北京：中国青年出版社，2013.

[9] 亚历山大·谢林．建筑模型［M］．北京：中国建筑工业出版社，2011.

[10] 莫敷建．建筑模型设计与制作教程［M］．桂林：广西美术出版社，2008.

[11] 黄源．用模型推进设计的指导手册［M］．北京：中国建筑工业出版社，2009.

[12] 郭红蕾．建筑模型制作［M］．北京：中国建筑工业出版社，2007.

[13] 刘学军．园林模型设计与制作［M］．北京：机械工业出版社，2011.

[14] 陈璐．模型制作技巧与禁忌［M］．北京：机械工业出版社，2011.

[15] 玛莎·苏瑟兰德．模型制作基础手册［M］．大连：大连理工大学出版社，2010.

[16] 李映彤．建筑模型设计与制作［M］．北京：中国轻工业出版社，2010.

[17] 朴永吉．园林景观模型设计与制作［M］．北京：机械工业出版社，2006.

[18] ［英］尼克·邓恩．建筑模型制作［M］．北京：中国建筑工业出版社，2011.

[19] 刘俊．环境艺术模型设计与制作［M］.2 版．长沙：湖南大学出版社，2011.

[20] 郁有西．建筑模型设计［M］．天津：天津中国轻工业出版社，2007.

[21] 马春喜．建筑与景观模型设计制作［M］．北京：海洋出版社，2009.

[22] 张文瑞．室内外环境模型制作［M］．西安：西安交通大学出版社，2014.

[23] 彭军．设计模型表达与应用［M］．天津：天津大学出版社，2011.

[24] 徐江．景观与室内模型制作实战［M］．北京：中国水利水电出版社，2013.

[25] 黄信．建筑模型制作教程［M］．武汉：华中科技大学出版社，2013.

[26] 李斌．模型制作与实训［M］．上海：东方出版中心，2012.

[27] 梅映雪．建筑模型制作［M］．长沙：湖南人民出版社，2009.

[28] ［德］科诺，［德］黑辛格尔．建筑模型制作［M］．大连：大连理工大学出版社，2003.

[29] ［日］仓林进．室内设计模型制作［M］．王超鹰，黄予立，译．上海：上海人民美术出版社，2007.

[30] 孟春芳，王子夺，丁岚．环境模型制作［M］．南京：江苏美术出版社，2007.

[31] 范凯熹．建筑与环境模型设计制作［M］．广州：广东科技出版社，1996.

[32] 朱正基．建筑与景观模型设计制作［M］．北京：海洋出版社，2009.

[33] ［美］米尔斯．建筑模型设计［M］．尹春生，译．北京：机械工业出版社，2004.

[34] ［德］沃尔夫冈·马丁·黑辛格尔．建筑模型制作［M］．刘华岳，译．大连：大连理工大学出版社，2003.

[35] 饶小军，阚曙彬．建筑模型［M］．天津：天津大学出版社，1998.
[36] 姜敏凤．工程材料及热成型工艺［M］．北京：高等教育出版社，2003.
[37] 汤酞则．材料成型工艺基础［M］．武汉：中南大学出版社，2003.
[38] 牛思忠．非金属材料及其管理［M］．北京：航空工业出版社，1993.
[39] 建筑工程部北京工业建筑设计院．建筑设计资料集［M］．北京：中国建筑工业出版社，1973.
[40] 陈培里．钳工技能手册［M］．杭州：浙江科学技术出版社，2006.
[41] ［英］杰姆斯・伽略特．设计与技术［M］．常初芳，译．北京：科学出版社，2004.
[42] 陈仲琛．工业造型设计基础教程［M］．沈阳：辽宁美术出版社，2007.
[43] 严翠珍．建筑模型［M］．哈尔滨：黑龙江科学技术出版社，1996.
[44] 徐钊编．木制品涂饰工艺［M］．北京：化学工业出版社，2006.
[45] 技工学校机械类通用教材编审委员会．钳工工艺学［M］．北京：机械工业出版社，2004.

精品推荐

·“十二五”普通高等教育本科国家级规划教材

《办公空间设计》
978-7-5084-7890-6
作者：薛娟 等
定价：39.00
出版日期：2013 年 8 月

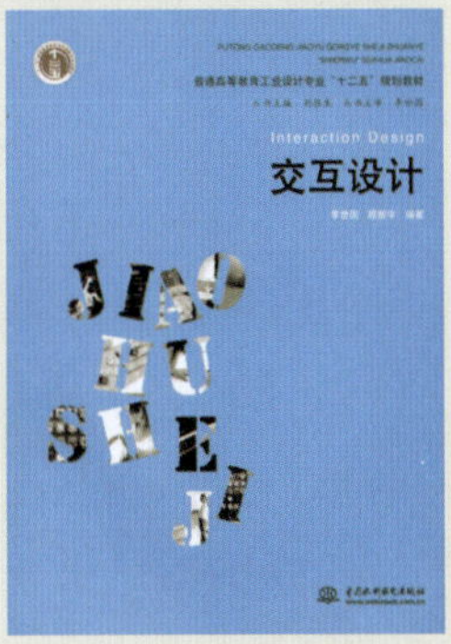

《交互设计》
978-7-5084-9215-5
作者：李世国 等
定价：52.00
出版日期：2015 年 2 月

《装饰造型基础》
978-7-5084-8291-0
作者：王莉 等
定价：48.00
出版日期：2014 年 1 月

新书推荐

·普通高等教育艺术设计类“十三五”规划教材

《中外美术史》（第二版） 978-7-5170-3066-9
作者：李昌菊 等 定价：58.00 出版日期：2015 年 3 月

《数码摄影基础》 978-7-5170-3033-1
作者：施小英 等 定价：38.00 出版日期：2015 年 3 月

《立体构成》 978-7-5170-2999-1
作者：蔡颖君 等 定价：30.00 出版日期：2015 年 3 月

《设计素描教程》 978-7-5170-3202-1
作者：张苗 等 定价：28.00 出版日期：2015 年 6 月

《室内装饰工程预算与投标报价》（第三版）
作者：郭洪武 等 978-7-5170-3143-7
定价：38.00 出版日期：2015 年 5 月

《家具设计》（第二版） 作者：范蓓 等
定价：49.00 出版日期：2015 年 7 月

《企业形象设计》 978-7-5170-3052-2
作者：王丽英 等 定价：38.00 出版日期：2015 年 3 月

《园林设计 CAD+SketchUp 教程》（第二版）
作者：李彦雪 等 978-7-5170-3323-3
定价：39.00 出版日期：2015 年 6 月

·普通高等教育艺术设计类“十二五”规划教材

《园林规划设计》 978-7-5170-2871-0
作者：肖姣娣 等 定价：40.00 出版日期：2015 年 3 月

《园林植物造景》 978-7-5170-0425-7
作者：关文灵 等 定价：32.00 出版日期：2014 年 6 月

《产品系统设计》 978-7-5170-0341-0
作者：李奋强 等 定价：39.00 出版日期：2014 年 6 月

《公共设施设计》 978-7-5084-9586-6
作者：薛文凯 等 定价：49.00 出版日期：2013 年 8 月

《手绘效果图表现》 978-7-5170-2792-8
作者：黄懿 等 定价：28.00 出版日期：2015 年 1 月

《建筑·景观大师作品 15 讲》（双语版）
作者：陈华新 等 978-7-5170-2175-9
定价：46.00 出版日期：2015 年 2 月

《视觉传达设计》 978-7-5084-9617-7
作者：韩冬楠 等 定价：49.00 出版日期：2015 年 1 月

《字体设计》 978-7-5084-9828-7
作者：陆斐然 等 定价：32.00 出版日期：2015 年 2 月

其他近百种艺术设计类教材信息请见中国水利水电出版社官方网站
http://www.waterpub.com.cn/shop/